高等院校规划教材 计算机科学与技术系列

# Linux 系统与网络管理

主　编　崔连和
副主编　吴远富　朱佳梅　王爱菊

机械工业出版社

本书循序渐进、深入浅出、全面系统地介绍了 Linux 系统管理及各种网络服务器配置的所有知识，从实际应用的角度全面介绍了 Linux 的系统管理与网络管理技术。在内容的选取、组织和编排上，强调先进性、技术性和实用性相结合，淡化理论，突出实践，强调应用。每章配有复习自测题，供学生课后复习巩固。

本书由多年从事计算机网络系统管理教学工作、富有实际经验的多位教师编写而成，语言通俗易懂，内容丰富翔实。

本书既可作为高等学校计算机软件技术课程的教材，也适合广大 Linux 初学者、Linux 系统管理员以及对 Linux 感兴趣的人员阅读，同时也包括大中专院校的学生和社会培训学生，是一本不可多得的 Linux 参考教材。

本书配套授课电子教案，需要的教师可登录 www. cmpedu. com 免费注册、审核通过后下载，或联系编辑索取（QQ：2399929378，电话：010 - 88379753）。

## 图书在版编目（CIP）数据

Linux 系统与网络管理/崔连和主编. —北京：机械工业出版社，2014.1(2018.8 重印)
高等院校规划教材·计算机科学与技术系列
ISBN 978-7-111-45779-4

Ⅰ. ① L… Ⅱ. ① 崔… Ⅲ. ① Linux 操作系统 – 高等学校 – 教材
Ⅳ. ① TP316. 89

中国版本图书馆 CIP 数据核字（2014）第 025367 号

机械工业出版社（北京市百万庄大街 22 号　邮政编码 100037）
责任编辑：郝建伟　孙文妮
责任印制：常天培
北京铭成印刷有限公司印刷

2018 年 8 月第 1 版·第 3 次印刷
184mm×260mm · 17.5 印张·434 千字
4201—5700 册
标准书号：ISBN 978-7-111-45779-4
定价：39.00 元

凡购本书，如有缺页、倒页、脱页，由本社发行部调换

电话服务　　　　　　　　　　　　网络服务
社 服 务 中 心：(010)88361066　　教 材 网：http://www. cmpedu. com
销 售 一 部：(010)68326294　　机工官网：http://www. cmpbook. com
销 售 二 部：(010)88379649　　机工官博：http://weibo. com/cmp1952
读者购书热线：(010)88379203　　**封面无防伪标均为盗版**

# 出 版 说 明

计算机技术在科学研究、生产制造、文化传媒、社交网络等领域的广泛应用，极大地促进了现代科学技术的发展，加速了社会发展的进程，同时带动了社会对计算机专业应用人才的需求持续升温。高等院校为顺应这一需求变化，纷纷加大了对计算机专业应用型人才的培养力度，并深入开展了教学改革研究。

为了进一步满足高等院校计算机教学的需求，机械工业出版社聘请多所高校的计算机专家、教师及教务部门针对计算机教材建设进行了充分的研讨，达成了许多共识，并由此形成了教材的体系架构与编写原则，策划开发了"高等院校规划教材"。

本套教材具有以下特点：

1）涵盖面广，包括计算机教育的多个学科领域。

2）融合高校先进教学理念，包含计算机领域的核心理论与最新应用技术。

3）符合高等院校计算机及相关专业人才培养目标及课程体系的设置，注重理论与实践相结合。

4）实现教材"立体化"建设，为主干课程配备电子教案、素材和实验实训项目等内容，并及时吸纳新兴课程和特色课程教材。

5）可作为高等院校计算机及相关专业的教材，也可作为从事信息类工作人员的参考书。

对于本套教材的组织出版工作，希望计算机教育界的专家和老师能提出宝贵的意见和建议。衷心感谢广大读者的支持与帮助！

机械工业出版社

# 前　　言

　　Linux 是一种可以免费使用和自由传播的操作系统，它主要用于基于 Intel 系列 CPU 的计算机上。这个系统是由世界各地成千上万的程序员设计和实现而成的，其目的是建立不受任何商品化软件的版权制约的、全世界都能自由使用的 UNIX 兼容产品。

　　Linux 是一种优秀的操作系统，支持多用户、多线程、多进程，实时性好，功能强大且稳定。同时，它又具有良好的兼容性和可移植性，能够被广泛地应用在各种计算机平台上。通过对本书的学习，相信初、中级用户能够熟练掌握 Linux 的使用，并提高运用计算机的综合能力。

　　全书共分为 11 章，包括 Linux 概述、Linux 系统的安装、Linux 桌面的基本操作、Linux 用户管理、Linux 系统基础、软件管理、Linux 硬盘管理与文件系统、Linux 网络基础、Linux Web 服务器、Linux DNS 域名服务、Linux Email 服务器等内容。

　　本书全面介绍了 Linux 操作系统的基础知识和操作技能，真正做到理论与实践相结合。结构编排合理，图文并茂，实例丰富。全书安排了丰富的“练习实例”，以实例形式演示 Linux 操作系统的各种操作，便于读者学习操作，同时方便了教师组织授课内容。课堂练习部分加强了本书的实践操作性。

　　本书主要针对计算机专业及其相关专业学生学习编写。根据全书所分章节，建议安排 64 课时，教师在组织授课过程中可以灵活掌握。

　　本书由崔连和任主编，吴远富、朱佳梅、王爱菊任副主编。各章的编写分工如下：第 1、4、8、9 章由齐齐哈尔大学资深 Linux 教师崔连和编写，第 7、11 章由资深企业专家吴远富编写，第 2、3、10 章由哈尔滨石油学院资深 Linux 教师朱佳梅编写，第 5、6 章由资深 Linux 教师王爱菊编写。全书的案例由吴远富测试。参加本书编写的还有齐齐哈尔信息工程学校网络学院院长逯亚娜。齐齐哈尔信息工程学校张民、黄健、何柳、王长国老师也做了大量的工作，在此一并致谢。

　　由于时间仓促，水平有限，疏漏之处在所难免，敬请读者批评指正。

编　者

# 目　录

# 第 1 章　Linux 概述

现如今，手机不再是传统的打电话、发短信的工具，丰富的网络功能已经让人们把手机的功能扩大到生活的方方面面，如图 1-1 所示的 3G 智能手机。如图 1-2 所示，电饭锅也不再是简单地用来做米饭、蒸馒头，智能化的一切让电饭锅也智能起来。计算机是因为有了 Windows 一类的操作系统，才拥有了各式各样的功能，难道现代的电器也安装了类似的操作系统吗？答案是肯定的。现在各类电器都因安装了 Linux 操作系统才变得智能起来。

图 1-1　功能强大的 3G 手机

图 1-2　装有 Linux 操作系统的智能电器

什么是 Linux？Linux 是一种操作系统，可以安装在包括大型服务器、桌面计算机、手机、电冰箱、电视机等各级各类设备中的一个全新的网络操作系统。Linux 是一个领先的操作系统，世界上运算速度最快的 10 台超级计算机运用的都是 Linux 操作系统。在 2008 年排名前 500 的超级计算机中，93.8%（469 台）都采用了 Linux 操作系统，它也是目前最为流行的操作系统。

## 1.1　Linux 的发展史

在这样一个网络高速普及、迅速发展、信息技术被广泛应用的时代，Linux 因网络而生，并与网络同步高速发展。它是目前发展最迅速的操作系统，从 1991 年诞生到现在的二十多年时间里，Linux 已经从最初的青涩发展到目前的日趋完善。Linux 操作系统在服务器、嵌入式等方面获得了广泛的应用。可以毫不夸张地说，未来的家用电器是智能电器的时代，也是 Linux 操作系统盛行的时代。

## 1.1.1 Linux 的祖先 UNIX

Linux 是 UNIX 的一个变体，或者说 Linux 克隆了 UNIX。Linux 开发人员在借鉴了 UNIX 成熟的技术的同时融入了很多新技术。没有 UNIX 就没有 Linux。Linux 是开放源代码的自由软件，不收取任何费用。UNIX 是对源代码实行知识产权保护的传统商业软件，其昂贵的价格，很难进入寻常百姓家。

UNIX 操作系统于 1969 年在 Bell 实验室诞生，它是美国贝尔实验室的肯·汤普逊和丹尼斯·里奇在 DEC PDP-7 小型计算机系统上开发的一种分时操作系统。

UNIX 操作系统目前已经成为大型系统的主流操作系统，是一个功能强大、性能全面的、多用户、多任务的分时操作系统。在巨型计算机和普通 PC 等多种不同的平台上，都有着十分广泛的应用。目前，安全性要求较高的行业普遍选用 UNIX 操作系统，如银行、通信、航天等部门。

## 1.1.2 Linux 的起源

Linux 的起源和发展是一段令人着迷的历史。这其中包含着太多颠覆"常理"的事件和思想，促成 Linux 成长壮大的"神奇"力量总是被人津津乐道。Linux 所创造的传奇会让初次接触它的人感到不可思议。

**1. Linux 的初始开发**

1991 年，一个名叫林纳斯·托瓦兹（Linus Torvalds）的芬兰大学生为了满足自己编程的欲望以及操作系统作业要求，在一个名为 Minix 的一个小型操作系统上开始了 Linux 操作系统的开发。完成基本功能开发后，他把源代码传到了互联网上。并将这个操作系统命名为 Linux，即 Linus Torvalds 和 Minix 的缩写，即 Linus 的 Minix。Linux 创始人林纳斯·托瓦兹（Linus Torvalds）如图 1-3 所示。

**2. Linux 的迅速完善**

上传到互联网的 Linux 操作系统迅速引起了全世界编程爱好者的兴趣。上百名程序员参与了 Linux 的编码工作，在短短的几年时间里，Linux 迅速完善和发展。

图 1-3　Linux 创始人

1994 年 3 月，Linux 1.1 版本内核正式发布，17 万行代码使其功能极其强大。

**3. Linux 的发展**

Linux 经过几十年的不断发展，现已变得十分完善，在各个领域当中都得到了充分的运用。以下简单回顾一下其发展史。

（1）UNIX 雏形

一些来自通用电器公司、贝尔实验室和麻省理工学院的研究人员和美国的肯·汤普逊（Ken Thompson）在贝尔实验室开展了关于一个 Multics（分时操作系统）的项目，从而开始了 UNIX 的历史。Multics 在多任务文件管理和用户连接中综合了许多新概念。

（2）第一版 UNIX

第一版的 UNIX 出现在贝尔实验室。此时的 UNIX 支持三个用户，可运行在 PDP - 11/22 系统上，同时含有编辑排版软件。

（3）第二版 UNIX

第二版的 UNIX 出现。该版本增加了管道功能且增加除汇编语言之外的语言，让 UNIX 系统功能变得更加强大。

（4）UNIX 的内核和 Shell 的改变

肯·汤普逊和来自贝尔实验室的丹尼斯·里奇（Dennis Ritchie）共同用 C 语言改写了 UNIX 的内核和 Shell，这增加了系统的健壮性，也使编程和调试变得容易了很多。

（5）第三版 UNIX

第三版的 UNIX 系统发行了，且 AT&T 开始向商业机构和政府用户提供许可证。这是第一个在贝尔实验室外广为流传的 UNIX 系统。

（6）首次用于销售的 UNIX

Inetfive Systems 公司成为首家向最终用户出售 UNIX 的组织，UNIX 终于成了产品。在同一时期中，有三个小组将 UNIX 移植到不同的机器上。

（7）开源

革奴计划（GNU'S Not Unix，GNU）拟定了通用公共许可证（General Public License，GPL），GPL 允许用户自由下载、分发、修改和再分源代码公开的自由软件，并可在分发过程中收取适当的成本和服务费用，但不允许将该软件据为己有。

（8）Linux1.0 内核

芬兰的赫尔辛基大学计算机系的学生林纳斯·托瓦兹基于 i386 PC 系统开发了 Linux。

（9）1994 年

Linux 1.0 内核问世，马克·厄文（Marc Ewing）成立了 Red Hat（红帽）软件公司，成为最著名的 Linux 分销商之一。Linux 1.0 包含了 386 的官方支持，仅支持单 CPU 系统。代码量 17 万行，当时是按照完全自由免费的协议发布的，随后正式采用 GPL 协议。至此，Linux 的代码开发进入良性循环。

（10）Linux 商业化

Red Hat 公司得到 Intel Netscape 的投资成立，这一投资将用在公司内部成立企业支持部门。此宣布引起了媒体的强烈关注，被视为商业社区认同 Linux 的信号。同年 Intel 加入 Linux International，网络先驱 Jonathan Postel 逝世。1998 年可说是 Linux 与商业接触的一年。

（11）Linux 2.2.x 内核

Linux 2.2.x 内核问世，IBM（国际商业机器公司）宣布与 Red Hat 公司建立伙伴关系，以确保 Red Hat 在 IBM 机器上正确运行。3 月第一届 Linux World 大会的召开，象征 Linux 时代的来临。IBM、Compaq（康柏公司）和 Novell（诺勒公司）宣布投资 Red Hat 公司，以前一直对 Linux 持否定态度的 Oracle（甲骨文）公司也宣布投资。5 月 SGI（硅图）公司宣布向 Linux 移植其先进的 XFS 文件系统。对于服务器来说，高效可靠的文件系统是不可或缺的，SGI 的慷慨移植再一次帮助了 Linux 确立在服务器市场的专业性。7 月 IBM 启动对 Linux 的支持服务并发布了 Linux DB2，从此结束了 Linux 得不到支持服务的历史，这可以视作是 Linux 真正成为服务器操作系统一员的重要里程碑。

（12）Linux 2. 4. x

Linux 2. 4. x 内核问世它进一步地提升了 SMP（多处理结构）系统的扩展性，同时它也集成了很多用于支持桌面系统的特性：USB、PC 卡（PCMCIA）的支持、内置的即插即用等。

（13）Linux 2. 6. x

Linux 2. 6. x 内核问世，这是一个无论对相当大的系统还是相当小的系统（PDA 等）的支持都有很大提升的"大跨越"。

知识拓展：1996 年，林纳斯为 Linux 选定了企鹅作为它的吉祥物（标志的由来是因为林纳斯在澳洲时曾被一只动物园里的企鹅咬了一口，便选择了企鹅作为 Linux 的标志）。拉里·厄文（Larry Ewing）提供了吉祥物的初稿。现在正在使用的著名的吉祥物就是基于这份初稿设计的。詹姆斯·休斯（James Hughes）根据 "Torvalds's Unix" 为它取了名字 Tux，如图 1-4 所示。

图 1-4　Linux 的吉祥物

### 1.1.3　自由软件

Linux 是一种源码公开的自由软件，是一种真正多任务、多用户的网络操作系统。软件分类按其发行方式可以分为商业软件、共享软件、自由软件三类，这三类软件共同组成了缤纷的软件世界。

1）商业软件：某药店需要使用一个药店管理软件，则必须向这类软件开发商购买取得，并且不能复制，也不能另行销售，这类软件就是商业软件。

2）共享软件：人们使用的日常应用软件，如看图软件、压缩软件、影音播放软件，都可以在网上下载，并且可以免费使用该软件，这类软件就称为共享软件。共享软件可以先试用，试用期结束后要交纳少许费用才能获取使用全部功能。

3）自由软件：用户可以免费、永远、任意使用的软件称为自由软件。不但可以免费使用、任意复制，而且还能取得源代码，任意修改。

### 1.1.4　GNU 公共许可证：GPL

GNU 是 GNU's Not UNIX（GNU 不是 UNIX）的缩写。GPL 是由自由软件基金会发行的用于计算机软件的一种许可证制度。GPL 最初是由里查德·斯托曼（Richard Stallman）为 GNU 计划而撰写的。目前，GNU 通行证被绝大多数的 GNU 程序和超过半数的自由软件采用。概括说来，GPL 倡导的"自由"包括：

1）可以以任何目的运行所购买的程序。

2）在得到程序代码的前提下，可以以学习为目的，对源程序进行修改。

3）可以对复制件进行再发行。

4）可以对所购买的程序进行改进，并进行公开发布。

## 1.1.5　Linux 的优点

Linux 系统在短短的几年之内就得到了非常迅猛的发展，这与其良好的特性是分不开的。Linux 系统包含了 UNIX 系统的全部功能和特性，简单地说，Linux 系统具有以下主要特性：

1）真正意义上的多任务、多用户操作系统。

2）提供了先进的网络支持：内置 TCP/IP 协议。

3）与 UNIX 系统在源代码级兼容，符合 IEEE POSIX 标准。

4）可以运行在多种硬件平台上。

5）支持数十种文件系统格式。

6）完全运行于保护模式，充分利用了 CPU 性能。

7）开放源代码，用户可以自己对系统进行改进。

8）采用先进的内存管理机制，更加有效地利用物理内存。

9）多重虚拟的 consoles——可使用热键进行更换。

## 1.1.6　Linux 与其他操作系统的区别

Linux 可以与 MS – DOS、OS/2、Windows 等其他操作系统共存于同一台机器上。它们之间具有一些共性，但是互相之间各具特色，有所区别。

目前运行在 PC 上的操作系统主要有 Microsoft（微软）公司的 MS – DOS、Windows、Windows NT、IBM 的 OS/2 等。早期的 PC 用户普遍使用 MS – DOS，因为这种操作系统对机器的硬件配置要求不高。而随着计算机硬件技术的飞速发展，硬件设备价格越来越低，人们可以相对容易地提高计算机的硬件配置，于是开始使用 Windows、Windows NT 等具有图形界面的操作系统。Linux 是近来被人们所关注的操作系统，它正在逐渐被 PC 的用户所接受。那么，Linux 与其他操作系统的主要区别是什么呢？下面从两个方面介绍。

### 1. Linux 与 MS – DOS 之间的区别

在同一系统上运行 Linux 和 MS – DOS 已很普遍，就发挥处理器功能来说，MS – DOS 没有完全实现 x86 处理器的功能。而 Linux 是完全在处理器保护模式下运行的，并且开发了处理器的所有特性。Linux 可以直接访问计算机内的所有可用内存，提供完整的 Unix 接口。而 MS – DOS 只支持部分 UNIX 的接口。

就使用费用而言，Linux 和 MS – DOS 是两种完全不同的实体。与其他商业操作系统相比，MS – DOS 价格比较便宜，而且在 PC 用户中有很大的占有率。其他操作系统的费用对大多数 PC 用户来说都是一个不小的负担，因此任何其他 PC 操作系统都很难达到 MS – DOS 的普及程度 Linux 是免费的，用户可以从 Internet 上或者其他途径获得它的版本，而且可以任意使用，不用考虑费用问题。

就操作系统的功能来说，MS – DOS 是单任务的操作系统，一旦用户运行了一个 MS – DOS 应用程序，它就独占了系统的资源，用户不可能再同时运行其他应用程序。而 Linux 是多任务的操作系统，用户可以同时运行多个应用程序。

**2. Linux 与 OS/2、Windows、Windows NT 之间的区别**

从发展的背景看，Linux 与其他操作系统的区别是：Linux 是从一个比较成熟的操作系统发展而来的，而其他操作系统，如 Windows NT 等，都是自成体系，无对应的相依托的操作系统。这一区别使得 Linux 的用户能很大的从 UNIX 团体贡献中获利。UNIX 是世界上使用最普遍、发展最成熟的操作系统之一，它是 20 世纪 70 年代中期发展起来的微机和巨型机的多任务系统。虽然有时接口比较混乱，并缺少相对集中的标准，但还是发展成为了广泛使用的操作系统之一。无论是 UNIX 的作者还是 UNIX 的用户，都认为只有 UNIX 才是一个真正的操作系统。许多计算机系统（从个人计算机到超级计算机）都存在 UNIX 版本，UNIX 的用户可以从很多方面得到支持和帮助。因此，Linux 作为 UNIX 的一个克隆，同样会得到相应的支持和帮助，直接拥有 UNIX 在用户中建立的牢固的地位。

从使用费用上看，Linux 与其他操作系统的区别在于 Linux 是一种开放的、免费的操作系统，而其他操作系统都是封闭的系统，需要有偿使用。这一区别可使用户不用花钱就能得到很多 Linux 的版本以及为其开发的应用软件。当用户访问 Internet 时，会发现几乎所有可用的自由软件都能够运行在 Linux 系统上。软件商推动 UNIX 的实现，UNIX 的开发、发展商以开放系统的方式推动其标准化，但却没有一个公司来控制这种设计。因此，任何一个软件商（或开拓者）都能在某种 UNIX 实现中实现这些标准。OS/2 和 Windows NT 等操作系统是具有版权的产品，其接口和设计均由某一公司控制，而且只有这些公司才有权实现其设计，因此它们是在封闭的环境下发展的。

# 1.2 Linux 的版本

人们对 Windows 2000、Windows 2003、Windows XP，Windows 7 都耳熟能详，都了解这是 Windows 的不同版本，都知道 Windows 7 比 Windows XP 功能强大得多。人们也都知道全自动洗衣机是双缸洗衣机的升级版本，而双缸洗衣机则是单缸洗衣机的换代版本。那么 Linux 的版本是怎么界定的呢？

Linux 共有两个版本，即内核版本（Kernel）和发行版本（Distribution）。

## 1.2.1 Linux 的版本

大家都知道，一辆轿车，它的核心部件是发动机。宝马轿车有 X3、X5 等不同版本，这是销售汽车商家对外公开的车辆的版本。而作为其核心部分的发动机也有自己的版本，如 1.6L、1.8L 等。

Linux 与此类似，它的核心模块有专门团队编写，并根据功能的不断提升而为其命名为不同的版本，这就是内核版本。而众多的软件公司则在取得该核心后，在核心模块之外加入了大量的软件包，形成了自己的产品（如红旗 Linux、红帽 Linux），并对自己的 Linux 产品命名了不同的版本号，这就是发行版本。Linux 目前拥有超过 300 种的发行版本。

## 1.2.2 内核版本

内核是 Linux 操作系统的基础，在操作系统中完成最基本的任务。Linux 操作系统的内核版本从 1991 年的 1.00 版本到 2012 年的 2.6.32 版本，在 21 年的时间里技术日臻成熟，架构十分稳定。Linux 内核版本的命名方式如下：

主版本号.次版本号.修改号

**1. 主版本号**

主版本号（Major）表示大版本，相当于大升级，有结构性变化时才变更。主版本号和次版本号标志着重要的功能变动。

**2. 次版本号**

次版本号（Minor）即某个主版本的小版本。次版本号有两个含文，偶数表示生产版，非常稳定；奇数表示测试版，但是不一定很稳定。

**3. 修改号**

修改号（Patchlevel）即修订版本号，表示指定小版本的补丁包，也就是错误修补的次数。

【操作实例 1-1】某 Linux 版本号为 2.6.26 的含义。

1）第一个数字 2 是主版本号，一般在一个时期内比较稳定。

2）第二个数字 6 是次版本号，如果是偶数，则表示是正式版；如果是奇数，表示开发过程中的测试版。

3）第三个数字 26 是主版本补丁号，表示指定小版本的第 26 个补丁包。

这种特殊的版本命名法是为了便于在 Internet 上共同开发而制定的。

> **学习提醒**：安装 Linux 操作系统的时候，不要采用发行版本号中的次版本号是奇数的内核，因为开发中的这种版本没有经过比较完善的测试，可能存在 Bug（漏洞）或某种不可预知的错误。

## 1.2.3 常用发行版本

Linux 的发行版本众多，大体分为两类：一类是商业公司维护的发行版本；另一类是社区组织维护的发行版本。常用的发行版本如表 1-1 所示。

表 1-1　常用 Linux 发行版本

| 版本名称 | 网　址 | 特　点 |
|---|---|---|
| CentOS | http://www.centos.org/ | CentOS 就是将商业的 Linux 操作系统 RHEL 进行源代码在编译后分发，并在 RHEL 的基础上修正了不少的 Bug |
| FreeBSD | http://www.freebsd.org | 提供了先进的网络功能。易于安装，高级嵌入式平台。免费提供，并带有完整的源代码。比起 Linux 而言对硬件的支持较差，对于桌面系统而言软件的兼容性是个问题 |
| Ubuntu | http://www.ubuntu.com/ | 人气颇高的论坛，提供优秀的资源和技术支持，固定的版本、更新周期和技术支持，可从 Debian Woody 直接升级 |
| Mandriva | http://www.mandriva.com/ | 友好的操作界面，图像设置工具，庞大的社区技术支持，NTFS 分区大小变更，部分版本 Bug 较多，最新版本只先发布给 Mandrake 俱乐部的成员 |

| 版 本 名 称 | 网 址 | 特 点 |
|---|---|---|
| Mepis | http://www.mepis.org/ | 快速、强大、稳定的操作系统和桌面环境，易于使用 |
| KNOPPIX | http://www.knoppix.org/ | 无须安装可直接运行，优秀的硬件检测能力，可作为系统急救盘使用 |
| Gentoo Linux | http://www.gentoo.org/ | 高度的可制定性，完整的使用手册，媲美 Ports 的 Portage 系统，适合高手使用 |
| OpenSure | http://www.opensuse.org | 是一个稳定、易于使用和完成多用途分布、专业、易用的 YaST 软件包管理系统 |
| Fedora | http://fedoraproject.org/ | 拥有数量庞大的用户，优秀的社区技术支持，许多创新。免费版（Fedora Core）版本生命周期太短。多媒体支持不佳 |
| Debian | http://www.debian.org/ | 遵循 GNU 规范，100% 免费，优秀的网络和社区资源，强大的 apt - get，安装相对不易，stable 分支的软件极度过时 |
| Slackware | http://www.slackware.com/ | 非常稳定、安全，高度遵守 UNIX 的规范 |
| Red Flag Linux | http://www.redflag - linux.com/ | 红旗 Linux 是中国较大、较成熟的 Linux 发行版之一 |

## 1.2.4　发行版本的选择

Linux 的发行版本很多，用户可以根据具体需要选择不同的版本，比如 Debian、CentOS、Ubuntu、Red Hat。目前普通被用户广泛使用的是 Debian 和 CentOS。

### 1. Debian

Debian 系统目前采用 Linux 内核。此外，让 Debian 支持其他内核的工作也正在进行，最主要的就是 Hurd 内核。Hurd 是由 GNU 工程所设计的自由软件，它是一组在微内核（例如 Mach）上运行的提供各种不同功能的守护进程。

### 2. CentOS

CentOS（Community ENTerprise Operating System）是 Linux 发行版之一。它是来自于 Red Hat Enterprise Linux 依照开放源代码规定释出的源代码所编译而成。由于出自同样的源代码，因此有些要求高度稳定性的服务器会以 CentOS 替代商业版的 Red Hat Enterprise Linux 来使用。两者的不同在于 CentOS 并不包含封闭源代码软件。CentOS 是企业 Linux 发行版的领头羊 Red Hat Enterprise Linux（以下称之为 RHEL）的再编译版本，RHEL 是很多企业采用的 Linux 发行版本。用户需要向 Red Hat 付费才可以使用，并能得到相应服务、技术支持和版本升级。CentOS 可以像 REHL 一样构筑 Linux 系统环境，但不需要向 RedHat 支付任何的费用，但与此同时也将得不到任何有偿技术支持和升级服务。典型的 CentOS 用户包括一些组织和个人，他们并不需要专门的商业支持就能开展成功的业务。

### 3. Ubuntu

Ubuntu Linux 是一个以桌面应用为主的 Linux 操作系统，由马克·舍特尔沃斯（Mark Shutfleworth）创立，其首个版本 4.10 发布于 2004 年 10 月 20 日，是以 Debian 为开发蓝本的。与 Debian 稳健的升级策略不同，Ubuntu 每六个月便会发布一个新版本，以便人们及时地获取和使用新软件。Ubuntu 的开发目的是为了使个人计算机变得简单易用，同时也提供针对企业应用的服务器版本。每个新版本均会包含当时最新的 GNOME 桌面环境，通常在 GNOME 发布新版本后一个月内发行。与其他基于 Debian 的 Linux 发行版，如 MEPIS、Xandros、Linspire、Progeny 和 Libranet 等相比，Ubuntu 更接近 Debian 的开发理念，它主要使用自由、开源的软件，而其他发行版往往会附带很多闭源的软件。

**4. Red Hat**

Red Hat 是美国 Red Hat 公司的产品，是目前世界上使用最广泛的 Linux 发行版本。在 1994 年，美国人马克·厄文建立了自己的 Linux 分销业务、发布了 Red Hat Linux 1.0 的第二年，鲍勃·杨（Bob Yang）收购了 Marc Ewing 的业务，合并后的 ACC 公司成为新的 Red Hat 软件公司，并发布了 Red Hat Linux 2.0。1997 年 12 月，Red Hat Linux 5.0 发布。2003 年 4 月，Red Hat Linux 9.0 发布，新版本重点放在改善桌面应用方面，包括改进安装过程、更好的字体浏览、打印服务等。

2004 年 4 月 30 日，Red Hat 公司正式停止对 Red Hat 9.0 版本的支持，标志着 Red Hat Linux 的正式完结。原本的桌面版 Red Hat Linux 发行包则与来自民间的 Fedora 计划合并，成为 Fedora Core 发行版本。Red Hat 公司不再开发桌面版的 Linux 发行包，而将全部力量集中在服务器版的开发上，也就是 Red Hat Enterprise Linux（RHEL）版。2005 年 10 月 RHEL 4 发布。2007 年 3 月，现行主流版本 RHEL 5 发布，2010 年 4 月 RHEL 6 BETA 测试版发布。考虑到通用性以及目前市场的占有率，本书选用了 RHEL 6 讲解。

> **学习提醒**：Red Hat Linux 安装简易、使用方便、功能强大，特别是其图形用户界面特别适合于初学者。Red Hat Linux 7.2 基于 Linux 2.4 内核，是实验系统选用的版本。目前最新的版本是 Red Hat Linux 9.0。

## 1.3 Linux 的应用

为什么这么多人热衷学习和使用 Linux 呢？众所周知，Windows 已经占据了这个世界大部分计算机屏幕——从 PC 到服务器，那是什么理由让用户放弃 Windows 而转入 Linux 阵地呢？Linux 的开发模式从某个角度回答了这个问题。Linux 是免费的，用户并不需要为使用这个系统交付任何费用。当然这并不是唯一的，也不是最重要的理由。Linux 不仅仅在未来有十分美好的发展前景，目前的应用也十分广阔。

### 1.3.1 桌面应用

每一台计算机上都要安装一个操作系统，而目前绝大多数计算机都安装了 Windows 系列操作系统，在桌面应用领域 Windows 仍然占据着主导地位。随着 Linux 桌面应用的日益完善、性能不断提升，桌面应用的市场份额正在缓步升高。

桌面计算机使用 Linux 操作系统，免费使用的同时又可拥有越来越多的免费的开源软件，而且高级用户可以任意修改操作系统，使之更便于使用，特别适合钻研计算机知识的用户使用。同时 Linux 很少感染病毒。

### 1.3.2　网络服务器的应用

随着 Linux 系统的进步、Linux 厂商的投入、硬件厂商和软件厂商的支持，用户接受程度也随之提高。这让人有理由相信，Linux 服务器是值得大家选择的，其主要优点如下。

**1. 安全性好**

Linux 在服务器上的应用远比在桌面系统的应用要广泛得多。在实际应用中，Linux 的安全性是其作为服务器应用的重要原因，极少的病毒能够侵入 Linux 系统，这使得众多网络管理员越来越热衷选择 Linux 作为网络服务器的操作系统。

**2. 系统性能优越**

Linux 操作系统在实际性能方面比 Windows 表现出了更强大的优势。作为服务器，它所消耗的系统资源比 Windows 少得多，其性能更加稳定。尤其是近年来，越来越多新技术的采用，使其性能得以更快提升。

**3. 厂商支持者众多**

2004 年，IBM 宣布其全线服务器均支持 Linux。这无疑向世界传递了这样一个信号：Linux 已经成长为一种高档次的操作系统，具备了同其他操作系统一较高下的实力。在这之后的 4 年中，步 IBM 后尘的企业越来越多。如今，选择 Linux 作为服务器操作系统已经不存在任何风险，原因是主流的服务器制造商都能够提供对 Linux 的支持。

### 1.3.3　嵌入式应用

嵌入式系统广泛应用于生活电器、工业制造、通信、仪器仪表、汽车、船舶、航空航天、军事装备等众多领域。一般来说，凡是带有微处理器的专用软、硬件系统都可以称为嵌入式系统。

使用 Linux 操作系统作为嵌入式应用的优势很多。具体如下。

1）Linux 是开放源代码的，可以根据需要进行修改。

2）Linux 的内核小、效率高、内核的更新速度快，其系统内核最小只有约 134KB。

3）Linux 操作系统是免费的，厂商不需要在操作系统上花费成本。此外，Linux 能够适应各类 CPU 以及各种硬件平台，还拥有嵌入式操作系统所需要的很多特性。

如今 Linux 广泛用于各类计算应用，不仅包括微型 Linux 腕表、手持设备（PDA 和移动电话）、因特网装置、客户机、防火墙、工业机器人和电话设备，甚至还包括了集群的超级计算机。

### 1.3.4　集群应用

根据雅虎（Yahoo）的新闻发布，雅虎每天发送 6.25 亿页面。一些网络服务也收到巨额的流量，如美国在线（American Online）的 Web Cache 系统每天处理 50.2 亿次用户访问 Web 的请求，每个请求的平均响应长度为 5.5 KB。与此同时，很多网络服务因为访问次数爆炸式地增长而不堪重负，不能及时处理用户的请求，导致用户长时间的等待，大大降低了服务质量。如何建立可伸缩的网络服务来满足不断增长的负载需求已成为迫在眉睫的问题。在计算机应用中，为了大幅提高服务器的性能以及安全性，从而引入了集群的概念。集群技术是指一组相互独立的服务器在网络中表现为单一的系统，并以单一系统的模式加以管理。

此单一系统为客户工作站提供可靠性的服务。通常模式下，集群中所有的计算机拥有一个共同的名称，集群内任一系统上运行的服务可被所有的网络客户使用。

Linux 作为新生代网络操作系统，在集群应用方面表现出了卓越的性能，正在广泛地应用在大型计算机系统中。按功能和结构的不同可以分成以下几种。

1）负载均衡集群（Load balancing clusters）可以把一个高负荷的应用分散到多个节点来共同完成，适用于业务繁忙、大负荷访问的应用系统。

2）高可用性集群（High-availability clusters，HA），一般是指当集群中有某个节点失效的情况下，其上的任务会自动转移到其他正常的节点上。还指可以将集群中的某节点进行离线维护再上线，该过程并不影响整个集群的运行。

3）高性能计算集群（High Perfermance Computing，HPC），采用将计算任务分配到集群的不同计算节点而提高计算能力，因而主要应用在科学计算领域。

4）网络计算或网络集群是一种与集群计算非常相关的技术。网络与传统集群的主要差别是网络是连接一组相关并不信任的计算机，它的运作更像一个计算公共设施而不是一个独立的计算机。

 本章小结

本章主要介绍了 Linux 的发展史、Linux 的版本和 Linux 的应用。从 Linux 的起源、Linux 的祖先 UNIX、自由软件、GNU 公共许可证 GPL 以及 Linux 的优点方面进行了详细讲解，重点介绍了 Linux 的版本区分办法。Linux 的应用主要从桌面应用、网络服务器应用、嵌入式应用和集群应用分别进行讲解。

 课后习题

## 一、填空题

1. Linux 为一种源码公开的（　　　）软件，是一种真正多（　　　）和多（　　　）的网络操作系统。

2. 软件分类按其发行办法可以分为（　　　）、（　　　）、（　　　）三类。

3. Linux 共有两个版本，即（　　　）和（　　　）。

4. Linux 的（　　　）版本是在核心模块之外加入了大量的软件包。

5. 凡是带有微处理器的专用软硬件系统都可以称为（　　　）系统。

6. Linux 的内核（　　　）、效率（　　　），内核的更新速度快。

7. 集群技术是指一组相互独立的服务器在网络中表现为（　　　）的系统，并以（　　　）的模式加以管理。

8. 大多数模式下，集群中所有的计算机拥有一个共同的（　　　），集群内任一系统上运行的（　　　）可被所有的网络客户所使用。

9. Linux 与其他操作系统的最大区别是（　　　）。

10. GNU 是指（　　　）。

## 二、选择题

1. Linux 不可以在（　　）中安装。
   - A. 大型服务器
   - B. 桌面计算机
   - C. 智能手机
   - D. 2G 手机

2. 在超级计算机中，使用最多的操作系统是（　　）。
   - A. NetWare
   - B. Windows NT
   - C. Windows XP
   - D. Linux

3. GPL 计划指的是（　　）。
   - A. 通用公共许可证
   - B. 自由软件
   - C. Windows XP
   - D. 小红帽系统

4. UNIX 操作系统目前已经成为大型系统的主流操作系统，以下不是 UNIX 特点的是（　　）。
   - A. 功能强大
   - B. 多用户
   - C. 单任务
   - D. 分时操作系统

5. 安全性要求较高的行业普遍选用的操作系统是（　　）。
   - A. UNIX
   - B. Windows NT
   - C. Windows XP
   - D. Linux

6. Linux 内核版本号由（　　）部分数字构成。
   - A. 1
   - B. 2
   - C. 3
   - D. 4

7. 有一个 Linux，其版本为 2.6.24，则该版本是（　　）。
   - A. 内核版本
   - B. 发行版本
   - C. 中文版本
   - D. 测试版本

8. 有一个 Linux2.5.1 其中 5 是（　　）。
   - A. 次版本号
   - B. 主版本号
   - C. 修改号
   - D. 以上都不对

9. UNIX 是（　　）操作系统。
   - A. 单用户单任务
   - B. 多用户单任务
   - C. 单用户多任务
   - D. 多用户多任务

10. UNIX 主要用于（　　）。
    - A. 大型计算机和高端服务器
    - B. 笔记本计算机
    - C. 小型网络服务器
    - D. 个人台式计算机

## 三、判断题

1. Linux 是 UNIX 的一个变体，借鉴了 UNIX 成熟的技术同时融入了很多新技术。（　　）

2. 自由软件不可以取得源代码，不可以任意修改。（　　）

3. GNU 即 GPL 通用公共许可证，是由自由软件基金会发行的用于计算机软件的一种许可证制度。（　　）

4. 提供了先进的网络支持：内置 TCP/IP 协议。（　　）。

5. Linux 完全运行于保护模式。（　　）

6. Linux 与 UNIX 系统在源代码级兼容。（　　）

7. Linux 的核心模块根据功能的不断提升命名为不同的版本，即发行版本。（　　）

8. CentOS 是来自于 Red Hat Enterprise Linux。（　　）

9. 与 Windows 相比，Linux 很少感染病毒。（　　）

10. Linux 的在服务器上的应用远比在桌面系统应用得少。（　　）

## 四、问答题

1. GPL 倡导的"自由"包括哪些内容？

2. 简述 UNIX 无法普及与 Linux 广泛应用的原因。

# 第 2 章　Linux 系统的安装

操作系统是用户使用计算机的桥梁，用户只有通过操作系统才能控制和使用计算机。目前计算机上安装的操作系统多为 Windows，那么如何在计算机上安装 Linux？安装 Linux 会不会破坏原有的操作系统？Linux 与 Windows 能否共存于一台计算机？出于学习的目的，如何保守地安装 Linux？本章将就这些问题进行详细讲解。

## 2.1　Linux 安装前的准备

作为初学者，安装自己的学习平台是必要的。安装 Linux 要按照计划做好准备，才能确保顺利完成系统的安装。安装前需要做好两个准备工作，一是要了解安装 Linux 所需要的最低硬件配置要求，系统中的硬件是否与安装的 Linux 版本兼容；二是要了解 Linux 磁盘的管理方式，规划好磁盘分区，并选择一种适合自己的安装方式。

### 2.1.1　Linux 的硬件需求

Red Hat Enterprise Linux 6.0 对硬件的要求较低，一般配置的计算机均可运行。CPU 建议采用较高级的 Intel x86 系列 CPU。内存至少配备 1 GB，建议配备 2 GB 或更大的内存。硬盘至少需要 8 GB 空间。普通的显示器、键盘和鼠标即可。

### 2.1.2　Linux 的硬盘分区

所谓分区，就是在磁盘上建立的用于存储数据和文件的单独区域部分。磁盘分区可以分为主分区和扩展分区，其中主分区就是包含操作系统启动所必需的文件和数据的磁盘分区。扩展分区一般用来存放数据和应用程序文件。一个磁盘最多可分为 4 个分区，最多可以有 4 个主分区，即全部分区都可被划分为主分区。如果有扩展分区，则最多可以有 3 个主分区。主分区可以被立刻使用，但不能再划分更细的分区。扩展分区则必须再进行分区才能使用。由扩展分区细分出来的是逻辑分区，它没有数量上的限制。

#### 1. Linux 常用分区

分区是安装 Linux 过程中最为重要的一环，很多初学者，安装 Linux 系统都失败在分区设置上。所以，在 Linux 中，分区的设置很关键。一般来讲，分区的安装有以下方案。

1）最小化方案。Windows 下每一个分区都可以用于存放文件，而在 Linux 下则除了存放文件的分区外，还需要一个"swap 分区"（交换）来充当虚拟内存，因此至少需要两个磁盘分区：根分区和交换分区。

根分区是 Linux 存放文件分区中的一个非常特殊的分区，它是整个操作系统的根目录，在 Linux 安装过程中指定。与 Windows 不同，Linux 操作系统可以安装到多个数据分区中然后通过 mount（挂载）的方式把它们挂载到不同的文件系统中，使用它们。它只需要存放启动系统所必需的文件（如内核文件）和系统配置文件。大多数系统有50 MB ~ 100 MB的根分区都可以工作得很好。

交换分区用来负责系统的数据交换，相当于DOS/Windows下的虚拟内存，当内存不够用时，系统就会把暂时的程序数据存取在交换分区上。在Red Hat Linux下，交换分区是必需的，不管计算机的内存有多大，即使你只有128 MB的内存，也需要至少一个交换分区。

2）常规方案。一般为了正常使用Linux，用户应该在设置交换分区和根分区的基础上再设置一个boot分区和一个home分区。

/boot分区包含了操作系统的内核和在启动系统过程中所要用到的文件。

/home分区用来存放用户个人数据的分区。它的大小取决于Red Hat Linux系统有多少用户，以及这些用户将存放多少数据。

3）服务器方案。根据用户的需求，有些用户的使用环境可能会要求创建一个和多个以下的分区，因此在常规方案的基础上还要设置一个/usr分区，一个/tmp分区和一个/var分区。

/usr分区是存放Red Hat Linux系统许多软件（如X Windows系统）的所在的分区。根据你要安装的RPM软件包的数量，这个分区一般在10 G ~ 30 G，如果可能，将最大的空间用于/usr分区。

/tmp分区用来存放临时文件。对于一个大型的多用户的系统或者网络服务器，专门创建一个/tmp分区是一个好主意。

/var分区在通常情况下是根文件系统的一部分，不占很多空间。Red Hat Linux系统将把日志写在/var/log下，打印队列的文件通常写在/var/spool下。这是多用户或者服务器必须设置的一个分区。

> **特别提醒：** 分区没有严格的限定，但根分区和交换分区是必须的，其他的/usr、/var、/opt、/var/log、/usr/local可根据的自己的用途进行划分。

### 2. Linux分区容量的规定

Linux不同分区有着不同的作用，根据作用的不同要求其容量也不同，设置过大的容量会导致硬盘空间的浪费，过小的容量则会给日常使用带来不便。设置时按以下顺序依次设置。

1）交换分区的容量。swap交换空间，相当于Windows上的虚拟内存，它主要是把主内存上暂时不用的数据存起来，在需要的时候再调入内存中，且作为swap使用的分区不用指定"MoutPoint"（载入点）。交换分区的容量一般为内存的1 ~ 2倍，以现在流行的标准2 GB内存为例，一般需要将交换分区容量设置为2048 MB ~ 4096 MB。

2）boot分区的容量。包含了操作系统的内核和在启动系统过程中所要用到的文件。分区容量一般为50 MB ~ 100 MB。

3）home分区的容量。home分区是用户的home目录所在地，这个分区的大小取决于用户的多少。如果是多用户共同使用一台计算机的话，则这个分区是必需的，且根用户也可以很好地控制普通用户使用计算机，例如对用户或者用户组实行硬盘限量使用，限制普通用户访问哪些文件等。分区的容量一般为实际物理内存容量2倍大小的swap。

4）根分区的容量。所谓根分区，就是系统分区，所有操作系统的东西都在这里面。根分区的容量一般为：10 GB～20 GB 大小空间。一般设置为磁盘的 1/8。如果磁盘容量够大，可以划分 100 GB～200 GB，对喜欢直接在根分区下放东西的用户根目录大小是至关重要的。

5）其他分区的容量。

/var：一般网页文件都会放在/var/www 下面，如果用户有很多图片和网页，那么就将/var划分大一些。

/usr：很多应用软件都安装在这里。如果用户所有的软件是都是通过编译安装的话，Mysql 服务器编译安装常规情况下都会放在/usr/local/mysql 下面的数据目录中。如果没有指定，那么默认就在/usr/local/mysql/var 下。因此如果要默认安装，此目录也需要分配大一些的空间，以 100 GB～200 GB 为佳。

/data：有些用户喜欢直接用这个目录，这只是习惯的问题。如果不是直接分区的话，那么此目录默认是挂载到根目录中的。

**3. 挂载点**

在 Linux 操作系统中，挂载是一个非常重要的功能，并且使用非常频繁。它是指将一个设备（通常是存储设备）挂接到一个已存在的目录上（这个目录可以不为空，但挂载后这个目录下以前的内容将不可用）。若要访问存储设备中的文件，必须将文件所在的分区挂载到一个已存在的目录上，然后通过访问这个目录来访问存储设备。

【操作实例 2-1】某同学有一台 CPU 为 Intel Core i3，内存 2 GB，硬盘 500 GB 的笔记本电脑，欲用来学习 Linux，如何以最简易的方式准备分区。

1）首先创建 3 个主分区，分别是：

根分区，大约为 250 GB。

swap 分区，大约为内存的一倍到两倍，即 2 GB～4 GB。

boot 分区，大约为 100 MB～200 MB。

2）创建一个扩展分区。

3）利用剩余的空间创建/home 分区，大约 100 GB，用于存放文件。/usr 分区，大约 50 GB，用来存放安装文件。

【操作实例 2-2】某单位有一台 CPU 为 Intel Core i5 的服务器，内存 4 GB，硬盘 2TB 欲用来作为本公司的 Web 服务器，请为该服务器设置分区方案。

1）首先创建 3 个主分区，分别是：

根分区，大约为 200 GB。

swap 分区 8 GB，大约为内存的两倍。

boot 分区，大约为 100 MB。

2）/tmp 分区，大约 10 GB；/var 分区，1000 GB；/usr 分区，200 GB，利用剩余空间作为/home 分区。

3）还可以用逻辑卷管理（Logical Volume Manager，LVM）对服务器动态地进行分区。

**4. 外存储器的表现形式**

在 Windows 下，每个分区都会有一个盘符与之对应，如"C:""D:""E:"等。但在 Linux 中分区的命令将更加复杂和详细，由此而来的名称不容易被记住。因此熟悉 Linux 中分区的命名规则非常重要，只有这样才能快速地找出分区所对应的设备名称。

在 Linux 中，键盘、鼠标、光驱等不再是设备，而变身为文件，Linux 将每一个硬件设备都映射到一个系统的设备文件中。早期 Linux 版本把 IDE 设备分配了一个由 hd 前缀组成的文件。而对于各种 SCSI 设备、U 盘、SATA 硬盘则分配了一个由 sd 前缀组成的文件。目前，所有的磁盘设备多以 sd 作为前缀。

如果在计算机中安装了多个 IDE 磁盘，则第一块磁盘命名为 sda，第二块磁盘命名为 sdb。第一个 IDE 磁盘的第一个分区则为 sda1，第二块磁盘的第二个分区就称作是 sdb2。

【操作实例 2-3】sdb2 的含义解析。

sd 代表磁盘，b 表示第二块磁盘，2 表示第二个分区。

> **知识拓展：** 目前磁盘已经由前几年广泛流行的 IDE 接口改变为 SATA 接口的硬盘，所以在 Linux 分区时不再见到 hda 和 hdb，取而代之的是 sda 和 sdb。

## 2.1.3 Linux 的文件系统

不同的操作系统对文件的组织方式也会有所区别，其所支持的文件系统类型也会不一样。对于 Linux 系统，文件系统是指格式化后用于存储文件的设备（硬盘分区、光盘、软盘、闪盘及其他存储设备），其中包含文件、目录以及定位和访问这些文件和目录所必需的信息，此外，文件系统还会对存储空间进行组织和分配，并对文件的访问进行保护和控制。这些文件和目录的命名、存储、组织和控制的总体结构就统称为文件系统。

在 Linux 操作系统中，文件系统的组织方式是采用树状的层次式目录结构。在这个结构中处于最顶层的是根目录，用"/"代表，往下延伸就是其各级子目录。如图 2-1 所示为一个 Linux 文件系统结构的示例。

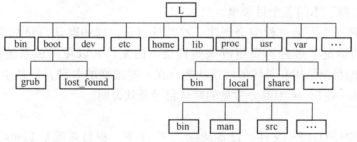

图 2-1　Linux 系统的文件结构

在 Windows 操作系统中，各个分区之间是平等的，所有的目录都是存在于分区之中。而在 Linux 中是通过加载的方式把各个已经格式化为文件系统的磁盘分区挂载到根目录下的特定目录中。在 Linux 安装过程中，必须要选择一个根分区，这个分区被格式化后会被加载到根目录中。所以，如果安装时没有指定其他分区，那么操作系统所有的文件都会被存放到该分区下。当然，用户也可以把 Linux 操作系统安装到多个文件系统中。例如，可以使用两个分区来安装 Linux，一个是根分区，另一个分区加载到/var 目录中。那么在 var 目录下的所有子目录和文件就会被保存到该分区中，其他的目录和文件则都保存到根分区中。

Windows 使用的是 fat16、fat32、NTFS 文件系统组织磁盘中的文件，而 Linux 操作系统所支持的文件系统类型有很多，最为典型的是 ext2 和 ext3。

## 2.1.4 Linux 与 Windows 文件系统路径的对应关系

为了理解路径的对应关系，假设在 Windows 的环境下计算机上的文件系统中共有 4 个磁盘驱动器，这 4 个磁盘驱动器的名称分别为 C、D、E 和 F，那么在 Linux 环境下和 Windows 环境下的路径名的大致对应关系如表 2-1 所示。

表 2-1　Linux 路径名与 Windows 的等价名表

| Linux 路径名 | Windows 的路径名 |
| --- | --- |
| / | C：\ |
| /home | D：\ （E：\、F：\） |
| /usr | C：\ Program Files |
| /lib | C：\ Windows |
| /var | Windows 隐藏的临时文件夹 |

表 2-1 中体现的只是大致的对应关系，只是某种程度上的对应关系。由于在 Linux 操作系统中数据映射的操作是自动完成的，所以用户无须记住数据是在哪个磁盘驱动器上。通过系统中的设备列表以及挂载设备的情况，Linux 文件系统便可以自动寻找包含在每个路径表上的数据。

## 2.1.5 Linux 的文件结构

与 Windows 下的文件组织结构不同，Linux 不使用磁盘分区符号来访问文件系统，而是将整个文件系统表示成树状的结构，Linux 系统每增加一个文件系统都会将其加入到这个树中。

Linux 操作系统文件结构的开始，只有一个单独的顶级目录结构，叫做根目录。所有一切都从"根"开始，用"/"代表，并且延伸到子目录。Linux 通过"挂载"的方式把所有分区都放置在"根"下的各个目录里。

Linux 操作系统在安装过程中会创建一些默认目录，这些默认目录都是有特殊功能的。用户在不确定的情况下最好不要更改这些目录下的文件，以免造成系统的错误。不同的 Linux 发行版本的目录结构和具体的实现功能存在一些细微的差别，但是主要的功能都是一致的。下面列出一些 Linux 中部分常见的默认目录及其说明。

**1. /**

根目录，所有的目录、文件、设备都在"/"之下。根目录就是 Linux 文件系统的组织者，也是最上级的领导者。

**2. /bin**

bin 是 binary 的简称，其中文的含义是二进制。在这个目录下可以找到 Linux 常用的命令，例如 ls、cp、mkdir 等命令。其功能与/usr 和/bin 类似。此目录中的文件都是可执行的，普通用户都可以使用的命令。

**3. /boot**

该目录中包含 Linux 的内核及引导系统程序所需要的文件目录，一般情况下，GRUB 或 LILO 系统引导管理器也位于这个目录。

**4. /cdrom**

该目录在安装系统完成的时候是空的。使用时可以将光驱文件系统挂接在这个目录下，例如 mount/dev/cdrom/cdrom。

**5. /dev**

dev 是 device 简称,其中文含义是设备。这个目录对所有的用户都十分重要。在这个目录中包含了所有 Linux 系统中使用的外部设备。但是这里存放的并不是外部设备的驱动程序,这一点与常用的 Windows、DOS 操作系统不一样。这里实际上是一个访问这些外部设备的端口,可以非常方便地去访问这些外部设备。访问外部设备与访问一个文件、一个目录在方法上没有任何区别。

**6. /etc**

etc 目录是 Linux 系统中最重要的目录之一。在这个目录下存放了系统管理时用到的各种配置文件和子目录。常用的网络配置文件、文件系统、x 系统配置文件、设备配置信息、设置用户信息等都在这个目录下。

**7. /home**

home 是用户的主目录,例如新建用户,用户名是"xx",那么在/home 目录下就有一个对应的/home/xx 路径。此目录是该用户的主目录。

**8. /lib**

lib 是 library 的简称,中文含义是库。这个目录是用来存放系统动态链接的共享库。几乎所有的应用程序都会用到这个目录下的共享库。因此,千万不要轻易对这个目录进行操作,一旦发生问题,系统将无法正常工作。

**9. /lost + found**

在 ext2 或 ext3 文件系统中,当系统意外崩溃或机器意外关机,会将产生的一些文件碎片存放在这里。当系统启动的过程中 fsck 工具会检查该目录,并修复已经损坏的文件系统。有时系统发生问题,有很多的文件被移到这个目录中,可能会用手工的方式来修复,或移动文件到原来的位置上。

**10. /mnt**

这个目录一般用于存放挂载储存设备。有时可以把需要系统开机自动挂载的文件系统的挂载点存放在该目录下。

**11. /opt**

opt 目录用来存放可选的程序。例如欲尝试最新的 firefox 测试版,就需要将其安装到 /opt 目录下。这样当软件使用完,欲删掉的时候,用户就可以直接删除它,而不影响系统其他任何设置。安装到/opt 目录下的程序的所有数据、库文件等都放在同一个目录里。

**12. /proc**

可以在这个目录下获取系统信息。这些信息是在内存中,由系统自动产生的。操作系统运行时,进程信息及内核信息(比如 cpu、硬盘分区、内存信息等)都存放在此处。

**13. /root**

root 目录是 Linux 超级权限用户 root 的主目录。

**14. /sbin**

sbin 目录用来存放系统管理员的系统管理程序。涉及系统管理的大多命令都存放在这里。该目录是超级权限用户 root 的可执行命令的存放地,普通用户无权限执行这个目录下的命令。

**15. /tmp**

tmp 是临时文件目录，用来存放不同程序执行时产生的临时文件。

**16. /usr**

这是 Linux 系统中占用硬盘空间最大的目录。用户的很多应用程序和文件都存放在这个目录下。在这个目录下，可以找到不适合放在/bin 或/etc 目录下的额外的工具。比如游戏、打印工具等。/usr 目录包含了许多子目录，例如/usr/bin 目录用于存放程序；/usr/share 用于存放共享的数据；/usr/lib 目录用于存放那些不能直接运行的，但却是许多程序运行所必需的一些函数库文件。

**17. /usr/local**

这里主要存放那些手动安装的软件，它和/usr 目录具有相类似的目录结构。系统会让软件包管理器来管理/usr 目录，而把自定义的脚本（scripts）放到/usr/local 目录下面，是一个很好的管理方案。

**18. /usr/share**

系统共用的软件会存放在 share 目录中，比如 /usr/share/fonts 存放的是字体目录，/usr/share/doc 和/usr/share/man 则存放帮助文件。

**19. /var**

这个目录的内容是经常变动的，可以理解为 vary 的简称。/var 下的/var/log 用来存放系统日志的目录。/var/ www 目录是定义 Apache 服务器站点存放目录；/var/lib 用来存放一些库文件，比如 MySQL，同时也是 MySQL 数据库的存放地。

## 2.2 Linux 系统的安装过程

学习与使用 Linux 的第一步就是在计算机上安装 Linux 操作系统，各种 Linux 发行版本的安装各有不同，但是大同小异。本书以 Red Hat Enterprise Linux 6.0 作为安装版本，该版本可以在图形和文本方式下进行安装，同时还支持多种的安装介质，包括光盘、本地硬盘、NFS、HTTP、FTP 等。以下将重点介绍 Red Hat Enterprise Linux 6.0 使用光盘介质的图形安装方式。

### 2.2.1 Linux 安装概述

根据 Linux 安装的目的不同，其安装有两种方式：一种是用于学习的目的，可以使用虚拟机进行安装，即在计算机原有的操作系统的基础上采用软件虚拟出一台计算机用于安装 Linux 操作系统，可以得到与全新安装同样的效果；另外一种是出于实用的目的，需要在计算机上直接安装 Linux。

**1. 学习 Linux 技术**

如果以学习 Linux 技术为目的，那么使用软件在原操作系统中虚拟一台计算机系统即可，即采用虚拟机技术完成安装。它可以达到与实际安装同样的效果，却不需要破坏硬盘上的任何数据，是一种十分安全的安装方式。虚拟机的使用将在 2.3 节详细介绍。

**2. 作为操作系统来使用**

一般说来，目前作为桌面应用的普通用户，还不能抛开 Windows 而单独使用 Linux，所以一般选择 Linux 与 Windows 共存的方式安装 Linux。快捷安装过程如下：

1）从光驱启动 Linux 系统安装光盘，按照屏幕提示要求，选择恰当选项，按步骤执行安装进程。

2）建立分区，根据需要将硬盘空间划分为若干个区。

3）继续执行后继安装，一般采用默认选项即可。

其实，如果安装过 Windows，则可以熟练地完成 Linux 的安装工作。具体安装过程，将在 2.2.2 节中详解。

## 2.2.2　Linux 安装的过程

Linux 系统安装过程并不复杂，在进入安装之前先按〈F2〉键进入 BIOS，设置成从 CD–ROM 启动，具体安装步骤如下。

1）计算机的 BIOS 设置为使用光驱开机，并将装有 Red Hat Enterprise Linux 6.0 的 DVD 光盘放入光驱中。重新启动计算机，启动安装程序，如图 2-2 所示。此界面要求按照提示选择安装类型，一般选择第一项，启动下一步安装，进入图形安装界面。

图 2-2　安装程序

2）安装程序开始进行系统检测，系统会给出大量英文提示，如图 2-3 所示，一般忽略提示等待即可。

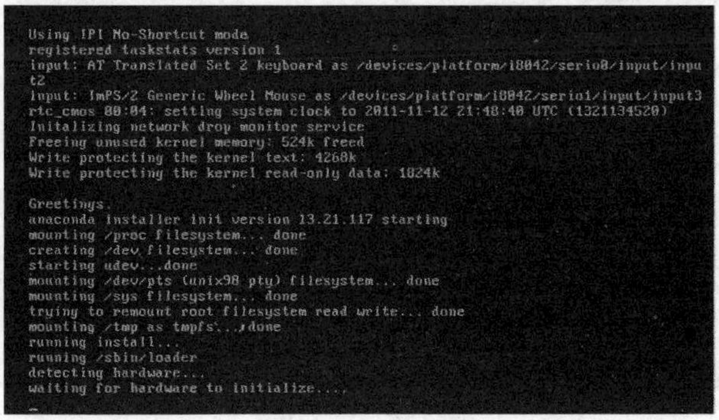

图 2-3　安装程序开始进行系统检测

3）为了防止光盘安装文件的不完整，确保安装的顺利进行，Red Hat Linux 在正式安装之前设置了检测光盘选项，用户可以选择光盘检测。但多数爱好者在实际安装时，为了节省时间，一般不会检测。直接按〈tab〉键切到"Skip"选项，按〈Enter〉键进入下一安装步骤，如图 2-4 所示。

图 2-4　检测光盘

4）接下来会进入到安装欢迎界面，此时直接单击"Next"按钮进入下一步的安装即可，如图 2-5 所示。

图 2-5　安装欢迎界面

5）在页面中选择安装过程中使用的语言，如图 2-6 所示。

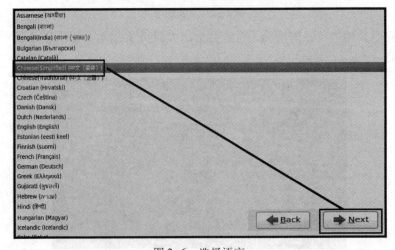

图 2-6　选择语言

首先，安装程序会询问用户安装 GUN/Linux 时使用哪种语言来显示信息，在此选择的语言也会成为安装后 Red Hat Enterprise Linux Server 6.0 的默认语言。Red Hat Enterprise Linux Server 6.0 支持中文，用户可以选择"Chinese（Simplified）简体中文"选项，单击"Next"按钮进入下一步安装界面。

6）系统进入到键盘选择界面，按照需要进行相应的键盘选择，通常会选择"美国英语式"选项，如图 2-7 所示。

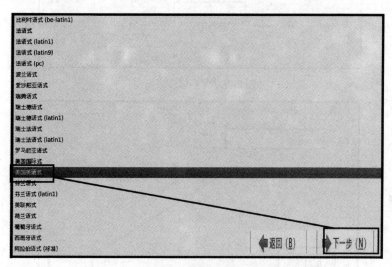

图 2-7　选择键盘

单击"下一步（N）"按钮进入下一步安装界面。

7）选择系统安装的设备，一般情况下都会选择"基本存储设备"选项。单击"Next"按钮进入下一步，如图 2-8 所示。

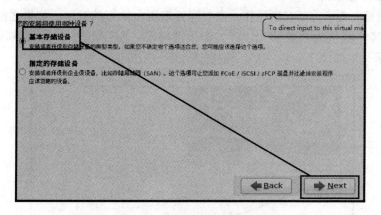

图 2-8　选择系统安装的设备

按〈Enter〉键后，会出现如下图 2-9 所示的警示。单击"Yes, discard any data"按钮，单击"Next"按钮进入到下一个安装界面。

8）设置主机名和网络。选择安装程序自动分割硬盘或配置好启动管理器后，接下来会进入到配置网络的界面，如图 2-10 所示。

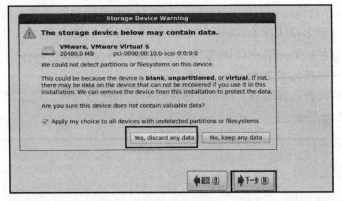

图 2-9　保存修改设置

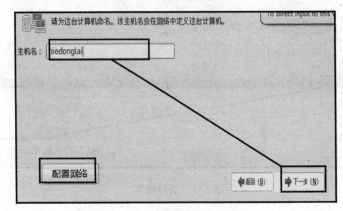

图 2-10　设置主机名和网络

特别说明：RHEL 6 安装支持直接设置 网络 IP 等信息，已方便安装后马上使用网络，也可以先不设置，直接下一步。

9）时区选择。为了方便日常操作，需要配置您所在地区的时区。如果之前选择"中文（简体）"，时区将默认为"亚洲/上海"。如果选择了"English"，时区将默认为"美国"，如图 2-11 所示。单击"下一步（N）"按钮进入下一步安装界面。

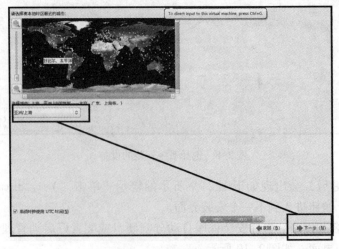

图 2-11　设置时区选择

10）用户可以在此页面进行加密操作，对 root 账号的密码直接进行设置，如图 2-12 所示。

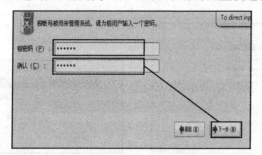

图 2-12　设置 root 账号的密码

设置系统管理密码的界面中，GUN/Linux 或 Unix 的系统管理员为 root，是整个系统中拥有最高权力的用户账户。它可以任意删除系统任何档案，亦可以对系统做成永久性损害，所以其密码非常重要。单击"下一步（N）"按钮进入下一步安装界面。

如果密码过于简单，还会出现警告提示，如图 2-13 所示。

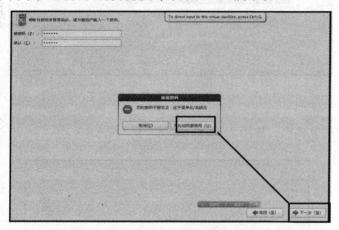

图 2-13　设置系统管理密码的警告界面

11）选择分区。RHEL 6 必须设置一个/boot/xxxx 的分区，用户可按指引建立并设置其大小，其操作如图 2-14 所示。

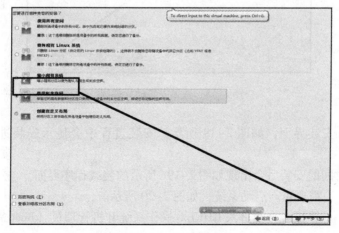

图 2-14　选择分区

12）格式化分区，如图2-15~图2-17所示。

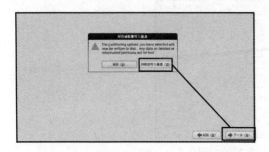

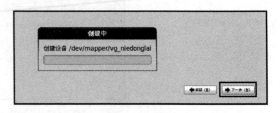

图2-15　将存储配置写入磁盘　　　　　　　　　图2-16　创建过程

图2-17　正在格式化

13）选择安装的软件组，如图2-18所示。

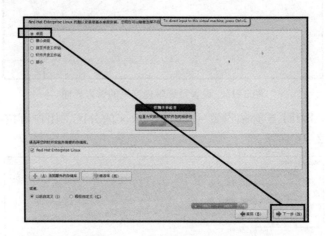

图2-18　选择安装的软件组

14）随后进入安装界面，如图2-19所示。安装过程中会显示安装进度，如图2-19b所示。

在经过一段时间的安装后会出现如图2-19c所示的装载程序界面。

15）安装完毕，需要重新启动系统，如图2-20所示。

重新开启后，计算机会自动进入RHEL 6操作系统开机管理员（Boot Manager）界面。

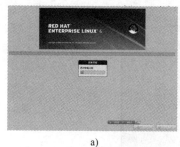
a)

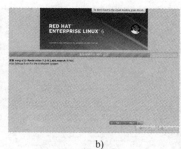
b)

c)

图2-19　安装过程

a）进入安装界面　b）安装进度界面　c）安装完成后会出现装载程序界面

图2-20　需要重新启动系统的提示界面

### 2.2.3　安装后的配置

在系统就绪前还要进行几个步骤的设置。设置代理将会引导进行一些基本配置。单击"前进（F）"按钮继续其他初始化配置。

1）配置欢迎界面如图2-21所示。

图2-21　配置欢迎界面

2）许可协议说明界面如图2-22所示。

作为一位RHEL 6操作系统的合法使用者，用户需要阅读RHEL 6操作系统许可协议书，了解可以享有的权益，并同意许可协议书的内容。没有问题后，请选择"是的，我同意这个许可协议"命令，单击"前进（F）"按钮继续其他初始化配置。

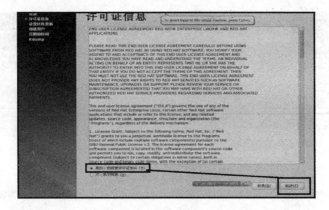

图 2-22　许可协议说明界面

3）设置软件更新，如图 2-23 所示。

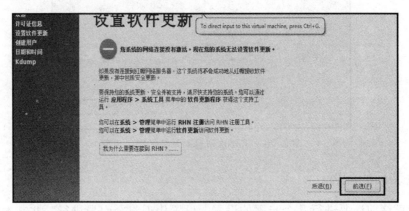

图 2-23　设置软件更新

4）创建用户界面如图 2-24 所示。

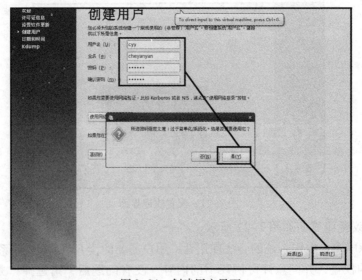

图 2-24　创建用户界面

Linux 是多用户（Multi User）的作业系统，为方便管理每个用户的档案及资源，每个用户都有自己的账户及密码。其中 root 是整个系统中最高权力的账户，为避免无意中损害系统，一般会用另一帐户处理日常工作，在需要 root 权力时才进入 root 帐户。

rhel6 在安装时强制要求建立另一帐户，按要求逐步填写用户信息后，单击"前进（F）（N）"按钮继续其他初始化配置。

5）设置日期和时间如图 2-25 所示。

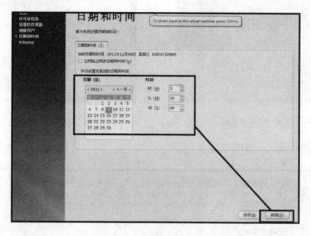

图 2-25　设置日期和时间

6）Kdump 配置报告如图 2-26 所示。阅览后单击"完成"按钮即可。

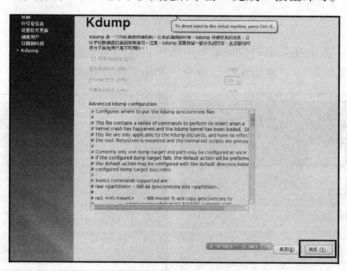

图 2-26　Kdump 配置报告

Kdump 工具组合提供了新的崩溃转储功能，以及加快启动的可能。通过跳过引导时的固件，Kdump 可以提供前一个内核的内存转储用于调试。

## 2.2.4　系统配置

基本配置完成后，还需要根据具体需要进行系统配置。这些配置需要在 root 用户权限下进行，具体步骤如下。

1）进入系统界面如图 2-27 所示。继续进行配置需用 root 用户进入，在登录界面选择"其他"，依次输入用户名/密码，如图 2-28 所示。

图 2-27　进入系统界面

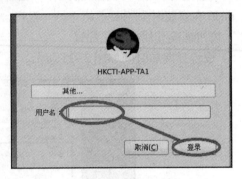

图 2-28　root 用户进入界面

2）显示 root 登录提示，如图 2-29 所示。

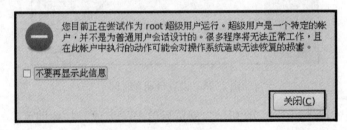

图 2-29　root 登录提示

3）设置网络。右击在弹出的快捷菜单中选择"在终端中打开"命令，然后选择在"系统"菜单→"首选项"→"网络连接"命令，弹出"网络连接"对话框。如图 2-30 所示。

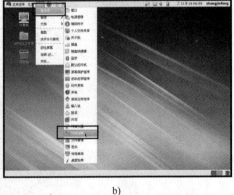

a)　　　　　　　　　　　　　　　　　　b)

图 2-30　设置网络

a）选择"在终端中打开"命令　b）选择"网络连接"命令

4）在"网络连接"对话框（如图 2-31a 所示）中选择需要设置的网卡，单击"编辑"按钮，弹出"正在编辑"对话框，具体参数设置如图 2-31b 所示。

注意：此处一定要勾选"自动连接"复选框。

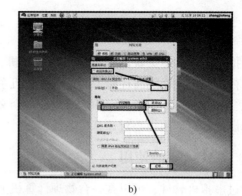

a)                                         b)

图 2-31　网络设置

a)"网络连接"对话框　b)"正在编辑"对话框

5）图形界面和命令行界面间切换可以利用〈Ctrl + Alt + F(n)〉组合键，其中 F(n)为〈F1〉~〈F6〉。在命令行界面中，重启 network 服务，系统开始重新加载网络 IP，如图 2-32所示。

图 2-32　重新加载网络 IP

## 2.3　使用虚拟机安装 Linux

使用虚拟机技术可以在一台物理计算机上同时运行两个或两个以上的 Windows、Linux操作系统。与传统的安装方式相比，虚拟机具有非常大的优势。在传统的方式下，一台计算机在同一时刻只能运行一个操作系统，在切换操作系统时必须重新启动计算机。而使用虚拟机则可以在一台计算机上同时运行多个操作系统，用户可以同时运行 Windows 和 Linux 这两种完全不同的操作系统，它们之间的切换就像 Windows 应用程序的切换那样简单方便。虚拟机软件会在现有的物理硬件基础上进行虚拟划分，为每个操作系统划分出相应的虚拟硬件资源，从而保证各操作系统之间相互独立，不会受到影响。

### 2.3.1　虚拟机技术

虚拟机，顾名思义就是虚拟出来的计算机，指通过软件模拟的具有完整硬件系统功能的、运行在一个完全隔离环境中的完整计算机系统。这个虚拟出来的计算机和真实的计算机几乎完全一样，所不同的是它的硬盘是在一个文件中虚拟出来的，因此用户可以随意修改虚拟机的设置，而不用担心对计算机造成损失。

### 2.3.2　VMware 的使用

通过虚拟机软件，可以在一台物理计算机上模拟出一台或多台虚拟的计算机，可以安装操作系统、安装应用程序、访问网络资源等等。对于用户而言，它只是运行在计算机原操作系统上的一个应用程序，但是对于在虚拟机中运行的应用程序而言，它就是一台真正的计算机。目前最常用的虚拟机软件是 VMware Workstation，最新版本是 8.0，于 2011 年 9 月发布。

VMware Workstation 8 完全更新了用户界面、简化菜单、可实时显示虚拟机缩略图，改进了用户偏好设置界面。同时增加一个全新的虚拟机库，从而更好的远程链接访问。用户可在同一窗口同时使用本地主机和虚拟机。新的 VMware 支持创建 64 GB 内存的虚拟机，改进了 SMP 多任务性能、NAT 性能、支持高清音频、USB3.0 和蓝牙。

> **学习提醒：** 除了 VMware，用户还可以选择 Virtual Box 和 Virtual PC，如果在 Linux 下则可以选择 VMware XEN KVM。其他的还有 XENSERVER（直接安装作为操作系统）、VMware ESXI（免费版）、VMware ESX。

### 2.3.3　安装虚拟机

作为初学者，采用虚拟机的方式安装 Linux 是一个较好的选择。在实际操作时，需要先安装虚拟机软件，然后在虚拟机上进行 Linux 系统安装，其操作过程极其简单，与直接安装 Linux 过程基本相同。

**1.　安装虚拟机**

在搜索引擎上搜索"VMware 8 下载"即可取得最新的 VMware Workstation 8 下载链接网址列表。单击并下载到本地计算机中后，双击安装包，即可按常规的软件安装方法将 VMware Workstation 8 安装到本地计算机中，在此不再赘述。

**2.　配置虚拟机**

1）选择操作系统：在 VMware Workstation 控制台中选择 "File" → "New" → "Virtual Machine" 进入虚拟机安装引导界面。选择虚拟机的安装方式，是传统安装还是定制安装。因为之后要改动很多参数，所以选择定制安装。如图 2-33 所示，单击 "next" 按钮继续下一步。

2）选择是否现在安装操作系统。这里选择"稍后安装"，其目的是为了安装系统的时候不会提示任务，之后的过程中将会自动安装。然后单击 "next" 按钮，如图 2-34 所示。

3）选择需要安装的操作系统。这里 OS 选择 Linux，版本选择 "Centos"，单击 "next" 按钮即可，如图 2-35 所示。

图 2-33　选择虚拟机安装方式

图 2-34　选择是否安装马上安装 OS　　　　　图 2-35　选择安装操作系统类型

4）接下来进行常规设置。包括设置安装的虚拟机名称、安装路径、选择需要分配的
CPU 数量、内核数量、设置安装的内存大小、设置安装的网络方式、选择 I/O 设备类型。

5）新建虚拟盘。选择 "Create a new virtual disk" 单选按钮，单击 "next" 按钮。如图 2-36
所示。

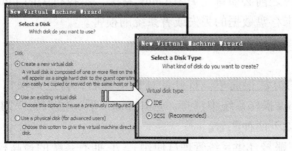

图 2-36　新建虚拟盘

6）设置虚拟机磁盘大小。默认设置为 20 GB，选择"立即分配"，单击"next"按钮。如图 2-37，勾选"Split disk into multiple files"单选按钮。"Allocate all disk space now"选项表示是否现在分配磁盘容量，这里先勾选，以免之后增加到一般磁盘空间不够，被其他文件占用，所以这里先选择分配。

7）因本例使用映像文件进行安装，所以单击 VMware Workstation 控制台中左侧 Library 面板中的"Centos"（需要安装系统的机器）选项，然后更改其设置。单击"CD/DVD（IDE）"选项，设置连接物理光驱或者镜像，这里选择的镜像，不用去刻盘，如图 2-38 所示。

 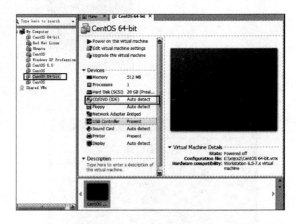

图 2-37  设置虚拟机磁盘大小，分配方式          图 2-38  更改光盘设置

8）单击"OK"按钮。至此，Linux 操作系统在虚拟机中配置安装完成，接下来安装的操作步骤如 2.3.2 节介绍的安装系统步骤类似，此处不再赘述。

## 2.4  Linux 的启动与退出

对于初次使用 Linux 系统的用户来说，使用命令管理 Linux 系统过于复杂，因此用户可以进入 Linux 系统的桌面环境（如 GNOME）进行管理。在系统中可以实现听歌、看电影、查看图像、编辑图像、QQ 聊天、BT 下载、访问网站、收发邮件、FTP 上传等功能。使用 Linux 系统首先要登录。登录实际上是一个验证用户身份的过程，如果用户输入了错误的用户名或密码，就会出现错误信息从而不能登录到系统。

在切断计算机电源之前必须首先关闭 Linux 系统。不执行关闭 Linux 系统就直接切断计算机的电源，会导致未存盘数据的丢失或者系统的损害。

### 2.4.1  启动 Linux

启动 Linux 系统的方法很简单。打开计算机电源后，将进入操作系统的选择菜单，在 Linux 和原有的 Windows 操作系统中选择。选择 Linux 后，输入用户的账号和密码。在系统安装过程中可以创建以下两种账号。

1. root。超级用户账号（供系统管理员使用），它拥有系统的最高权限，可以对系统中所有文件、目录、进程进行管理，执行系统中所有程序。任何文件权限对根用户都是无效的。

2. 普通用户。该账号可以登录系统，但只能操作自己拥有权限的文件，这类用户都是由系统管理员手工添加的。一般的 Linux 使用者均为普通用户，而系统管理员则使用超级用户账号完成一些系统管理的工作。

## 2.4.2　Linux 的主操作界面

启动 Linux 后，即进入 Linux 的主操作界面，这个界面与 Windows 相似，如图 2-39 所示。

图 2-39　Linux 的主操作界面

## 2.4.3　退出 Linux

在 Linux 桌面上，选择"系统"→"关机"命令，单击"关闭系统"按钮即可关闭 Linux 系统，如图 2-40 所示。

图 2-40　关闭 Linux 系统

**技能拓展：** 用 Windows 98 启动软盘删除 Linux 引导装载程序修改 BIOS 中的启动顺序，将软驱设置为第一启动设备，然后用 Windows 98 启动软盘启动计算机，进入 DOS 状态后输入"fdisk/mbr"命令，即可删除硬盘的主引导记录（MBR）中的引导装载程序。

 本章小结

本章主要讲授了 Linux 系统的安装，主要包括系统安装前的准备、系统安装过程、虚拟机的使用、系统的启动与退出，其中系统安装前的准备是本章的难点，系统的安装过程是本章的重点。同时详细介绍了 Linux 安装过程和虚拟机的使用两项技能。特别对安装过程进行了详细的讲解。

 课后习题

**一、填空题**

1. 与 Windows 下的文件组织结构不同，Linux 不使用磁盘分区符号来访问文件系统，而是将整个文件系统表示成（　　）结构，Linux 系统每增加一个文件系统都会将其加入到这个树中。

2. /boot 目录中包含 Linux 的（　　）及（　　）所需要的文件目录。

3. dev 目录包含了所有 Linux 系统中使用的（　　）。

4. 新建用户，用户名是"clh"，那么在/home 目录下就有一个对应的（　　）路径，此目录是该用户的主目录。

5. 在 ext2 或 ext3 文件系统中，当系统意外崩溃或机器意外关机，会产生一些文件碎片存放在这里。这些文件放在（　　）目录中。

6. root 目录是 Linux（　　）root 的主目录。

7. sdb2 的中 sd 代表（　　），b 表示第 2 块（　　），2 表示第 2 个（　　）。

8. Linux 至少要设置一个（　　）分区、一个（　　）分区；

9. swap 交换空间，相当于 Windows 上的（　　）如果计算机的内存为 2 GB，则一般需要将交换分区容量设置为（　　）至（　　）。

10. 在系统安装过程中可以创建以下两种账号，是（　　）和（　　）

**二、选择题**

1. Linux 的"根"目录，用（　　）代表。

    A. "/"　　　　　　　　　　　　　　　　B. "\"

    C. "//"　　　　　　　　　　　　　　　　D. "\\"

2. 可以找到 Linux 常用的命令的目录是（　　）。

    A. tmp　　　　　　　　　　　　　　　　B. bin

    C. root　　　　　　　　　　　　　　　　D. home

3. /cdrom 目录在安装系统完成的时候是（　　）。

    A. 光盘中所有文件　　　　　　　　　　B. 光盘映像文件

    C. 只有一个文件　　　　　　　　　　　D. 空的

4. 以下不是 etc 目录下的文件的是（　　）。

    A. 网络配置文件　　　　　　　　　　　B. 文件系统

    C. x 系统配置文件　　　　　　　　　　D. ls 命令

5. 需要系统开机自动挂载的文件系统，应该将其挂载点存放在（　　　）目录下。

　　A. mnt　　　　　　　　　　　　　　　B. bin

　　C. opt　　　　　　　　　　　　　　　D. home

6. Linux 规定了主分区或者扩展分区占用 1 至 16 号码中的前（　　　）个号码。

　　A. 1　　　　　　　　　　　　　　　　B. 4

　　C. 8　　　　　　　　　　　　　　　　D. 10

7. 以下分区是必须设置的是（　　　）。

　　A. swap　　　　　　　　　　　　　　B. /var

　　C. /usr　　　　　　　　　　　　　　D. /log

8. 以下可能是 Boot 分区的容量的是（　　　）。

　　A. 4 G　　　　　　　　　　　　　　　B. 15 G

　　C. 30 G　　　　　　　　　　　　　　D. 80 MB

9. 定义 Apache 服务器站点存放目录的是（　　　）。

　　A. /var　　　　　　　　　　　　　　B. /var/www

　　C. /lib　　　　　　　　　　　　　　D. /www

10. 以下 Linux 的文件系统的是（　　　）。

　　A. fat16　　　　　　　　　　　　　　B. NTFS

　　C. ext3　　　　　　　　　　　　　　D. fat32

三、判断题

1. Red Hat Linux 6.0 硬盘至少需要 1 GB 磁盘。（　　　）

2. 一般情况下，GRUB 或 LILO 系统引导管理器位于 home 目录中。（　　　）

3. Linux 中访问外外部设备与访问一个文件在方法上没有任何区别。（　　　）

4. 几乎所有的应用程序都会用到 lib 目录下的共享库。（　　　）

5. 欲尝试最新的软件，就需要将其安装到/opt 目录下。这样当软件尝试完，欲删掉 firefox 的时候，就可以直接删除它，而不影响系统其他任何设置。（　　　）

6. 要访问存储设备中的文件，必须将文件所在的分区挂载到一个已存在的目录上，然后通过访问这个目录来访问存储设备。（　　　）

7. 在安装 Linux 时用户必须选择光盘检测。（　　　）

8. Kdump 工具组合提供了新的崩溃转储功能，可以提供前一个内核的内存转储用于调试。（　　　）

9. 虚拟机完全就像真正的计算机那样进行工作，可以安装操作系统、安装应用程序、访问网络资源等。（　　　）

10. boot 包含了启动系统过程中所要用到的文件。（　　　）

四、问答题

1. 简述外存储器的表现形式。

2. 简述 Linux 作为操作系统来使用应该如何安装。

# 第3章 Linux 桌面的基本操作

Linux 安装完成后，重新启动计算机，系统将进入 Linux 的默认操作界面。习惯使用 Windows 的用户都会感觉，这个简洁的桌面与 Windows 桌面有很多相似之处。其实在学习过程中，完全可以把 Linux 的桌面当做另外一个版本的 Windows 来学习，这样两者相对比，学习起来事半功倍。

## 3.1 Linux 的桌面

Windows 的桌面与 Windows 是一体的、唯一的。但 Linux 则不同，Linux 是一种命令行的操作系统，而不是一个图形环境的操作系统，图形环境只是安装在 Linux 操作系统里的一个普通的应用程序，和其他安装在 Linux 系统里的程序一样。所以 Linux 的桌面可有可无，既可以使用，也可以卸载。在 Linux 系统中并不像 Windows 那样只有一种图形界面，Linux 可用的桌面很多，例如 GNOME、KDE、Fluxbox、Xfce、FVWM、Icewm 等。

### 3.1.1 Linux 的桌面环境

在众多桌面系统中，GNOME 和 KDE 是绝大多数 Linux 发行版都自带的桌面系统，也是使用最为广泛的两种桌面系统。下面就介绍 Linux 支持的两大桌面环境。

**1. KDE**

KDE（Kool Desktop Environment）是一种应用广泛的 Linux 桌面环境，同时它也能应用于 UNIX、FreeBSD 等操作系统。在使用习惯上非常接近 Windows，比较适合初学者使用。

整个 KDE 采用的是 TrollTech 公司所开发的 Qt 程序库。采用 KDE 编写的应用程序总是带着一个字母 K，如 Konqueror（文件浏览器）、Konsole（命令行终端）等。KDE 为程序员提供了一套功能完备的开发工具，包括一个集成开发环境（IDE），这使得程序员很容易在 KDE 上开发风格统一的应用程序。

**2. GNOME 桌面环境**

GNOME 是一个使用频率较高的 Linux 系统的桌面环境，它包括了使用 X－Window 图形接口进行操作所需要的各种应用程序。桌面是使用图标、窗口、菜单和面板之类常用图形化对象的图形化桌面系统。其特点是双条面板贯穿桌面的顶和底部，四个工作区呈现长方形。与 KDE 桌面相比，GNOME 更快速和简洁。

同 KDE 类似，GNOME 的应用程序大多带着一个字母 G，如 GIMP（图形处理软件）、gFTP（FTP 工具）等。GNOME 同样也为开发人员提供了一套易于使用的开发工具。

### 3.1.2 X Window

Linux 下的 GNOME 和 KDE 都是以 X Window 系统为基础建构成的。学习 KDE 和 GNOME，就必须要了解 X Window。

X Window 系统是一种以图形方式显示的软件窗口系统。最初是麻省理工学院于 1984 年研发的，后来成为 UNIX、OpenVMS 等操作系统所适用的标准化软件工具包及显示架构的运作协议。X Window 系统通过软件工具及架构协议来建立操作系统所用的图形用户界面，此后则逐渐扩展到其他操作系统上。现在几乎所有的操作系统都能支持和使用 X Window。

### 1. X 服务器（X Server）

X 服务器用于控制键盘、鼠标等设备的输入，并控制显示器等设备的输出。X 服务器定义了给 X 客户机使用这些设备的抽象接口。X 服务器与平台无关。用户可以自由定制自己的桌面，而不需要改变窗口系统的底层配置。

### 2. X 客户端程序（X Client）

安装在 Linux 系统下的应用程序就是 X 客户端程序。它是应用程序的核心部分，与硬件无关的，每个应用程序就是一个 X Client。例如 Linux 下有一个 QQ 聊天程序，则这个程序就是所谓的 X 客户端程序。

### 3. 通信通道

有了 Server 和 Client，它们之间就要传输一些信息，这种传输信息的媒介就是所要介绍的 X 的第 3 个组成部件：通信通道。凭借这个通道，Client 将"需求"传送给 Server。而 Server 则将状态（status）及其他一些信息回传给 Client。

### 4. 窗口管理器（Window Manager）

窗口管理器负责控制应用程序窗口的各种行为，例如移动、缩放、最大化和最小化窗口等。从本质上来说，窗口管理器是一种特殊的 X 客户端程序。因为这些功能也都是通过向 X 服务器发送指令实现的。

### 5. 桌面环境

桌面环境就是把各种与 X 服务器有关的程序整合在一起，这些程序包括像应用软件、窗口管理器、显示管理器等。但无论桌面环境如何让复杂，最终都是由 X 服务器输出图像。

## 3.2 GNOME 的桌面

熟练使用 Linux 操作系统是学习 Linux 的基础，Linux 的操作实质就是桌面环境的操作，而目前默认的桌面环境是 GNOME。KDE、GNOME 操作以及 Windows 操作之间有很多相似之处，掌握了 GNOME 的操作，KDE 的操作就会触类旁通。本书以 GNOME 操作为例进行讲解，KDE 的操作由读者自行操作完成。

**友情提醒**：如果要熟练掌握 Linux 的操作，则建议把计算机操作系统换成 Linux，让每天的工作、学习都在 Linux 环境中完成。这样自然而然就会发现很多问题，在解决问题同时 Linux 操作水平也会随之提高。

### 3.2.1 GNOME 的桌面概览

启动安装了 Linux 操作系统的计算机，在选择登录用户名称并输入登录密码后，即进入 Linux 的桌面。这个桌面其实质就是 GNOME，如图 3-1 所示。

图 3-1　GNOME 桌面

### 3.2.2　GNOME 的桌面组成

GNOME 的桌面由 6 部分组成，分别是桌面、面板、窗口、工作区、文件管理器、控制中心。下面将简单介绍这 6 个部分的内容。

**1. 桌面**

桌面在所有其他组件之下，是其他组件的承载体，可以在桌面放置启动器对象，以便快速访问文件和文件夹，或者打开经常使用的应用程序。

**2. 面板**

面板由两个长条组成，位于屏幕的顶部和底部。默认情况下，上面板中显示 GNOME 的主菜单栏、日期和时间、GNOME 帮助系统启动器，而底部面板显示打开窗口列表和工作区切换按钮。面板可以通过定制来包含不同的工具，如一些其他菜单和启动器、小工具应用程序。

**3. 窗口**

大多数应用程序都会运行在一个或几个窗口中，GNOME 桌面上可同时显示多个窗口。窗口可改变大小、移动位置。每个窗口的顶部都有一个标题栏，上边有最小化、最大化、关闭按钮。

**4. 工作区**

工作区里可以再划分桌面。每个工作区可以包含许多窗口，允许归类相关的任务。工作区还可以进行切换，它会把每个工作区都显示成一个小方块，然后在上面显示运行着的应用程序。

**5. 文件管理器**

GNOME 的文件管理器又称为 Nautilus 文件管理器，通过它可以访问文件、文件夹和应用程序。Nautilus 是由 Eazel 公司开发的 Linux 系统的文件管理器，它也是 GNOME 用户图形操作系统的重要组成部分。Nautilus 提供了一个方便的且可定制的文件管理器，使 Linux 系统更为直观，方便一般为用户操作使用。但是，Nautilus 仅仅只是一个文件管理器，它并不是一个完整的 Linux 桌面操作系统。

**6. 控制中心**

控制中心相当于 Windows 的控制面板，用来对计算机的软、硬件进行各种设置操作。无论普通用户还是系统管理员，都可以根据自己的需要改变设置。

### 3.2.3 GNOME 的桌面对象

在屏幕中，桌面位于所有组件的最下面。上下两个面板条之间的部分就是桌面。用户可在桌面上放置文件夹和文件，以便快速访问它们。桌面上有几个特殊对象，如图 3-2 所示。

图 3-2  GNOME 桌面对象

**1. 计算机**

桌面上第一个图标就是"计算机"，与 Windows 桌面上"我的电脑"相同，以此访问硬盘、光驱、U 盘文件。如果不是超级用户，将不能访问 Windows 系统的各个分区。访问时系统将即刻弹出对话框，要求输入 root 密码。

**2. 主文件夹**

如果登录用户名为 clh，则会在"计算机"图标的下面，显示一个名为"clh 的主文件夹"的图标，用户可在这里存放该个人文件。双击图标后可以打开该文件夹，也可以从顶部的"位置"菜单中打开自己的主文件夹。

**3. 回收站**

"回收站"与 Windows 回收站相似，是一个特殊文件夹，里面可存放用户删除的文件。

**4. 光盘或 U 盘标识**

如果插入光盘或 U 盘等外部存储设备，则桌面上会显示相应的设备图标。双击图标后可以查看其中的内容，也可以对其内容进行操作。

## 3.3　GNOME 的主菜单

GNOME 的基本操作很简单，很多地方与 Windows 基本相同。本节将对各种操作进行详细介绍，通过与 Windows 对比，使读者快速掌握 GNOME 的操作方法，迅速进入 Linux 应用的角色。

### 3.3.1　文件及文件夹操作

在 Windows 中，双击"我的电脑"图标即可执行文件及文件夹的任意操作。在 Linux 的GNOME 桌面环境中，其操作与 Windows 基本相同。打开方法有两种：

1）在桌面上双击"计算机"图标；

2）在顶部菜单栏依次选择"位置"→"计算机"。

上述两种方法执行后进入文件夹，将得到当前计算机中所有的存储设备及分区。双击相应的图标可以进入目录，如图 3-3 所示。无论是文件还是文件夹，单击鼠标左键选中文件或文件夹，右击将弹出快捷菜单。其操作与 Windows 基本相同，在此不再赘述。

图 3-3　双击"计算机"图标后得到的文件

### 3.3.2　任务栏及桌面设置

任务栏是显示任意虚拟桌面上运行的应用程序。它在最小化应用程序时很有用。因为此时该程序会从桌面消失，用户可以单击其在任务栏上的名称使其重新回到桌面上。

### 3.3.3　控制面板的使用

GNOME 控制面板是 GNOME 最核心的部分（桌面最上方）。用户可以自定义它的外形，或添加和删除面板中的对象。除此之外，还可以使用多个面板，而每个面板都有自己的内容。

1）"应用程序"菜单：单击最左侧的"应用程序"图标后，GNOME 会出现许多程序组，而每个组又包含其他的程序。

2）"位置"菜单：单击之后会出现多种管理选项，在此菜单按钮上可以右击从弹出的菜单中选择，也可直接将项目用拖曳移到桌面。

3）"系统"菜单：这个选项中包含的工具程序大多和自定义管理模式与习惯有关。同样也可以从右键菜单中选择或拖曳的方法将其移到桌面上。

4）应用程序启动器：启动器（Launcher）是指 GNOME 控制面板中，位于菜单旁边的按钮，它可以用来启动应用程序或命令。

## 3.4　主菜单中的应用程序菜单

Linux 的 GNOME 菜单共包含 3 个主菜单：应用程序、位置、系统。其中"应用程序菜单位"菜单相当于 Windows 的开始菜单中的"所有程序"，包括了 Red Hat Linux 中自带的常用软件，主要有"Internet""办公""图像""影音""游戏""系统工具""附件" 7 个菜单，如图 3-4 所示。每个菜单下又包含若干个常用软件。

图 3-4　应用程序菜单

### 3.4.1　Internet

"Internet"菜单包括 Ekiga 软电话、Firefox Web Browser、Pidgin 互联网通信程序 3 个程序，这是 Linux 环境所提供的互联网应用默认程序。

1）Firefox Web Browser（火狐浏览器），是由 Mozilla 开发的 Linux 版本的浏览器，具有全新的界面、更易用的功能、更快的速度、更强的安全防护、更多的开发者工具等优越特性。使用方法与 Windows 下的 IE 浏览器基本相同。

2）Ekiga 软电话。Ekiga 是全功能的 SIP 和 H.323 兼容的 VoIP、IP 电话和视频会议应用程序，它允许用户与远程用户进行音频及视频通话。如图 3-5 所示。

3）Pidgin 互联网通信程序。Pidgin 是一个类似于 QQ 的聊天工具，基于 libpurple 的可同时连接到多种消息服务的及时消息客户端，如图 3-6 所示。

图 3-5　Ekiga 软电话

图 3-6　Pidgin 互联网通信程序

### 3.4.2　办公

"办公"子菜单下共有 5 个应用程序，其中包括 Evolution 邮件、日历和 OpenOffice. org 的 4 个组件，类似 Windows 下的 Office 软件，用于处理文档、表格、幻灯片等。OpenOffice. org 是一套跨平台的办公室软件套件，它与各个主要的办公室软件兼容，并且任何人都可以免费下载、使用，其使用方法与 Office 大同小异。

1）Writer 与 Office 中的 Word 相对应，是字处理组件，它包括了一个现代化全功能字处理软件的所有特性。

2）Calc 与 Office 中的 Excel 相对应，是电子表格制作组件，它提供了大量先进功能来帮助用户完成复杂的制表任务。

3）Impress 与 Office 中的 PowerPoint 相对应，是全功能演示文稿制作工具。

4）Draw 是 OpenOffice. org 办公套件中的图形工具包，提供快照、图表和图形的处理工具。它能够进行图像样式处理，将平面对象转换为立体对象，可把多个对象组合、分拆、重组或编辑已组合的群组，还可以自行设计纹理、光度、透明度、比例等，创建逼真的照片图像。

### 3.4.3　图像

应用程序的"图像"子菜单只提供了一款图形工具 gThumb。该工具适合在 GNOME 环境下对图像进行查看和浏览，如图 3-7 所示。

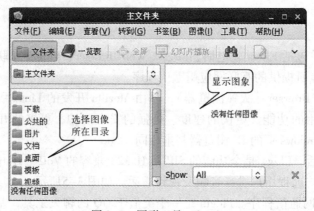

图 3-7　图形工具 gThumb

### 3.4.4　影音

"影音"子菜单下共提供了 5 款影音制作、播放的软件，包括 Brasero 光盘刻录器、rhythmbox 音乐播放器、电影播放机、茄子大头贴、音频 CD 榨汁机，如图 3-8 所示。"影音"子菜单为用户提供了全方位的多媒体应用，各软件均为中文，使用极其方便，这里不再具体讲解。

图 3-8　影音制作软件

### 3.4.5　系统工具

应用程序的系统工具包括 CD/DVD 生成器、磁盘实用工具、磁盘使用分析器、文件浏览器、系统监视器、终端、自动 bug 报告工具 7 款工具软件。

### 1. CD/DVD 生成器

CD/DVD 生成器是用来刻录光碟的，使用起来十分方便。首先将欲刻录的文件或文件夹直接拖到窗口的空白区后，单击"写入到盘片"按钮，然后设置"选择要写入的光盘"选项和盘片名，最后单击"刻录"按钮即可完成刻录工作。如果在"选择要写入光盘"处添写的是映像文件的名字，则该程序能够将磁盘文件制作成 ISO 映像文件，如图 3-9 所示。

图 3-9　CD/DVD 生成器

### 2. 磁盘实用工具

磁盘实用工具用来检测磁盘的有关数据信息，对磁盘执行格式化和性能测试，以及编辑分区、删除分区、挂载卷、检查文件系统等。其操作界面简洁明了，如图 3-10 所示。

图 3-10　磁盘实用工具

### 3. 磁盘使用分析器

磁盘使用分析器是一个具有图形化界面、菜单模式的应用程序，用来分析 GNOME 环境下磁盘的使用情况。它可以很方便地扫描整个文件系统，或者是用户指定的文件夹（本地或远程）。还可以实时侦测主目录的变化，甚至是挂载或卸载设备，如图 3-11 所示。

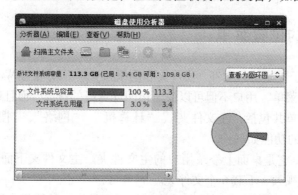

图 3-11　磁盘使用分析器

**4. 系统监视器**

系统监视器用来查看当前进程及监视系统状态，包括系统、进程、资源、文件系统 4 个选项卡，如图 3-12 所示。

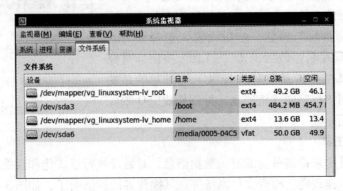

图 3-12　系统监视器

**5. 终端**

GNOME 终端是一个终端模拟器程序，可以执行如下任务：

1）在 GNOME 环境下进入 UNIX shell。Shell 是一个解释并执行在命令提示符处输入的命令程序，如图 3-13 所示。启动 GNOME 终端后，本程序将启动系统默认的 Shell 账户。用户可以随时切换到另一个 Shell。

2）运行任何可在 VT102，VT220 和 xterm 终端中运行的程序。GNOME 终端模拟 X 联盟开发的 xterm 程序。

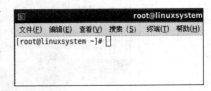

图 3-13　命令窗口

反之，xterm 程序模拟 DEC VT102 终端并且也支持 DEC VT220 转义序列。转义序列是一串以 Esc 开头的字符。GNOME Terminal 接受 VT102 和 VT220 终端所有的转义序列，可用于移动光标和清屏。

### 3.4.6　附件

"附件"是应用程序主菜单中很重要的一个子菜单，包括 gedit 文本编辑器、Gnote、归档管理器、计算器、密码和加密密钥、抓图、字典、字符映射表。

## 3.5　主菜单中的位置菜单

"位置"菜单用于快速访问文件、文件夹和网络位置。其功能与 Windows 的资源管理器大同小异。通过位置菜单，用户不但可以快速访问计算机的资源，而且还可以快速打开最近访问的文档。位置菜单共包括"主文件夹"、"计算机"、"网络"、"搜索文件"、"最近文档" 5 部分，各部分的功能如下。

1）"主文件夹"。它是桌面上登录用户的主文件夹。主文件夹下面则包括桌面文件夹、文档、音乐、图片、视频、下载 6 个文件夹。

2）"计算机"。可以显示各个磁盘驱动器，其下面是本地计算机中所存在的分区。通过该菜单项可以浏览所有本地或远程磁盘和文件夹。

3）"网络"。用于连接到服务器、远程服务器或共享。

4）"搜索文件"。允许搜索计算机上的文件，按照名称或内容定位此计算机中的文档和文件夹。

5）"最近的文档"。列出用户最近打开的文档。最下面一项是"清除最近的文档"菜单项，用于清除最近打开的文档列表，如图3-14所示。

【操作实例3-1】 查看该计算机中Linux分区所有文件夹。

1）单击桌面"计算机"图标，或在"位置"菜单中选择"计算机"。

2）在打开的窗口中，选择"文件系统"图标，双击打开，则显示所有Linux分区中的文件夹。操作步骤如图3-15所示。

【操作实例3-2】 清除最近打开的文件列表。

1）打开"位置"主菜单选择最近文档，如图3-16所示。

2）打开"清除最近文档"警示框，单击"清除"按钮即可，如图3-17所示。

【操作实例3-3】 搜索"clh. jpg"文件。

图3-14 "位置"菜单

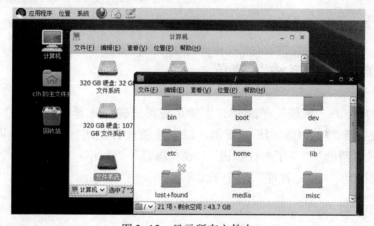

图3-15 显示所有文件夹

图3-16 清除最近的文档

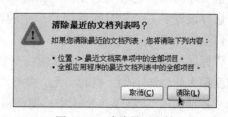

图3-17 清除最近文档

1）选择"位置"主菜单→"搜索文件"命令，如图 3-18 所示。

2）打开"搜索文件"对话框，在"名称包含"文本框中输入要查找的字段，单击"查找"按钮，如图 3-19 所示。

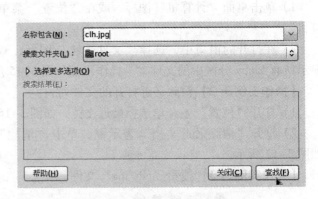

图 3-18　"搜索文件"命令　　　　　　　　　图 3-19　"搜索文件"对话框

# 3.6　主菜单中的"系统"菜单

GNOME 菜单中的"系统"子菜单，主要是对系统进行管理与维护，"系统"菜单对 GNOME 桌面设置首选项、GNOME 的帮助，以及注销或者关闭计算机。它共有"首选项""管理""文档""帮助""关于本计算机""锁住屏幕""注销""关机"8 个子菜单，其中最重要的是"首选项"和"管理"两个子菜单。

## 3.6.1　首选项

"首选项"中包含多个用于设置计算机的小程序，完成对计算机的基本设置工作，常用的功能主要有以下几个。

**1. 窗口设置**

窗口设置是对 GNOME 桌面环境下所有窗口进行设置，包括以下 3 个选项：

1）"窗口选择"。此选项用于设置鼠标指针移动到窗口之上时，窗口的动作。可以自动选中，也可以间隔指定时间选中。当指针指向一个窗口时，该窗口获得焦点，成为当前窗口，若选择设置了"一段时间后提升选中的窗口"命令，则当窗口获得焦点指定时间后选中该窗口。

2）"标题栏动作"。双击窗口标题栏后执行此的动作，动作主要有最大化、高度最大化、宽度最大化、最小化、卷起、无，共 6 个动作。

3）"移动阈值"。在 Windows 中，拖动窗口的标题栏可以将窗口移至屏幕任意位置。在 Linux 的 GNOME 桌面环境中，除了拖动窗口的标题栏之外，也可以拖动窗口的任意位置来移动窗口，但需要选择一个移动窗口时的辅助键，包括〈Ctrl〉、〈Alt〉、〈Super〉（即键盘上的 Windows 标志）三个按键的选项，如图 3-20 所示。

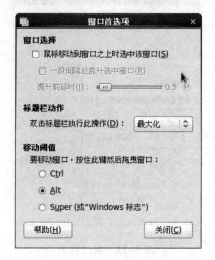

图 3-20　窗口首选项

【操作实例 3-4】将窗口设置成双击标题栏自动卷起。

1）选择"系统"→"首选项"→"窗口"命令如图 3-21 所示。

图 3-21　"系统"菜单

2）双击"窗口"图标，打开"窗口首选项"选项卡，如图 3-22 所示。

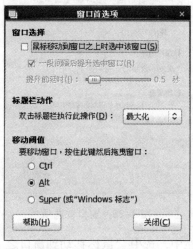

图 3-22　"窗口首选项"

3）在"标题栏动作"选项栏中选择卷起。如图3-23所示。

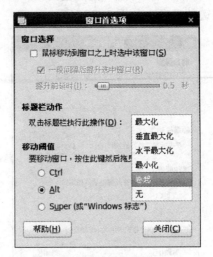

图3-23　窗口选项

**【操作实例3-5】** 将窗口设置成当鼠标移动到窗口上0.5秒时自动选择窗口。

1）单击"系统"主菜单，依次选择"首选项"→"窗口"如图3-24所示。

图3-24　系统菜单

2）双击"窗口"图标，打开"窗口首选项"选项卡，如图3-25所示。

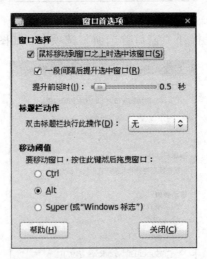

图3-25　窗口首选项

3）在"窗口选择"选项栏中，选中"鼠标移动到窗口之上时选中该窗口"复选框，并在提升时间中，设置为0.5秒，如图3-26所示。

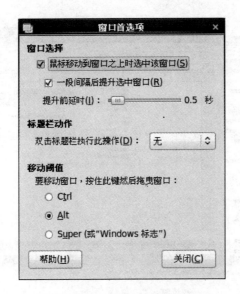

图 3-26　窗口首选项

## 2. 电源管理

"电源管理"子菜单主要提供了"交流电供电时""电池供电时""常规"3 个选项对电源进行管理。在使用笔记本电脑时，为了使电池持续供电时间更长，一般要对其进行相应设置。具体操作与 Windows 基本相同，如图 3-27 所示。

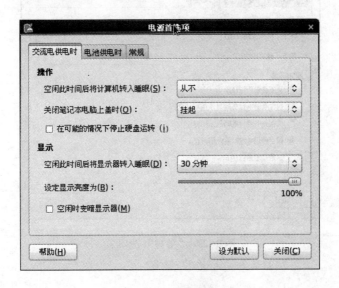

图 3-27　电源首选项

【操作实例 3-6】将计算机设置为按下电源按钮时执行关机操作。

1）依次在主菜单中选择"系统"→"首选项"→"电源管理"命令，如图 3-28 所示。

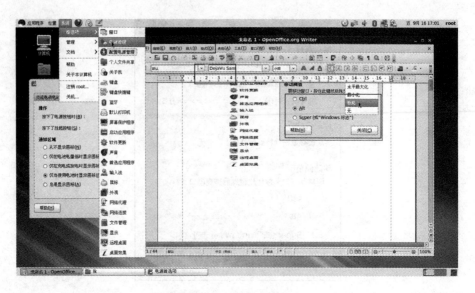

图 3-28　选择电源管理

2）在电源首选项中，选择"常规"选项卡，在"操作"选项栏的"按下了电源按钮时（B）"选项后面的下拉列表中选择"关机"命令，如图 3-29 所示。

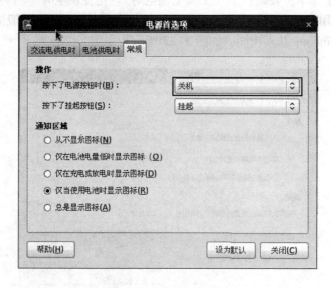

图 3-29　"常规"选项卡

### 3. 辅助技术

"辅助技术"选项用来指定辅助技术，其中包括设置"首选的应用程序""键盘辅助功能""鼠标辅助功能"3 个设置项，如图 3-30 所示。

"首选的应用程序"指定在用户登录时自动运行的辅助技术程序；"键盘辅助功能"用于配置键盘像粘滞键或回弹键等辅助功能；"鼠标辅助功能"用于配置鼠标指针悬停单击等辅助特性。

图 3-30　辅助技术首选项

【操作实例3-7】将打开网页的默认浏览器设置为 Firefox 浏览器，指定该浏览器在新标签中打开链接。

1）选择"系统"→"首选项"→"首选应用程序"命令，如图 3-31 所示。

图 3-31　系统主菜单

2）选择"Internet"选项卡，在 Web 中选择"在新标签中打开链接"单选按钮，如图 3-32所示。

图 3-32　新标签中打开链接

### 4. 个人文件共享

"个人文件共享"用于设置文件共享，包括在"网络中共享文件""在蓝牙中共享文件""接收通过蓝牙发送的文件"3 个功能项。设置了共享后，其他人可以通过局域网很方便地访问本机文件。在其他计算机上，共享的文件夹会出现在 nautilus 文件管理器的网络窗口中，文件名是"user 的共享文件夹"。user 就是用户的名称，如图 3-33 所示。

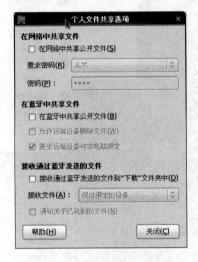

图 3-33　个人文件共享选项

## 3.6.2　其他应用

除了利用首选项子菜单完成对计算机的基本设置外，还可以利用"管理""文稿""帮助""关于本计算机""锁住屏幕""注销""关机"等子菜单，对系统进行管理与维护。

### 1. 关于我

"关于我"用来设置正在使用计算机的用户的个人信息，同时具有修改本用户密码的功能。

【操作实例3-8】将自己所使用的用户密码修改为"qqhre"。

1）选择"系统"→"管理"→"用户和组群"命令，如图3-34所示。

2）双击"用户和组群"选项图标，将弹出一个查询对话框，如图3-35所示。

 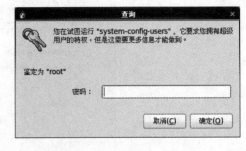

图3-34　系统菜单　　　　　　　　　　　　　　图3-35　"查询"对话框

3）输入密码即进入"用户管理者"窗口，如图3-36所示。选择用户名，单击即进入"用户属性"窗口，如图3-37所示。

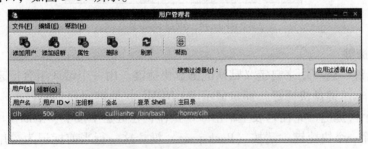

图3-36　"用户管理者"窗口

图3-37　"用户属性"窗口

4）在"用户属性"对话框中选择"用户数据"选项卡。在密码选项中，输入密码，并且在"确认密码"文本框中，重新输入一遍密码。最后单击"确认"按钮。

## 2. 键盘

"键盘"选项用来对键盘进行各项功能设置，与 Windows 中的键盘设置基本相同，包括"常规""布局""辅助功能""鼠标键""打字间断"5 个选项卡，如图 3-38 所示。

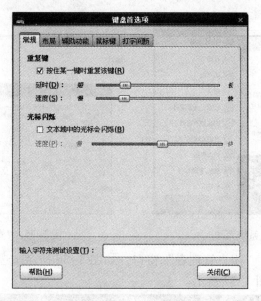

图 3-38 键盘首选项

## 3. 键盘快捷键

"键盘快捷键"选项用来自定义默认的键盘快捷键。用一个键或组合键来替代通常的操作步骤执行操作。"键盘快捷键"窗口显示了 GNOME 快捷键列表。

要编辑一个快捷键，先在列表里单击一个操作，在键盘中按下一个欲使用的组合键，完成设置。要删除一个快捷键，请按〈Backspacc〉键，这一行当前标记为禁用。要取消快捷键，在窗口其他地方单击鼠标，或者按〈Esc〉键。

【操作实例 3-9】将计算机的静音快捷键设置为〈Ctrl + J〉。

1）选择"系统"→"首选择"→"键盘快捷键"命令，如图 3-39 所示。

图 3-39 键盘快捷键

2）显示"键盘快捷键"对话框，如图 3-40 所示。

图 3-40 "键盘快捷键"对话框

3）单击"动作"→"静音"选项，同时按住〈Ctrl + J〉键即可，如图 3-41 所示。

图 3-41 键盘快捷键列表

### 4. 蓝牙

"蓝牙"菜单提供了"启动蓝牙程序""关闭蓝牙设备""发送文件到蓝牙设备""添加新的蓝牙设备"等选项，如图 3-42 所示。

图 3-42 "蓝牙首选项"窗口

**5. 默认打印机**

"默认打印机"用于设置默认的打印机设备，如图3-43所示。

**6. 屏幕保护程序**

"屏幕保护程序"与Windows中的相似，即会在计算机不使用时，显示一个移动的图像，如图3-44所示。

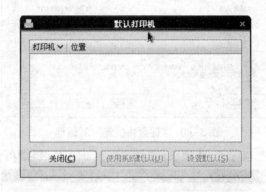

图3-43  默认打印机设置

图3-44  屏幕保护程序首选项

**7. 启动应用程序**

在登录会话时，用户可以选择一些可靠的程序同时自动启动。例如，可以让浏览器在登录时自动启动。在登录时自动启动的程序叫自启动程序。自启动程序在用户登录或注销时，由会话管理器自动保存并安全关闭，下次登录时将会重新启动。

首选项中可以设置允许定义哪些程序可以在登录时自动启动。它有两个选项卡："启动程序"和"选项"，如图3-45所示。

【操作实例3-10】有一台装有Linux系统的计算机，每次启动时，都可自动记忆注销时正在运行的程序，或打开注销时已经打开的窗口。请进行设置，以实现这一功能。

1）选择"系统"→"首选择"→"启动应用程序"命令，如图 3-46 所示。

 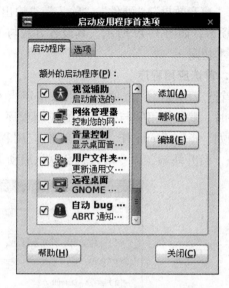

图 3-45　启动应用程序首选项　　　　　　图 3-46　启动应用程序首选项

2）打开启动应用程序，在"启动程序"选项卡中单击"添加"按钮，弹出"添加启动程序"对话框，在其中依次输入"名称""命令"和"注释"，单击"添加"按钮，如图 3-47所示。

图 3-47　添加启动程序

## 8. 软件更新

"软件更新"可以对已经安装的软件定期到互联网进行检索比对，如发现更新版本，自动进行更新，如图 3-48 所示。

### 9. 声音

"声音"选项主要用于设置与声音有关的各个选项，主要包括"声音效果""硬件""输入""输出""应用程序"5个选项卡，如图3-49所示。其设置方法与Windows的声音设置基本相同。

### 10. 首选应用程序

"首选应用程序"选项工具用来指定当GNOME桌面打开文件时，默认使用的与之关联的应用程序，如图3-50所示。例如，指定Xterm作为首选终端应用程序。选择"系统"→"打开终端"命令时，就会默认启动Xterm。

图3-48　软件更新首选项

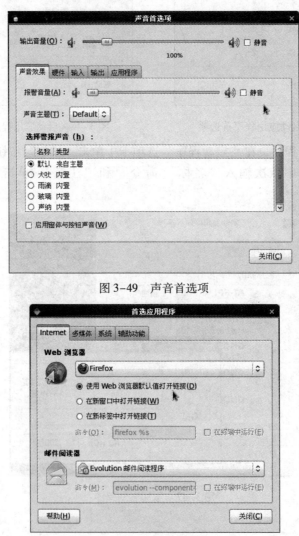

图3-49　声音首选项

图3-50　首选应用程序

### 11. 输入法

"输入法"用于向系统中添加各类输入法。如图3-51所示，选中"使用IBus（推荐）"选项后，单击"首选输入法"按钮，将弹出 IBus 设置框，其中包括"常规""输入法""高级"选项。系统安装输入法后，要在"输入法"选项中选择相对应的输入法，之后才能正常使用。

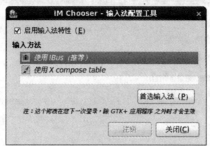

图 3-51　输入法配置工具

**12. 鼠标**

"鼠标"首选项用于对鼠标进行设置，可以设置鼠标方向是右手习惯还是左手习惯，指定鼠标移动时的加速和灵敏度，配置鼠标辅助功能特性等操作。

**13. 外观**

"外观首选项"中提供了配置桌面的各个外观的功能，包括"主题""背景""字体"3个选项卡。

"主题"选项卡是一组协调的设置，指定 GNOME 桌面每个部分的外观可视性。用户可以选择主题来改变外观，创建自定义的主题，也可以安装新主题。"背景"选项卡是设置桌面的背景图片，使用"字体"选项卡中的工具可为桌面不同部分选择字体，以及屏幕上的显示方式。如图 3-52 所示。

图 3-52　外观首选项

**14. 网络代理**

"网络代理"允许设置系统如何连接到互联网，包括"代理服务器配置""忽略的主机"两个选项卡。

代理服务器是一台获取用户发送到另一个服务器的请求，然后自行完成请求的设备可以输入一个域名服务器（DNS）名称或者代理服务器的 IP 地址。

如果没有经过代理服务器上网则需选择"直接连接到 Internet"单选按钮，如图 3-53 所示。

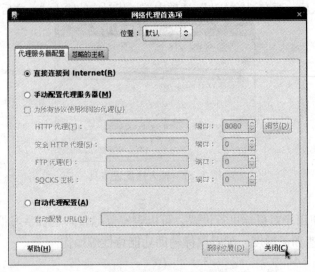

图 3-53　网络代理首选项

### 15. 网络连接

"网络连接"用于将所使用的计算机接入互联网，共有"有线""无线""移动宽带""VPN""DSL"5 个选项，分别对应不同的接入方式。用户可以根据自己所使用的网络连接情况，选择合适的接入方式。

【操作实例 3-11】一个路由器的 IP 地址是 192.168.0.1，请将你所使用的计算机以有线的方式接入该路由器。

1）选择"系统"→"首选项"→"网络代理"命令，如图 3-54 所示。

2）勾选"自动代理配置"选项，输入 IP 地址 192.168.0.1，如图 3-55 所示。

图 3-54　网络代理

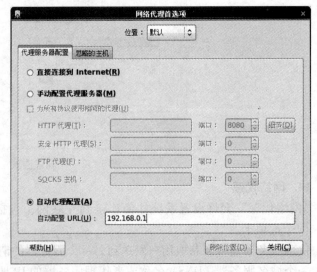

图 3-55　网络代理首选项

**16. 文件管理**

"文件管理"是对文件进行综合设置的选项,包含"视图""行为""显示""列表列""预览""介质"6 个选项,分别可对文件进行不同的设置。

1)"视图"用来设置文件视图,包括"默认视图""图标视图默认值""紧凑视图默认值""列表视图默认值""树视图默认值"5 个项目。可以提供数十个对文件视图的操作,如图 3-56 所示。

2)"行为"用于设置对文件执行操作时文件的反应方式,包括"行为""可执行文本文件""回收站"3 个选项。可设置如单击时打开项目,还是双击时打开项目等。

3)"显示"用来设置在图标下面显示的标题要显示的内容以及显示的顺序,显示的日期格式。

4)"列表列"用来设置信息在列表视图下是否显示,以及显示的顺序。

5)"预览"设置了对文本文件、其他可预览文件、声音文件、文件夹的相关操作。可以仅显示指定大小的文件、预听声音等。

6)"介质"主要用来选择插入 U 盘、移动硬盘、光盘等存储介质的时候,计算机的自动执行的操作,包括"自动运行""不执行操作""打开文件夹""打开对应的处理程序"等,并提供了对较不常见介质的操作。

**17. 显示**

"显示首选项"选项卡中可以设置显示器的分辨率、刷新率以及是否在面板中显示"显示属性"等功能项。如图 3-57 所示。

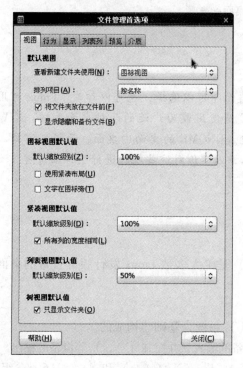

图 3-56　文件管理首选项

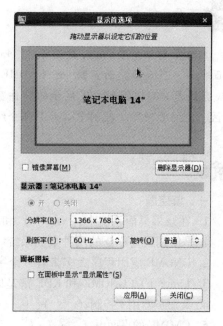

图 3-57　显示首选项

**18. 远程桌面**

"远程桌面首选项"选项工具允许在多个用户之间共享一个 GNOME 桌面，同时设置共享选项。包括"共享""安全""通知区域"选项组，共享共有以下两个选择，需要设置：

1）选择"允许其他人查看您的桌面"选项，可以允许远程用户查看您的桌面会话。远程用户会忽略所有键盘、鼠标和剪贴板事件。

2）选择"允许其他用户控制您的桌面"此项，可以允许其他用户从一个远程位置访问和控制您的桌面，如图 3-58 所示。

图 3-58　远程桌面首选项

 本章小结

　　本章主要介绍了 Linux 桌面操作。Linux 的桌面即可以选择，也可以卸载。Linux 可用的桌面很多，在众多桌面系统中，GNOME 和 KDE 是使用最为广泛的两种桌面系统。X Window 系统是一种以图形方式显示的软件窗口系统。GNOME 的桌面由桌面、面板、窗口、工作区、文件管理器、控制中心六个部分组成。本章以实例对这些操作进行了详细讲解。

 课后习题

**一、填空题**

1. 在众多桌面系统中，（　　）和（　　）是绝大多数 Linux 发行版都自带的桌面系统，也是使用最为广泛的两种桌面系统。

2. GNOME 应用程序大多带着一个字母（　　）。

3. Linux 下的 GNOME 和 KDE 都是以（　　）系统为基础建构成的。

4. X 服务器用于控制（　　）、（　　）等设备的输入，并控制（　　）等设备的输出。

5. GNOME 的桌面由（　　）、（　　）、（　　）、（　　）、（　　）和（　　）6 部分组成。

6. 面板由两个长条组成，位于屏幕的（　　）和（　　）。

7. Linux 的 GNOME 菜单有 3 个主菜单，他们是（　　）、（　　）和（　　）。

8. Linux 桌面上的计算机项可以浏览所有（　　）和（　　）磁盘和文件夹。

9. Linux 的 GNOME 菜单的应用程序子菜单位相当于 Windows 的（　　）菜单中的（　　）。

10. Linux 桌面菜的"首选项"菜单包含多个小程序，完成对计算机的基本（　　）工作。

## 二、选择题

1. 以下不是 Linux 的桌面的是（　　）。
   A. GNOME　　　　　B. KDE　　　　　C. Fluxbox　　　　　D. VMware

2. Linux 下有一个 QQ 聊天程序属于以下的（　　）。
   A. X 服务器程序　　　　　　　　B. X 客户端程序
   C. 窗口管理器　　　　　　　　　D. 桌面环境

3. Linux 的 GNOME 菜单的"位置"子菜单相当于 Windows 的（　　）。
   A. 资源管理器　　　B. 回收站　　　C. 开始　　　D. 文件夹

4. 以下不是 Linux 的位置菜单可以用于访问的项目的是（　　）。
   A. 文件　　　　　B. 文件夹　　　　C. 网络位置　　　D. Internet

5. Linux 的磁盘实用工具用来检测磁盘的有关数据信息、对磁盘执行格式化和性能测试，以下不是其功能的为（　　）。
   A. 编辑分区　　　B. 删除分区　　　C. 挂载卷　　　D. 网络测试

6. 在 Linux 的 GNOME 桌面环境中，除了拖动窗口的标题栏之外，也可以拖动窗口的任意位置来移动窗口，但需要选择一个当用拖动方法来移动窗口时的辅助键。以下不是可用的辅助键的是（　　）。
   A. 〈Alt〉　　　　　B. 〈fn〉　　　　C. 〈Super〉　　　D. 〈Ctrl〉

7. 在 Linux 的 GNOME 桌面环境中，共享的文件夹会出现在（　　）文件管理器网络窗口中。
   A. FileMan　　　　B. web　　　　C. user　　　　D. nautilus

8. （　　）选项用来指定当 GNOME 桌面打开文件时，默认使用的与之关联的应用程序。
   A. 启动应用程序　　B. 软件代理　　C. 网络代理　　D. 首选应用程序

9. 不是 Linux 的 GNOME 桌面环境中"外观首选项"工具提供的配置桌面的各个外观的功能的选项卡的是（　　）。
   A. 主题　　　　　B. 背景　　　　C. 字体　　　　D. 屏幕保护

10. 以下不是 Linux 的 GNOME 桌面环境中"网络连接"选项卡是（　　）。
    A. VPN　　　　　B. DSL　　　　C. 移动宽带　　　D. 桥接

## 三、判断题

1. Linux 是一种命令行的操作系统，而不是一个图形环境的操作系统。（　　）

2. Linux 的桌面即可以选择，也可以卸载。（　　）

3. 与 KDE 桌面相比，但 GNOME 的确更快速和简洁。（　　）

4. X 服务器与平台无关。（　　）

5. 安装在 Linux 系统下的应用程序就是 X 客户端程序。（　　）

6. 工作区里可以再划分桌面，每个工作区可以包含许多窗口。（　　）

7. 在 Linux 的控制中心里，无论普通用户还是系统管理员，都可以根据自己的需要改变设置。（　　）

8. Linux 中不管是不是超级用户，都能访问 Windows 系统的各个分区。（　　）

9. 插入光盘或 U 盘等外部存储设备，桌面上会显示相应的设备图标。（　　）

10. Linux 桌面上的主文件夹是指登录用户的主文件夹。（　　）

四、问答题

1. 简述 Linux 的 GNOME 桌面环境中文件管理的功能，并对选项卡进行介绍。

2. 简述 Linux 的 GNOME 桌面环境中远程桌面的功能，并对选项卡进行介绍。

# 第4章  Linux 用户管理

Linux 系统是一个多用户多任务的分时操作系统，任何一个要使用系统资源的用户，都必须首先向系统管理员申请一个账号，然后以这个账号的身份进入系统。用户的账号一方面可以帮助系统管理员对使用系统的用户进行跟踪，并控制他们对系统资源的访问。另一方面也可以帮助用户组织文件，并为用户提供安全性保护。每个用户账号都拥有唯一的用户名和密码。用户在登录时输入正确的用户名和密码后，就能够进入系统和自己的主目录，如图 4-1 所示。本章将从命令行和图形环境两方面对 Linux 的超级用户、普通用户和用户组的配置和管理进行介绍。

图 4-1  Linux 登录界面

## 4.1  Linux 用户管理概述

所谓"人以群分"，Linux 用户管理同样也是。它可以把几个用户归在一起，这样的组被称为用户组。同时可以设置一个用户组的权限，这样，这个组里的用户就自动拥有了这些权限。对于一个多人协作的项目而言，定义一个包含项目成员的组往往是非常有用的。

在某些服务器程序安装时，会生成一些特定的用户和用户组，用于对服务器进行管理。例如，可以使用 MySQL 用户启动和停止 MySQL 服务器。之所以不使用 root 用户启动某些服务，主要是出于安全性的考虑。因为当某个运行中进程的 UID 属于一个受限用户的话，即使这个进程发生问题，也不会对系统的安全造成毁灭性打击。

### 4.1.1  用户账号

手机号是一个人的手机的唯一标识，身份证号是一个人的唯一标识，IP 地址是一个上网计算机的唯一标识。与此相对应，UID 号是 Linux 系统中用户的唯一标识。

Linux 的用户账号共分为 3 类：超级用户、普通用户和伪用户。这 3 类用户的划分是根据用户账号进行的，Linux 规定 UID 为 0 的账号是超级用户，UID 在 1～499 的是伪用户，UID 在 500～60000 的是普通用户。

### 1. 超级用户

超级用户是系统最高权限的拥有者，具有一切系统操作权限，是唯一可以对系统进行管理的用户。由于权限的超级并且达到无所不能的地步，如果管理不善，必会对系统安全造成威胁。为安全考虑除了尽可能地避免直接用超级用户 root 登录系统外，还要学会在普通用户下临时切换到超级用户 root 下完成必要的系统管理工作。这从用户管理和系统安全角度来说是极有意义的。

### 2. 普通用户

除了系统用户之外，其他均为普通用户。在访问 Linux 系统之前，每个用户都需要拥有一个用户账号。因此，系统管理员需要为每一个普通用户实现分配一个注册账号，把用户名及其他有关信息加到系统中。在利用用户名和密码成功地注册之后，用户才能访问系统提供的资源和服务、执行系统命令、开发和运行应用程序和访问数据库等。

对于自己的文件，用户均拥有绝对的权力，可以赋予自己、同组用户或其他用户访问文件的权限。例如，允许同组用户共享自己的文件，其他用户只能阅读或执行，但不能写文件等。

### 3. 伪用户

系统中有一类用户称为伪用户，UID 在 1～499，也被称为管理用户。这些用户在/etc/passwd 文件中也占有一条记录，但是不能登录，因为它们的登录 Shell 为空。它们的存在主要是方便系统管理，满足相应的系统进程对文件属性的要求。常见的伪用户如下。

1）bin：拥有可执行的用户命令文件。

2）sys：拥有系统文件。

3）adm：拥有账户文件。

4）uucp：UUCP 是指用于在公共电话线路上提供简单的拨号上网服务。

5）lp：lpd 是集成产品开发的简称。

6）nobody：NFS 是一种基于远程过程调用协议，采用客户端/服务器结构实现的分布式文件系统。

除了上面列出的伪用户外，还有许多标准的伪用户，例如：audit，cron，mail，usenet等，它们也都各自为相关的进程和文件所需要。

## 4.1.2 用户组的介绍

在整个网络中，各个访问网络的用户的权限可能是各不相同的。用户可以将具有相同权限的用户划为一组，这样可以减少网络管理员的负担。

### 1. 用户组

用户组（group）就是具有相同特征的用户（user）的集合体。有时要让多个用户具有相同的权限，比如查看、修改某一文件或执行某个命令，这时就需要用户组，把用户都定义到同一用户组，通过修改文件或目录的权限，让用户组具有一定的操作权限。这样用户组下的用户对该文件或目录都具有相同的权限，这是通过定义组和修改文件的权限来实现的。

### 2. 用户组的分类

用户组是用户的集合，可以分为如下两类。

1）标准组：由管理员或用户手工创建的组（一般只包含一个用户）。

2）私用组：由创建用户时自动创建，一般用来作为一些服务的启动账号。一旦创建了一个新的用户，默认地就会拥有一个唯一的用户组。

### 4.1.3　用户管理的相关文件

Linux 系统中还有些用户管理工作涉及的相关文件。

**1. passwd 文件**

/etc/passwd 文件是用户管理工作涉及的最重要的一个文件。Linux 系统中的每个用户都在/etc/passwd 文件中有一个对应的记录行，它记录了这个用户的一些基本属性。这个文件对所有用户都是可读的。该文件位于/etc 下，双击桌面"计算机"图标，之后在"计算机"窗口中单击"文件系统"图标，继续在新弹出的窗口中单击"etc"图标，找到"passwd"文件，双击即可打开。其操作过程如图 4-2 所示。

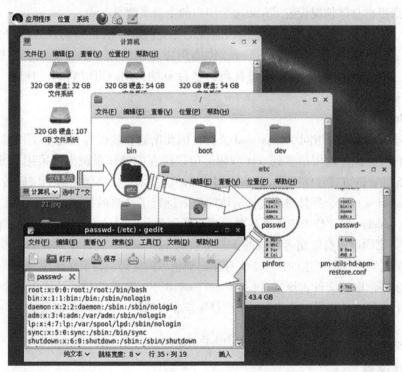

图 4-2　打开"passwd"文件

从上图中可以看到 4 个冒号组成了一行，它们代表一个用户的信息，格式如下。

root:x:0:0:root:/root:/bin/bash

1）用户名：用户名也被称为登录名。它具有唯一性，长度一般不超过 32 个字符，可以包括冒号和换行之外的任何字符。登录名要区分大小写。放在/etc/passwd 文件的开头部分的用户是系统定义的虚拟用户 bin、daemon。在上例中看到的用户是 root。

2）密码：由于系统中还有一个/etc/shadow 文件用于存放加密后的密码，所以在这里这一项用"x"来表示。如果用户没有设置密码，则该项为空。

3）用户标示符（User ID）：Linux 中的每个用户账号都有一个唯一的识别号码，被称为

UID，它是一个数值，最大可达 65535。其中 root 的 UID 为 0，在编号 500 之前的 UID 都是提供系统服务使用，因此不指定给任何用户。

4）组群标识号（Group ID）：在 Linux 中的每个组账号都有一个唯一的识别号，称为 GID。这些组的内容都包含于/etc/group 文件中，和 UID 一样，root 所属的组（也叫做 root）的 GID 为 0。

5）注释性描述：记录用户的一些个人情况，例如用户的真实姓名、电话、地址等。在不同的 Linux 系统中，这个字段的格式并没有统一。在许多 Linux 系统中，这个字段存放的是一段任意的注释性描述文字，用做 finger 命令的输出。

6）目录：也就是用户的起始工作目录，它是用户在登录到系统之后所在的目录。在大多数系统中，各用户的主目录都被组织在同一个特定的目录下，而用户主目录的名称就是该用户的登录名。各用户对自己的主目录有读、写、执行（搜索）权限，其他用户对此目录的访问权限则根据具体情况设置。root 这个用户的主目录就是/root。

7）命令解释程序（shell）：它是操作系统的外壳程序，负责与用户的接口，两者都是文本显示方式，用来接收、解释、运行、传递用户发出的命令。在提示符下输入的每个命令都先由 shell 解释，然后传给内核执行。通过 shell，用户可以启动、挂起、停止程序，也可以编写程序。

**2. shadow 文件**

由于普通用户是可以访问/etc/passwd 文件，因此密码直接保存在这个文件里就不太安全了，因为很有可能被普通用户拿到 root 权限。所以现在的操作系统大多采用了 Shadow Passwords 及 MD5 加密的方式存储密码。Shadow Passwords 技术是指将加密后的密码放在另外一个文件（/etc/shadow）中，并且对该文件的访问权限进行了严格的控制。只有 root 权限才可以访问该文件。shadow 的工作原理非常简单，当需要用到 passwd 文件时，系统自动将/etc/shadow 文件中有关密码以及有效期等字段的信息覆盖到/etc/passwd 文件中对应的字段上。Shadow 文件是为了提高安全性而产生的，用于保存用户加密后的密码。为了保证用户密码的安全，只有 root 用户才能读取该文件。该文件位于/etc/passwd 下，文件的每一行代表一个用户，以冒号分隔每一个字段，只有用户名和密码字段是要求非空的。一条典型的记录如下：

```
mike:$1$F60O3P9D$250FhpLPgsJINANs7j93Z0:14166:0:180:7::14974:
```

**3. group 文件**

将用户分组是 Linux 系统中对用户进行管理及控制访问权限的一种手段。每个用户都属于某个用户组。一个组中可以有多个用户，一个用户也可以属于不同的组。当一个用户同时是多个组中的成员时，在/etc/passwd 文件中记录的是用户所属的主组，也就是登录时所属的默认组，而其他组称为附加组。用户要访问属于附加组的文件时，必须首先使用 newgrp 命令使自己成为所要访问组中的成员。用户组的所有信息都存放在/etc/group 文件中。此文件的格式也类似于/etc/passwd 文件，由冒号隔开若干个字段，这些字段有：组名、组密码、GID、成员列表。

以下是这 4 个字段的含义。

1）组名：即组的名字。

2）组密码：组的密码，通常都不使用"x"表示。系统允许不在这个组中的其他用户用 newgrp 命令来访问属于这个组的资源。

3）组标识号（GID）：GID 是系统用来区分不同组的标识号，它具有唯一性。在/etc/passwd 文件中，用户的组表示符字段就是用这个数字来指定用户的默认组。和 UID 一样，应该保证 GID 的唯一性。

4）成员列表（User List）：用户列表使用","分隔的用户登录名集合，其中列出了这个组的所有成员。但需要注意的是，这些被列出的用户在/etc/passwd 文件中对应的 GID 字段（即用户的默认组）与当前/etc/group 文件中相应的 GID 字段是不同的。

**4. gshadow 文件**

gshadow 文件用于存放用户组密码的信息。

1）组名：组的名字。

2）密码：通常都不使用"x"表示。系统允许不在这个组中的其他用户用 newgrp 命令来访问属于这个组的资源。

3）组管理员：GID 是系统用来区分不同组的标识号，它具有唯一性。在/etc/passwd 文件中，用户的组表示符字段就是用这个数字来指定用户的默认组。和 UID 一样，应该保证 GID 的唯一性。

4）成员列表（User List）：用户列表使用","分隔的用户登录名集合，其中列出了这个组的所有成员。但需要注意的是，这些被列出的用户在/etc/passwd 文件中对应的 GID 字段（即用户的默认组）与当前/etc/group 文件中相应的 GID 字段是不同的。

## 4.2　Linux 用户操作

假设班级有一台公用计算机供全班学生使用，每个人都想拥有自己的、不想被别人操作的文件，怎么办呢？方法很简单，在这台计算机上为每个人建立一个账户，每个人用自己的用户名和密码登录，并对自己的文件设置访问权限。学生可以对账户进行多种操作，可以修改自己的账户信息；若学生转学，则删除这个账户；若班级添加新成员，则增加用户。本节将对用户的各项操作进行详细讲解。

### 4.2.1　建立用户

建立用户是系统管理的最常见工作，建立用户即可以使用命令行工具，也可以使用图形化工具。下面将详细的讲解如何使用这两种工具。

**1. 使用图形化方式建立用户**

使用图形化方式建立用户要经过打开菜单、添加用户、填写信息三个步骤。

1）依次选择"系统"→"管理"→"用户和组群"命令。

2）打开"用户管理者"窗口，单击"添加用户"按钮。

3）打开"添加用户"窗口，输入用户名、全称、密码、确认密码，单击"确定"按钮。

**2. 使用命令行方式建立用户**

使用 useradd 命令建立用户，命令如下：

格式:useradd ［参数］用户名

参数: - u:指定用户的 UID 值(指定 UID 不能与其他用户 UID 相等)

　　　 - g:组名/GID:指定用户的所属组

　　　 - G:组名:指定用户附加组

　　　 - d:路径:指定用户主目录(/home/ $ USERNAME)

　　　 - e:时间:指定用户有效日期

　　　 - s:指定 SHELL 的类型(/bin/bash)

　　　 - m:建立用户主目录

　　　 - M:不建立用户主目录

　　　 - r:建立一个伪用户

　　　 - o:与 - u 连用,如果所指定的 UID 重复时,强制使用指定的 UID

　　　 - p:密码:指定用户密码,默认新建用户为禁用状态

**【操作实例 4-1】** 用图形化操作建立用户。

1) 在"系统"主菜单中,依次选择"系统"→"管理"→"用户和组群"命令,如图 4-3 所示。

图 4-3　用户和组群

2) 打开"用户管理者"窗口,单击"添加用户"按钮,如图 4-4 所示。

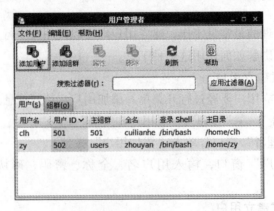

图 4-4　添加用户

3）打开"添加用户"窗口，输入用户名、全称、密码，并确认密码，单击"确定"按钮即可，如图 4-5 所示。

图 4-5　添加新用户信息

4）创建后的效果如图 4-6 所示。

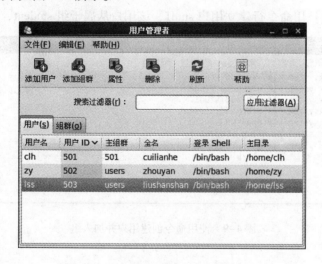

图 4-6　创建后的用户管理者列表

【操作实例 4-2】用命令行建立用户 z。

1）选择"应用程序"→"系统工具"→"终端"如图 4-7 所示。

应用程序
位置
系统
Internet
办公
附件
图形
系统工具
影音
回收站
DVD
CD/DVD 创建器
磁盘实用工具
磁盘使用分析器
文件浏览器
系统监视器
终端
自动 bug 报告工具

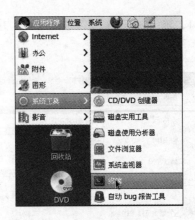

图 4-7　启动终端

2）输入命令“useradd z”，如图 4-8 所示。

root@linuxsystem:~
文件(F) 编辑(E) 查看(V) 搜索 (S) 终端(T) 帮助(H)
[root@linuxsystem ~]# useradd z
[root@linuxsystem ~]#

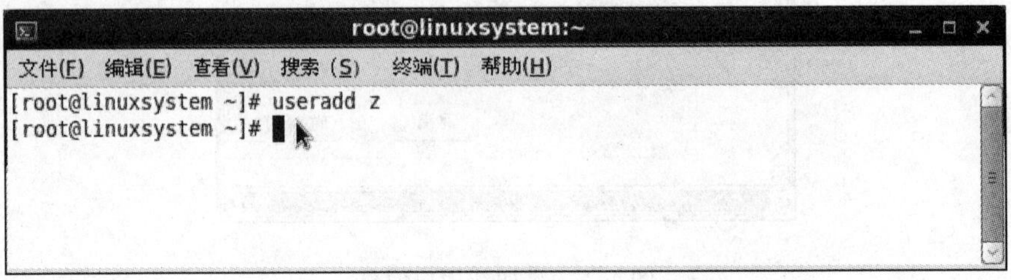

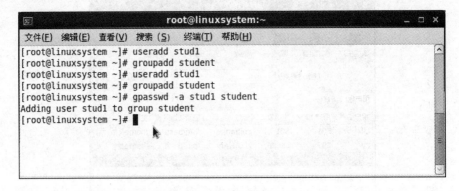

图 4-8　输入命令窗口

【**操作实例 4-3**】用命令行建立用户 stud1，该用户从属于组 student，如图 4-9 所示。

root@linuxsystem:~
文件(F) 编辑(E) 查看(V) 搜索 (S) 终端(T) 帮助(H)
[root@linuxsystem ~]# useradd stud1
[root@linuxsystem ~]# groupadd student
[root@linuxsystem ~]# useradd stud1
[root@linuxsystem ~]# groupadd student
[root@linuxsystem ~]# gpasswd -a stud1 student
Adding user stud1 to group student
[root@linuxsystem ~]#

图 4-9　使用命令创建用户并加入组

## 4.2.2　删除用户

在日常应用中，经常要对用户进行清理，对长期不再使用的用户要实施删除操作，即将用户从系统中删除。其操作方法很简单，具体如下。

**1. 使用图形化方式删除用户**

选择“系统”→“管理”→“用户和组群”命令，在“用户”选项卡中选择要删除的用户，再单击"删除"按钮，如图 4-10 所示。

图 4-10　用图形化方式删除用户

## 2. 使用命令行方式删除用户

使用 userdel 命令也可以实现删除用户操作，如图 4-11 所示。命令如下。

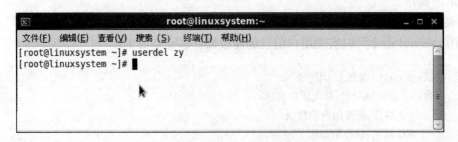

图 4-11　使用命令删除用户

格式：userdel　［参数］　用户名
参数：-r:删除用户主目录

【操作实例 4-4】用图形化操作建立用户 stu2，按照上面的操作进行，这里就不再赘述了。用命令行建立用户 stu2 的具体操作如下。

1）仅删除 stu2，如图 4-12 所示。

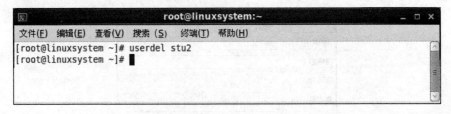

图 4-12　使用命令删除 stu2 用户

2）删除 stu2 用户的同时会删除用户主目录。如果主目录名字输入错误，例如打开终端输入如下命令，就会显示错误。如果输入正确则无提示。如图 4-13 所示。命令如下：

# userdel　-r　ud

```
[root@linuxsystem ~]#
[root@linuxsystem ~]# userdel -r ud
userdel: user 'ud' does not exist
[root@linuxsystem ~]#
[root@linuxsystem ~]# userdel -r stu2
[root@linuxsystem ~]# █
```

图 4-13　删除 stu2 用户同时删除用户主目录

### 4.2.3　修改用户信息

平时要对用户信息进行日常维护，修改用户可以更改用户的有关属性和信息，如用户ID 号、主目录、用户组等。

**1. 使用图形化方式修改用户信息**

使用图形化方式进行修改，要执行"进入用户管理者"→"打开属性窗口"→"修改用户信息"操作。

**2. 使用命令行方式修改用户信息**

使用 usermod 命令可以实现用户信息的修改操作，命令如下：

> 格式:usermod［参数］　用户名
> 参数:-l 新的用户名:修改用户名称
> 　　　-d 路径:修改用户主目录
> 　　　-G 组名:修改附加组
> 　　　-s 路径:修改用户 SHELL
> 　　　-u UID:修改用户 UID
> 　　　-g GID:修改用户所属组的 GID
> 　　　-o:强制使用指定的 UID,与 -u 连用

【操作实例 4-5】用图形化操作修改用户 stu2 的信息。

1）在"系统"主菜单下依次选择"管理"→"用户和组群"，打开"用户管理者"窗口。在"用户名"选择卡中，选择用户名为 stu2 的用户，单击"属性"按钮，单击打开"用户属性"窗口，如图 4-14 所示。

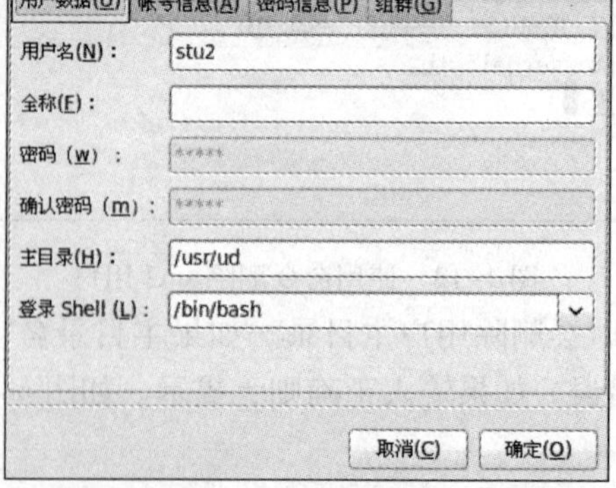

图 4-14　用图形化操作修改用户信息

2）在"用户数据"选项卡中，依次对用户名、全称、密码、主目录、及登录 Shell 进行重新更改。单击"确定"按钮即可完成。

【操作实例 4-6】假设已存在一个用户 niedonglai，用命令行将用户 niedonglai 的名字修改为 ndl，则输入的命令如图 4-15 所示。

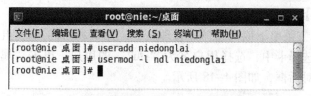

图 4-15  将当前用户 niedonglai 更改为 ndl

【操作实例 4-7】添加用户 ndl，添加组 nie。将 ndl 组中的 ndl 用户添加到 nie 组中。输入命令如图 4-16 所示。

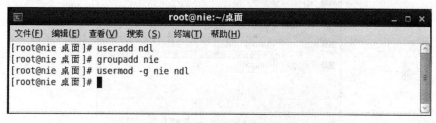

图 4-16  将 ndl 添加到组 nie 中

添加结果如图 4-17 所示。

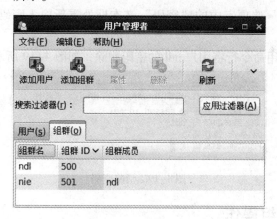

图 4-17  实例结果

## 4.2.4  修改用户密码

为了保证密码不被泄露，平时要对用户密码进行日常维护。

**1. 使用图形化方式修改用户密码**

使用图形化方式进行修改，要分别选择"进入用户管理者"→"打开属性窗口"→"用户属性"→"用户数据选项卡"进行修改。

**2. 使用命令行方式修改用户密码**

使用 passwd 用户进行密码修改操作。

格式:passwd ［参数］ ［用户名］
参数:- l:锁定用户
　　- u:解除用户的锁定
　　- d:删除用户的密码

【操作实例4-8】用图形化操作修改用户 stu2 的密码。

1）在"系统"主菜单下依次选择"管理"→"用户和组群",打开"用户管理者"窗口,在"用户名"选择卡中,选择用户名为"stu2"的用户,单击"属性"按钮,再单击打开"用户属性"对话框,如图4-18所示。

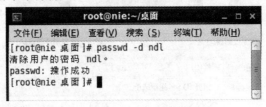

| 用户数据(U) | 帐号信息(A) | 密码信息(P) | 组群(G) |

| 用户名(N): | stu2 |
| 全称(F): | |
| 密码（w): | ***** |
| 确认密码（m): | ***** |
| 主目录(H): | /usr/ud |
| 登录 Shell (L): | /bin/bash |

取消(C)　确定(O)

图4-18　用图形化操作修改用户密码

2）在"用户数据"选项卡中的"密码"文本框处重新输入密码。单击"确定"按钮即可。

【操作实例4-9】用命令行将用户 ndl 的密码删除,如图4-19所示。

root@nie:~/桌面 　 _ □ ×
文件(F) 编辑(E) 查看(V) 搜索 (S) 终端(T) 帮助(H)
[root@nie 桌面]# passwd -d ndl
清除用户的密码 ndl。
passwd: 操作成功
[root@nie 桌面]# ■

图4-19　清除密码

## 4.3 Linux 用户组操作

每个用户都有一个用户组,系统可以对一个用户组中的所有用户进行集中管理。不同 Linux 系统对用户组的规定有所不同。如 Linux 下的用户属于与它同名的用户组,这个用户组在创建用户时同时创建。

用户组的管理涉及用户组的添加、删除和修改。组的增加、删除和修改实际上就是对 /etc/group 文件的更新。

### 4.3.1　建立用户组

建立用户组是系统管理的最常见工作,它既可以使用命令行工具,也可以使用图形化工具。

## 1. 使用图形化方式建立用户组

使用图形化方式建立要经过以下两个步骤。

1）选择"系统"→"管理"→"用户和组群"。

2）打开"用户管理者"窗口，单击"添加组群"。

3）打开"添加组群"窗口，输入组群名，单击"确定"按钮。

## 2. 使用命令行方式建立用户

使用 groupadd 命令建立组群。

格式：groupadd ［－g＜组 ID＞］［－o］］［－r］［－f］组名
参数：－g＜组 ID＞［－o］：指定组 ID 没有使用－o 参数时，组 ID 是唯一的
　　　－r：使用这个参数时，建立的组 ID 小于 499，即建立系统组
　　　－f：当添加一个已经存在的组时，不返回错误信息

【操作实例 4-10】用图形化操作建立组群。

1）选择"系统"→"管理"→"用户和组群"命令，如图 4-20 所示。

图 4-20　图形化操作建立组群

2）打开"用户管理者"窗口，单击"添加组群"按钮，打开"添加新组群"对话框，如图 4-21 所示。

图 4-21　"添加组群"窗口

3）在"组群名"文本框中输入组名，单击"确定"按钮即可。

【操作实例4-11】用命令行建立用户组 nie。

1）进入命令行。选择"应用程序"→"系统工具"→"终端"命令。如图4-22 所示。

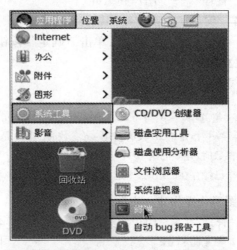

图4-22　输入命令

2）在对话框中输入命令，如图4-23 所示。

图4-23　添加 nie 组的命令

3）得到添加组信息的结果，如图4-24 所示。

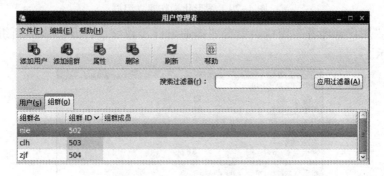

图4-24　添加组信息的结果

### 4.3.2　删除用户组

删除用户组就是将已经建立的用户组从系统中删除，其操作方法同样很简单。

**1. 使用图形化方式删除用户组**

选择"系统"→"管理"→"用户和组群",在"用户"选项卡中选择要删除的用户组,再单击"删除"按钮,如图4–25所示。

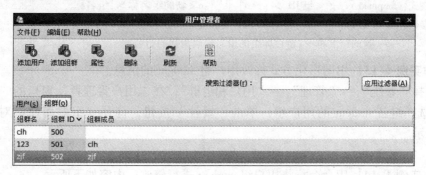

图4–25　使用图形化方式删除用户组

**2. 使用命令行方式删除用户组**

使用groupdel命令可以实现删除用户组操作,如图4–26所示。

格式:groupdel［参数］　组名
参数:–r:删除用户主目录

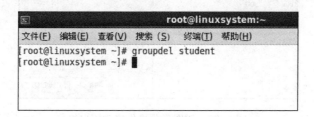

图4–26　命令删除用户组

【操作实例4–12】用命令行方式删除student用户组,如图4–27所示。

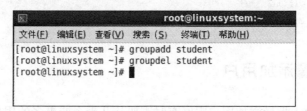

图4–27　使用命令方式删除student用户组

## 4.3.3　修改用户组

平时要对用户组信息进行日常维护,修改用户组可以更改用户组的有关属性,如用户组ID号、用户组名称等。

**1. 使用图形化方式修改用户组信息**

使用图形化方式修改要分别选择"用户管理者"→"打开组群属性窗口"→"修改组信息"即可。

**2. 使用命令行方式修改用户信息**

使用 groupmod 命令可以实现用户组信息的修改操作。

> 格式:groupmod [ −g ＜组 ID ＞ [ −o] ] [ −n＜新的组名称＞]组名称
>
> 参数:−g ＜组 ID＞[ −o]:将组 ID 修改为指定值。没有使用 −o 参数时,组 ID 是唯一的
>
> 　　　−o＜新的组名称＞:将目标组的组名称改为新的组名称

【操作实例4–13】用图形化方式修改用户组 student 的信息。

1）选择"系统"→"管理"→"用户和组群",在"用户管理者"窗口的"组群"选项卡中,选择组名 student 的用户组,单击"属性"按钮,打开"组群属性"对话框,如图 4–28所示。

2）在"组群数据"和"组群用户"选项中修改组信息即可。

【操作实例4–14】用命令行将用户组 student 进行修改,内容如下所示。

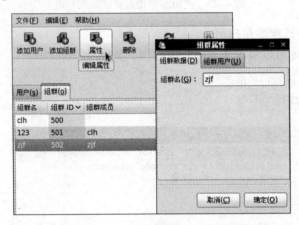

图 4–28　用图形化操作修改用户组

> #groupmod　−d　/　u3
>
> #groupmod　−G　u2　u3
>
> #groupmod　−1　user3　u3

## 4.4　Linux 批量添加用户

什么情况下需要大批量添加用户呢?有时需要让几十个或更多的用户在主机上完成相同或相似的任务。比如想同时添加一批 ftp 用户,这些 ftp 用户归属同一组,但不允许他们通过终端或远程登录服务器;有时可能为了教学。比如有 50 个学生,每个学生在服务器上有一个独立的用户名,可以登录系统和管理自己的账号,或完成一些在自己权限下的作业。

### 4.4.1　批量用户添加流程

批量添加用户流程是通过 newusers 导入一个严格按照/etc/passwd 的书写格式来书写内容的文件来完成添加用户。然后通过 chpasswd 导入用户密码文件来完成批量更新用户密码的过程。因此,在处理添加大量用户账号时,一般使用下面的步骤。

1）建立用户信息文件。这其中必须包含所需的数据域位，同时这些字段必须符合/etc/passwd 文件中排列次序。

2）运行 shell script 逐栏读取信息。

3）将读取的信息集依次在/etc/passwd 和/etc/shadow 两个文件中建立记录。

由以上步骤可知，批量添加用户流程是通过 newusers 导入一个严格按照/etc/passwd 书写格式来书写内容的文件完成添加用户的。然后再通过 chpasswd 导入用户密码文件来完成批量更新用户密码的过程。

## 4.4.2 批量添加用户的命令

在 Linux 用户管理中，如果用 useradd 或 adduser 来添加大量用户，对系统管理员是一个极大的挑战。但是 Linux 有大批量用户添加工具 newusers，因此用户可以通过 newusers 和 chpasswd 轻松地完成大批量用户的添加。

### 1. newusers 成批添加用户的工具

格式：newusers <文件名>……

该命令的功能是成批添加用户。它可以把文件内容重新定向添加到/etc/passwd 文件中。用法其实很简单，即 newusers 后面直接跟一个文件，文件格式和/etc/passwd 的格式相同。

其格式为，用户名 1：x：UID：GID：用户说明：用户的家目录：所用 SHELL

例如：

```
win00:x:520:520::/home/win00:/sbin/nologin
win01:x:521:521::/home/win01:/sbin/nologin
win01:x:529:529::/home/win01:/sbin/nologin
```

### 2. 批量添加用户实例

【操作实例 4-15】创建包含新用户的文件 userfile. txt。

```
[root@ localhost  ~ ]# touch userfile. txt
[root@ localhost  ~ ]# touch userpwdfile. txt
```

然后用文本编辑器打开文件 userfile. txt，内容如下：

```
win00:x:520:520::/home/win00:/sbin/nologin
win01:x:521:521::/home/win01:/sbin/nologin
win02:x:522:522::/home/win02:/sbin/nologin
win03:x:523:523::/home/win03:/sbin/nologin
win04:x:524:524::/home/win04:/sbin/nologin
win05:x:525:525::/home/win05:/sbin/nologin
win06:x:526:526::/home/win06:/sbin/nologin
win07:x:527:527::/home/win07:/sbin/nologin
win08:x:528:528::/home/win08:/sbin/nologin
```

### 3. 为新添加的用户设置密码的 userpwdfile. txt

这个文件的内容中的用户名要与 userfile. txt 用户名相同。已添加了 win00 ~ win09 的用户，现在要为这些用户更新密码。

【操作实例 4-16】 为 win00 ~ win09 用户添加密码。

用文本编辑器打开文件 userfile. txt，内容如下：

```
win00:123456
win01:654321
win02:123321
win03:qweewq
win04:google
win05:adadwc
win06:wsscee
win07:xxec32
win08:543wew
win09:3ce3wf
```

【操作实例 4-17】 通过 newusers 和 chpasswd 工具完成批量添加用户的操作。

```
[root@ localhost ~ ]#newusers userfile. txt
[root@ localhost ~ ]#chpasswd < userpwdfile. txt
```

按照上面的方法完成批量用户的创建后，打开"用户管理"窗口就会看到如图 4-29 所示的新添加的用户。

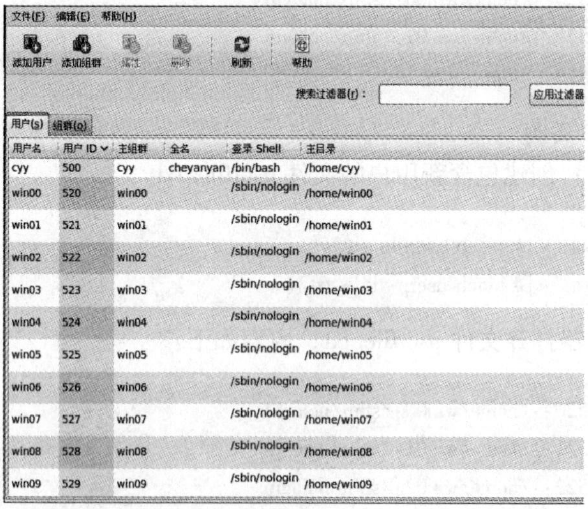

图 4-29 新添加的用户

至此，用户的密码就已添加完成了。如果发现/etc/passwd 中能发现用户的密码，可以通过下面的命令来映射到/etc/shadow 文件名中。

```
[root@ localhost ~ ]#pwconv
```

## 4.5 Linux 超级用户管理

在 Linux 操作系统中，和 Windows 的超级管理员一样，可以设置拥有超越所有用户之上的特权用户。这个用户拥有对整个系统的控制权，即超级用户。root 对应的 UID 值为 0。

### 4.5.1 使用 su 命令临时切换用户身份

一般情况下，使用 Linux 时多以普通用户身份登录，但有时要执行必须有超级用户权限才能进行的任务。如果不想退出普通用户，重新用 root 用户登录，就必须使用相应命令来切换到 root 下。su 命令就是这样一种命令。

#### 1. su 命令

su 命令可以切换到超级用户或任意用户之间随意切换，使用不带用户名的 su 命令可以切换到超级用户。如果登录用户已经是超级用户，则可以利用 su 命令切换成系统的任何用户而不需要输入口令，相反普通用户切换到其他任何用户则都需要输入该用户的密码。

#### 2. su 的用法

格式:su ［选项参数］［用户］
参数:-l:登录并改变到所切换的用户环境
-c:执行一个命令,然后退出所切换到的用户环境

【操作实例 4-18】切换到 root 用户，不改变 root 登录环境。

su -l

说明：su 不加任何参数默认切换到 root 用户，但不改变 root 登录环境。

【操作实例 4-19】切换到 root 用户，并且改变到 root 登录环境，如图 4-30 所示。

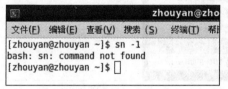

图 4-30　切换到 root 用户

【操作实例 4-20】切换到 zhouyan 用户，并查看是否切换成功，如图 4-31 所示。

su - zhouyan

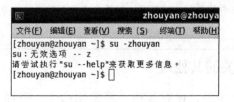

图 4-31　在终端窗口中输入命令

## 4.5.2 使用 sudo 授权许可

su 命令比直接用 root 登录更加安全，但还有比 su 命令更安全的措施，那就是使用 sudo 命令。sudo 同样以 root 身份登录。在执行命令之前，sudo 先要求用户输入密码，如果用户在一段时间内（默认是 5 min）没有再次使用 sudo，则再使用时必须重新输入密码。这是一种更加安全的方式。

### 1. sudo 的用法

格式：sudo［参数选项］命令
参数：-l：列出用户在主机上可用的和被禁止的命令
     -v：验证用户设置的时间
     -u：指定以某个用户执行特定操作
     -k：删除时间设置，下一个 sudo 命令要求提供密码

【操作实例 4-21】在终端窗口输入 sudo 命令，如图 4-32 所示。

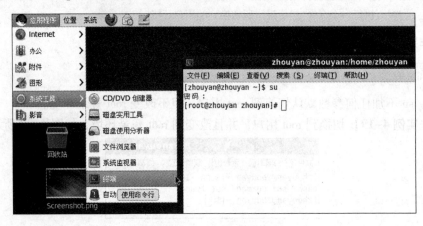

图 4-32　在终端窗口输入命令

## 4.5.3 与用户操作有关的其他命令

用户管理除了上述命令外，还有其他一些常用命令。下面介绍其中较为常用的几个命令。

## 1. whoami 命令

该命令的功能是用于显示用户自身的用户名。假设当前用户为 root，输入 whoami 命令，执行如下内容：

```
# whoami ------------------命令
root ----------------------输出结果
```

【操作实例 4-22】在终端窗口输入 whoami 命令，如图 4-33 所示。

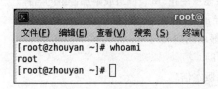

图 4-33　在终端窗口中输入 whoami 命令

## 2. w 命令

该命令的功能是显示目前所有登录的用户信息，包含的信息有：用户名称、登录时间、登录位置、系统启动至今的时间，以及过去 1、5、10 min 内，系统的平均负载程度。在终端中输入 w 后，显示结果如图 4-34 所示。

```
[root@ linux1 /root]# w
```

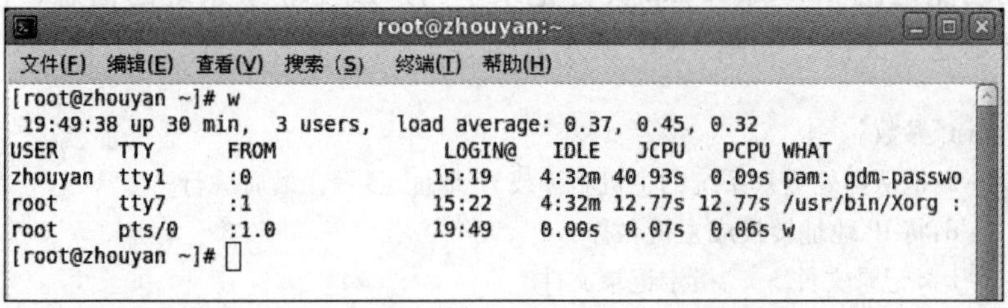

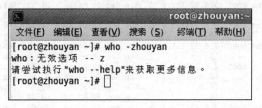

图 4-34　w 命令的输出结果

## 3. who 命令

该命令的功能与 w 命令功能基本一致，但它只显示 5 种信息：用户名称、使用的终端机、登录时间以及登录地址等，显示结果如图 4-35 所示。

```
[root@ linux1 /root]# who － H"H"参数表示显示字段名称
```

图 4-35　在终端窗口中输入 who 命令

## 4. id 命令

该命令的功能是查看显示目前登录账户的 UID 和 GID 及所属分组及用户名。它会显示用户以及所属群组的实际与有效 ID。若两个 ID 相同，则仅显示实际 ID。若仅指定用户名称，则显示目前用户的 ID，如图 4-36 所示。

这个命令在溢出时经常用到。查看是不是溢出 root 成功，执行一下 id 命令，如果显示 uid = 0，则表示成功了。

格式:id[－gGnru][－－help][－－version][用户名]
参数:－g 或－－group:显示用户所属群组的 ID
　　　－G 或－－groups:显示用户所属附加群组的 ID
　　　－n 或－－name:显示用户,所属群组或附加群组的名称
　　　－r 或－－real:显示实际 ID
　　　－u 或－－user:显示用户 ID
　　　－－help:显示帮助
　　　－－version:显示版本信息

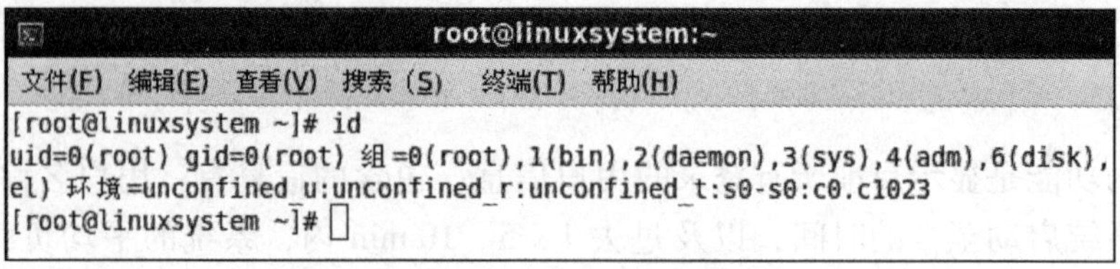

```
root@linuxsystem:~
文件(F)  编辑(E)  查看(V)  搜索 (S)  终端(T)  帮助(H)
[root@linuxsystem ~]# id
uid=0(root) gid=0(root) 组=0(root),1(bin),2(daemon),3(sys),4(adm),6(disk),
el) 环境=unconfined_u:unconfined_r:unconfined_t:s0-s0:c0.c1023
[root@linuxsystem ~]# □
```

图 4-36　在终端中输入 id 命令

## 5. last 命令

该命令的功能是在/var/log/wtmp 文件记录了用户成功登录系统的信息，使用 last 命令可以读取并显示这个文件，如图 4-37 所示。

格式:last[ 参数 ]
参数:－a:把从何处登录系统的主机名称或 IP 地址,显示在最后一行
　　　－d:将 IP 地址转换成主机名称
　　　－f ＜记录文件＞　指定记录文件
　　　－n:＜显示列数＞或－＜显示列数＞　设置列出名单的显示列数
　　　－R:不显示登录系统的主机名称或 IP 地址
　　　－x:显示系统关机,重新开机,以及执行等级的改变等信息

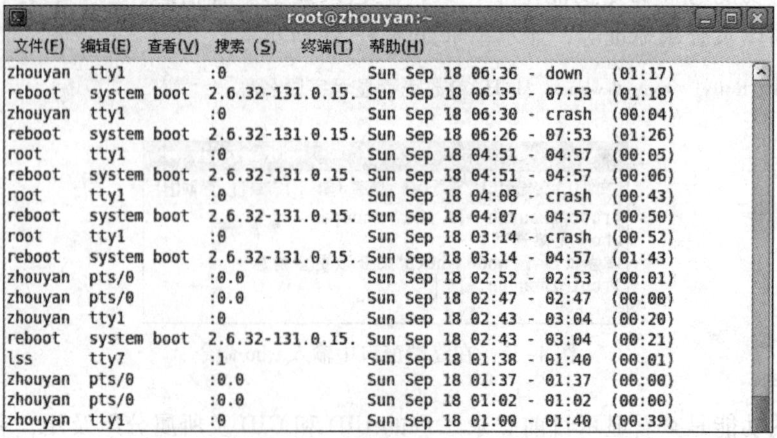

```
root@zhouyan:~
文件(F)  编辑(E)  查看(V)  搜索 (S)  终端(T)  帮助(H)
zhouyan   tty1          :0            Sun Sep 18 06:36 - down   (01:17)
reboot    system boot   2.6.32-131.0.15.  Sun Sep 18 06:35 - 07:53  (01:18)
zhouyan   tty1          :0            Sun Sep 18 06:30 - crash  (00:04)
reboot    system boot   2.6.32-131.0.15.  Sun Sep 18 06:26 - 07:53  (01:26)
root      tty1          :0            Sun Sep 18 04:51 - 04:57  (00:05)
reboot    system boot   2.6.32-131.0.15.  Sun Sep 18 04:51 - 04:57  (00:06)
root      tty1          :0            Sun Sep 18 04:08 - crash  (00:43)
reboot    system boot   2.6.32-131.0.15.  Sun Sep 18 04:07 - 04:57  (00:50)
root      tty1          :0            Sun Sep 18 03:14 - crash  (00:52)
reboot    system boot   2.6.32-131.0.15.  Sun Sep 18 03:14 - 04:57  (01:43)
zhouyan   pts/0         :0.0          Sun Sep 18 02:52 - 02:53  (00:01)
zhouyan   pts/0         :0.0          Sun Sep 18 02:47 - 02:47  (00:00)
zhouyan   tty1          :0            Sun Sep 18 02:43 - 03:04  (00:20)
reboot    system boot   2.6.32-131.0.15.  Sun Sep 18 02:43 - 03:04  (00:21)
lss       tty7          :1            Sun Sep 18 01:38 - 01:40  (00:01)
zhouyan   pts/0         :0.0          Sun Sep 18 01:37 - 01:37  (00:00)
zhouyan   pts/0         :0.0          Sun Sep 18 01:02 - 01:02  (00:00)
zhouyan   tty1          :0            Sun Sep 18 01:00 - 01:40  (00:39)
```

图 4-37　在终端中输入 last 命令

## 6. lastb 命令

该命令的功能是在/var/log/wtmp 文件记录了用户不成功登录系统的信息，使用 lastb 命令可以读取并显示这个文件。

格式:lastb[参数]
参数:－a:把从何处登录系统的主机名称或 IP 地址,显示在最后一行
　　－d:将 IP 地址转换成主机名称
　　－f <记录文件>　　指定记录文件
　　－n:<显示列数>或－<显示列数>　设置列出名单的显示列数
　　－R:不显示登录系统的主机名称或 IP 地址
　　－x:显示系统关机,重新开机,以及执行等级的改变等信息

【操作实例4-23】显示用户登录不成功的信息。

输入 lastb 命令，显示结果如图 4-38 所示。

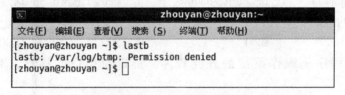

图 4-38　lastb 命令的输出结果

 本章小结

本章介绍了 Linux 用户管理的相关内容。包括 Linux 用户管理概述，Linux 用户操作，Linux 用户组操作，Linux 批量添加用户和 Linux 超级用户管理 5 部分内容。其中 Linux 用户管理概述讲述了用户账号，用户组的介绍和用户管理的相关文件；Linux 用户操作讲述了建立用户，删除用户，修改用户信息和修改用户密码；Linux 用户组操作讲述了建立用户组，删除用户组和修改用户组；Linux 批量添加用户讲述了批量用户添加流程，批量添加用户的命令创建批量用户的步骤；Linux 超级用户管理讲述了使用 su 命令临时切换用户身份，使用 sudo 授权许可和与用户操作有关的其他命令。

 课后习题

### 一、填空题

1. (　　) 号是 Linux 系统中用户的唯一标识。

2. Linux 的用户账号共分为三类 (　　)、(　　)、(　　)。

3. Linux 规定 UID 为 0 的账号是 (　　)，UID 在 1～499 的是 (　　)，UID 在 500～60000 的是 (　　)。

4. 系统中有一类用户称为伪用户，这类用户也称为 (　　)。

5. 用户组就是具有相同特征的 (　　) 的集合体。

6. 用户组是用户的集合，可以分为（　　　）和（　　　）。

7. root:x:0:0:root:/root:/bin/bash 中的 x 代表（　　　）。

8. Shadow Passwords 技术是将加密后的密码存在另外一个文件（　　　）中。

9. group 文件用于保存 Linux 中组的信息，每一行代表一个组的（　　　）数据。

10. id 命令会显示用户以及所属群组的实际与有效 ID。若两个 ID 相同，则（　　　）。

**二、选择题**

1. 有一个 UID 号为 13 的用户，该用户是（　　　）。

    A. 超级用户        B. 普通用户        C. 伪用户        D. 以上都不对

2. 对于自己的文件，用户均拥有（　　　）权力。

    A. 限制的        B. 相对的        C. 部分受限        D. 绝对的

3. Passwd 文件用于存放系统的用户账号信息，该文件位于（　　　），文件中的每一行代表一个用户。

    A. /etc/shadow        B. /bin/shadow        C. /etc/Passwd        D. /bin/Passwd

4. root 所属的组的 GID 为（　　　）。

    A. 499        B. 1        C. 500        D. 0

5. 命令解释程序是操作系统的外壳程序，负责与用户的接口，不是它的功能的是（　　　）。

    A. 返回用户发出的命令            B. 解释用户发出的命令

    C. 运行用户发出的命令            D. 传递用户发出的命令

6. 普通用户访问/etc/passwd 文件是（　　　）。

    A. 可以        B. 不可以        C. 部分可以        D. 以上都不对

7. （　　　）对 Shadow 文件拥有读取权利。

    A. 只有 root 用户        B. 只有伪用户

    C. 普通用户        D. 伪用户和 root 用户

8. 使用 userdel 命令可以实现删除用户操作，用于删除用户主目录的参数是（　　　）。

    A. r        B. d        C. u        D. m

9. 如果不想退出普通用户，重新用 root 用户登录，就必须使用（　　　）命令切换到 root。

    A. su        B. id        C. who        D. lastb

10. GID 是系统用来区分不同组的标识号，它在系统中是（　　　）的。

    A. 唯一                   B. 可以重复

    C. 1~499 不有重复            D. 以上都不对

**三、判断题**

1. 超级用户是系统最高权限的拥有者，具有一切系统操作权限。（　　　）

2. 在利用用户名和密码成功地注册之后，用户才能访问系统提供的资源和服务，执行系统命令。（　　　）

3. 伪用户不能登录系统。（　　　）

4. 一旦创建了一个新的用户，其默认地就会拥有一个唯一的用户组。（　　　）

5. Linux 操作系统采用了 Shadow Passwords 及 MD5 加密的方式存储密码。（　　　）

6. id 命令若仅指定用户名称，则显示所有用户的 ID。（　　）

7. 显示用户登录不成功的信息，输入 last 命令。（　　）

8. 私用组由创建用户时自动创建，一般用来作为一些服务的启动账户。（　　）

9. 使用 useradd 命令建立用户，其中 – e 参数用来指定用户有效日期。（　　）

10. 使用 usermod 命令可以实现用户信息的修改操作，其中 id 参数用来修改用户 UID
号。（　　）

## 四、问答题

1. 简述批量用户添加的流程。

2. 简述使用图形化方式建立用户组的方法。

# 第 5 章　Linux 系统基础

通常为了提高效率，很多计算机高手不窗口方式来操作计算机，而多是采用输入命令的方式，通过键盘输入，快速、便捷的就能实现功能。在 Linux 中也可大量使用命令来执行一系列功能，尤其是服务器管理员需要频繁使用命令来进行日常的管理工作。本章重点介绍 shell、文件与目录的管理、进程管理 3 部分内容。

## 5.1　shell 基础

shell 是一个使用者和操作系统之间的一个互动接口，主要是让用户能通过命令行来完成工作。shell 即命令解释器，它首先会翻译用户的命令，并递交给核心处理，同时，将核心处理结果翻译并显示给使用者。

shell 作为一个命令解释器，它拥有内嵌的 shell 命令集。shell 可以被系统中的其他的程序调用，也可以调用系统中的其他程序。它是一种程序设计语言，俗称 shell 脚本。shell 脚本通常是一个包含若干行 shell 命令或 Linux 命令的文件。同其他的程序设计语言一样，shell 也有自己的语法规则。熟练 shell 程序设计可以让更多的 Linux 任务自动完成。

### 5.1.1　shell 的功能和特点

大多数情况下，用户要使用 Linux 提供的各种服务，必须通过 shell 方可进行。本节介绍 Linux 环境下 shell 的功能及特点。

**1. 通配符**

shell 中常用的通配符有以下几种。

1）"*"：与任意长度的字符串匹配。

2）"?"：与任意单字符匹配。

3）"[ ... ]"：与括号中的任意单字符相匹配。

4）"[ ! ... ]"：与所有不在方括号中的某个字符匹配。

5）"{a，b}"：与 a 或者 b 相匹配。其中 a 和 b 也可以是通配符。

**2. 自动补全功能**

shell 具备对命令或者文档进行自动补齐功能，当输入的命令不完整时，可以通过按 <Tab> 键完成对命令的自动补齐。多次按 <Tab> 键可将有可能匹配的所有命令罗列出来。

同样 shell 还可以对命令参数的文档名进行自动补齐，特别是针对较长的文件名或者命令。熟练使用 <Tab> 键的自动补齐功能可以节省时间和减低记忆命令的难度，提高输入效率。

**3. 命令别名**

用户可以使用 alias 命令为命令创建别名。alias 命令可以像宏操作一样扩充它所表示的命令。Linux 系统中基本上每一个命令都是有多种参数可以设定的，有些参数在日常工作中会被经常使用，这时就可以为该命令设定别名来提高效率。

**4. 输入/输出重定向**

在 Linux 系统中，执行任何一条命令，默认会有 3 个文件描述符，分别为标准输入、标准输出与错误输出。

1）标准输入：默认是键盘，代码为 0。可以使用 < 或 < < 改变默认输入。

2）标准输出：默认是终端，代码为 1。可以使用 > 或 > > 改变默认输出。

3）错误输出：默认也是终端，代码为 2。可以使用 > 或 > > 改变错误的默认输出。

**5. 命名管道**

命名管道可以把一系列的命令连接起来，这意味着每一个命令的输出将作为第二个命令的输入。通过管道传给第二个命令，第二个命令的输出又会作为第三个命令的输入，以此类推。显示在屏幕上的是管道中的最后一个命令的输出（如果命令中未使用输出重定向）。通常使用字符"｜"来创建一个管道。

**6. 变量设置**

（1）Linux 系统有很多预定义的变量和系统环境变量。常见的预定义变量。

1）＄#：保存命令行参数的数目。

2）＄?：保存前一个命令的返回码，0 表示执行成功。

3）＄0：保存程序名称

4）＄"：以（"＄1＄2..."）的形式保存所有输入的命令行参数。

5）＄@：以（"＄1""＄2"...）的形式保存所有输入的命令行参数。

（2）可以执行 env 命令来显示当前的系统环境变量，以下是常见的系统环境变量：

1）＄HOME：用户的 home 目录。

2）＄PATH：执行命令时搜索的路径。

3）＄PS1：命令行的提示符。

4）＄MANPATH：执行 man 帮助时搜索的路径。

除此以上预定义变量外，Linux 还可以自定义变量。在 shell 中，为一个变量赋值（＝），实际上就定义了变量，变量使用前不需要声明。

**7. 进程的前后台切换**

在 shell 中，可以在命令后面紧跟字符"&"，将命令放在后台执行。也可以使用〈Ctrl + z〉快捷键暂停命令的执行，并将命令放入后台，然后再执行"bg ％ n"使该命令在后台执行。使用"fg ％ n"将后台执行的命令调入前台执行。

**8. shell 脚本**

shell 脚本与 DOS/Windows 系统下的批处理相似，可以将各种方便一次性执行命令预先放入到一个文件中。shell 既可以调用系统的程序命令，也和其他高级设计语言一样拥有语法规则，如数组、循环、条件以及逻辑判断等重要功能。

## 5.1.2 Linux 支持的 shell

Linux 系统当前配置支持的 shell 保存在/etc/shells 文件中，可以通过查看/etc/shells 文件，获得当前系统支持的 shell 类型。如图 5-1 所示是一个/etc/shells 配置文件的样本。

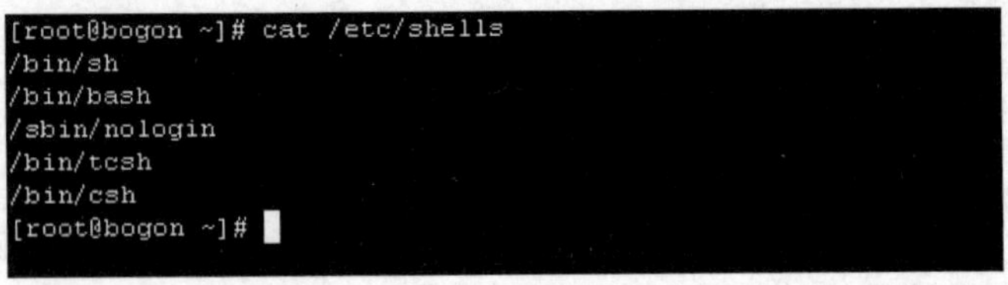

```
[root@bogon ~]# cat /etc/shells
/bin/sh
/bin/bash
/sbin/nologin
/bin/tcsh
/bin/csh
[root@bogon ~]#
```

图 5-1　/etc/shells 文件样本

## 5.2　文件与目录管理

任何一种操作系统都是由很多文件组成的，所有的文件都有自己的构成方式。Linux 中文件结构是文件存放在磁盘等存储设备上的组织方法，主要体现在文件目录的组织上。用目录来提高文件管理是一个方便且有效的途径。通过目录，用户可以从一个目录切换到另一个目录，而且可以设置文件的权限。

Linux 是一个多用户操作系统，文件的关联性使数据共享变得统一。在其他用户允许的前提下，几个用户还可以访问同一个文件。

### 5.2.1　文件类型

Linux 系统与 Windows 系统中的文件类型的概念与意义都有较大差异。Linux 系统中的文件名与文件类型表示是两个不同的概念。尽管不同的文件需要使用不同的程序来打开，但它们也可能是同一类型的文件。例如，文件 file. txt 和 file. tar. gz，它们都是普通文件。

Linux 系统定义了 7 种文件类型，分别是：普通文件，目录文件，字符设备文件，块设备文件，本地域套接口，命名管道（FIFO），符号链接。

用户可以使用 ls - ld 命令来判断文件的类型。ls - ld 命令的显示结果是一条以空格为分隔符、共 9 个字段的信息。其中第 1 段第 1 个字符代表的是文件类型。Linux 系统使用不同的字符表示不同的文件类型，如表 5-1 所示。

表 5-1　ls 命令常见的文件类型

| 文 件 类 型 | 代 表 符 号 | 创 建 方 式 | 删 除 方 式 |
| --- | --- | --- | --- |
| 普通文件 | - | 编辑器、文件管理工具 | rm |
| 目录 | d | mkdir | rmdir，rm - r |
| 字符设备文件 | C | mknod | rm |
| 块设备文件 | B | mknod | rm |
| 套接口文件 | S | Socket（2） | rm |
| 命名管道 | P | mkfifo，mknod | rm |
| 符号链接 | L | ln - s | rm |

如图 5-2 所示为查看当前用户的 home 目录的文件类型的操作命令和结果。

```
[root@bogon ~]# ls -ld ~
dr-xr-x---. 12 root root 4096 Apr 15 12:43 /root
[root@bogon ~]#
```

图 5-2　查看 home 目录文件类型

**1. 普通文件**

Linux 没有就普通文件存放的内容做任何结构上的规定，普通文件可以是文本文件、数据文件、可执行文件或者共享库文件等。它既能按顺序存取，也能随机存取。

**2. 目录**

目录是普通文件或其他类型文件的容器，包含按名字对其他文件的引用。用户可以使用 mkdir 命令创建目录，使用 rmdir 命令删除目录。非空目录需要使用 rm −r 命令来递归删除。

除根（/）目录外，每个目录都有"."和".."两个特殊目录。"."代表目录本身，".."代表目录的父目录。

**3. 字符设备文件和块设备文件**

在新发布的 Linux 版本中，已经无须用户手动创建字符设备文件和块设备文件。因为这些都是与内核密切关联的文件，它们通常存放在/dev 目录中。如图 5-3 所示。例如，硬盘、光驱等设备为块设备文件，而终端或串口设备则为字符设备文件。

```
[root@bogon ~]# ls -l /dev/tty
crw-rw-rw- 1 root tty 5, 0 May  8 11:29 /dev/tty
[root@bogon ~]# ls -l /dev/sda1
brw-rw---- 1 root disk 8, 1 May  8 11:29 /dev/sda1
[root@bogon ~]#
```

图 5-3　字符设备和块设备文件

**4. 套接口文件**

套接口（socket）就是在进程之间建立的通信连接。Linux 提供了几种不同类型的套接口，其中大多数与网络相关。用户只能从本地主机访问，并且是通过文件系统对象而不是网络端口来使用。常见的使用本地套接口的标准工具有打印系统和 X Window 系统等。

套接口文件由系统调用 socket 创建，当套接口不再有任何用户时，可以使用 rm 命令或者 unlink 系统调用来删除它。例如，如图 5-4 为启动 mysql 时，系统会创建一个套接口文件，停止 mysql 后会自动删除。

```
[root@bogon ~]# ls -l /var/lib/mysql/mysql.sock
srwxrwxrwx 1 mysql mysql 0 May  8 12:15 /var/lib/mysql/mysql.sock
[root@bogon ~]# service mysqld stop
Stopping mysqld:                                           [  OK  ]
[root@bogon ~]# ls -l /var/lib/mysql/mysql.sock
ls: cannot access /var/lib/mysql/mysql.sock: No such file or directory
[root@bogon ~]#
```

图 5-4　mysql 套接口文件

**5. 命名管道**

命名管道又称先进先出队列（First Input First Output，FIFO），它是一个可以在不同进程间传递数据的特殊文件。可以一个或多个进程向内写入数据，在另一端由另一个进程负责读出。还可以使用 mkfifo 或者 mknod 命令来创建命名管道文件，使用 rm 命令来删除，如图 5-5 所示。

```
[root@bogon ~]# ls -lF testpipe
prw-r--r-- 1 root root 0 May  8 14:30 testpipe|
[root@bogon ~]# rm testpipe
rm: remove fifo `testpipe'? y
[root@bogon ~]# ls -lF testpipe
ls: cannot access testpipe: No such file or directory
[root@bogon ~]#
```

图 5-5　rm 删除

**6. 符号链接**

符号链接又称软链接，类似于 Windows 系统中的快捷方式，它可以通过名字指向真实文件。符号链接使用 ln - s 命令来创建，使用 rm 命令来删除。

## 5.2.2　文件属性

在 Linux 系统中，有许多办法来保护文件。文件系统属性就是其中之一。

**1. 文件的基本属性**

Linux 系统中文件的属性有很多，包括 inode、权限位、链接数、属主、属组、大小等。用户可以使用 ls - li 查看文件的属性。例如，查看系统的安装日志文件属性，如图 5-6 所示。

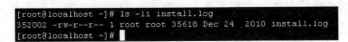

图 5-6　查看文件属性

如图 5-6 所示，显示的信息以空格作为分隔符，共有 10 段表示 7 种不同的属性。

1）第 1 段：352002，表示该文件的 inode 号。每个文件有且仅有一个 inode，操作系统可以根据 inode 快速查找文件信息，并定位文件内容存放位置。

2）第 2 段：- rw - r - - r - -，表示文件的权限位。第一个字符代表的是文件类型，这是"-"表示普通文件。随后的 9 位字符分为 3 组，分别代表文件属主、属组、其他人员对该文件的访问权限。每组访问权限有 3 种，r（read）读权限，w（write）写权限，x（execute）执行权限。

3）第 3 段：1，表示文件硬链接数。硬链接和软链接不一样。硬链接的文件与原文件共用一个 inode，相当于创建一个指向同一块硬盘的额外的指针。如果需要删除有硬链接的文件，需要将所有的硬链接删除，才能真正地删除该文件。

4）第 4 段和第 5 段：root，分别表示该文件的属主和属组。

5）第 6 段：35618，该文件占用的磁盘空间大小，单位为 byte。

6）第 7 段、第 8 段和第 9 段：Dec 24 2010，表示的是文件的创建时间或最后修改日期。通常将这几个字段合并为一段。

7）第 10 段：install. log，表示的是文件名。以字符"."开头的文件表示隐藏文件，如果 ls 命令不指定文件名，隐藏文件则需要添加"- a"参数才可以显示。

**2. setuid 和 setgid 位**

设置了 setuid 位的文件，则任何人对于该文件都拥有和属主等同的权限。同样，设置了 setgid 位的文件，任何人对于该文件都拥有和属主等同的权限。不同的是当某个目录设置了 setgid 位以后，在这个目录中新创建的文件具有该目录的属组权限，而不是创建该文件的用户的默认属组。这使得在不同的用户之间共享某个目录变得更简单。

例如，先在 install. log 文件上添加 setgid 和 setuid 位，然后查看该文件的属性。操作步骤和结果如图 5-7 所示。

**3. 粘附位**

通常在目录上设置粘附位，比如系统默认在/tmp 目录设置了粘附位。设置了粘附位的目录，任何人都可以创建、修改或删除文件，不过操作的对象只能是文件属主为自己的文件。例如查看/tmp 目录的属性，如图 5-8 所示。

图 5-7　查看设有 setuid 和 setgid 位的文件

图 5-8　查看/tmp 目录

**4. 额外的标志**

Linux 系统中还有一些额外的标志应用在 ext 系列文件系统中，这些属性需要使用 chattr 来进行设定，使用 lsattr 命令来查看。例如，在 install.log 文件上添加不可变和追加属性，操作如图 5-9 所示。

图 5-9　额外的标志

ext 系列文件系统支持的额外标志如表 5-2 所示。

表 5-2　额外的标志

| 标　　志 | 说　　明 |
| --- | --- |
| A | 不更新访问时间（针对于访问频繁的目录或者文件系统可以提升性能） |
| a | 只允许以追加模式向文件中写入内容 |
| i | 使该文件不可修改、删除、重命名 |
| c | 自动将文件进行压缩处理 |
| S | 强迫文件的任何变动立即被同步写入 |
| d | 让 dump 在执行的时候忽略该文件 |

## 5.2.3　文件权限

通过前面的内容可知，使用 ls -l 查看文件属性时，有一个特殊的属性是权限。下面详细介绍 Linux 系统中的基本权限管理。

**1. 管理对象**

管理的对象分为 u、g、o、a 共 4 种，其含义如表 5-3 所示。

**2. 权限类型**

权限分为读（r）、写（w）和执行（x）3 种。权限又可以使用八进制来表示，读、写和执行分别对应的是 4、2 和 1。数字形式在设定权限的时候用得很普遍，它让设定权限变得更为简单方便，而显示权限的时候则均以字符形式显示。例如，将 install.log 的权限设为属主读/写，属组读/写，其他用户只读，使用数字形式表示则为 664，操作如图 5-10 所示。

表 5-3　权限管理对象

| 类　　型 | 含　　义 |
|---|---|
| u | user，即文件属主 |
| g | group，即文件属组 |
| o | other，除 u、g 之外的其他用户 |
| a | all，包含以上三种 |

```
[root@localhost ~]# ls -l install.log
-rwSr-Sr-- 1 root root 35618 Dec 24  2010 install.log
[root@localhost ~]# chmod 644 install.log
[root@localhost ~]# ls -l install.log
-rw-r--r-- 1 root root 35618 Dec 24  2010 install.log
[root@localhost ~]#
```

图 5-10　使用数字形式设定权限

### 3. 权限修改

使用 chmod 命令来设定或者修改文件操作权限。

> 格式：chmod　［参数］对象±/＝权限　文件名
> 参数：-r：递归执行，当需要修改某目录下所有权限时
> 　　　-f：静默方式执行命令
> 　　　-v：和 -f 相反，显示命令的执行过程
> 　　　-h：显示帮助

其中"对象"指 u/g/o/a 这 4 种类型；+指的是添加权限，-表示删减相应权限，=表示赋予对象特定权限；"权限"指的是 r/w/x，可以单独添加或删除某一个权限或者多个权限；"文件名"指的是要修改的文件名。

【操作实例 5-1】将 install. log 的权限设定为任何人都有读取权限和执行权限，属主和属组拥有写入权限，应表示为 a + rx，u + w，g + w，操作如图 5-11 所示。

```
[root@localhost ~]# ls -l install.log
-rw-r--r-- 1 root root 35618 Dec 24  2010 install.log
[root@localhost ~]# chmod a+rx,u+w,g+w install.log
[root@localhost ~]# ls -l install.log
-rwxrwxr-x 1 root root 35618 Dec 24  2010 install.log
[root@localhost ~]#
```

图 5-11　修改文件权限

上述的方法虽然直观，但是比较烦琐。因此用户可以使用前面提到使用数字来表示权限，更方便简洁的管理文件的权限。

文件的权限可使用数字 775 来表示，即属主的权限为 4 + 2 + 1 = 7，属组的权限为 4 + 2 + 1 = 7，其他用户的权限为 4 + 1 = 5。例如，使用数字形式来完成如图 5-11 所示中的任务，操作如图 5-12 所示。

```
[root@localhost ~]# ls -l install.log
-rwxrwxr-x 1 root root 35618 Dec 24  2010 install.log
[root@localhost ~]# chmod 000 install.log
[root@localhost ~]# ls -l install.log
---------- 1 root root 35618 Dec 24  2010 install.log
[root@localhost ~]# chmod 775 install.log
[root@localhost ~]# ls -l install.log
-rwxrwxr-x 1 root root 35618 Dec 24  2010 install.log
[root@localhost ~]#
```

图 5-12　使用数字形式修改文件权限

如图 5-12 中所示，为了方便比较，先将 install. log 的权限清零，然后再设定它的权限为 775。

## 5.2.4 文件与目录相关的命令

### 1. 查看目录内容和文件属性命令 ls

使用 ls 命令来查看目录的内容，或文件属性。

> 格式：ls ［选项］ ［文件名］ ［目录］
> 参数：a：显示所有的文件，包括"."和".."
> A：和-a一样显示所有的文件，但不包括"."和".."
> c：以文件的 ctime 排序的方式显示文件
> d：显示目录本身，默认则显示目录下的内容
> h：以易读的方式显示文件大小。K/M/G
> l：以长格式显示文件或目录，即显示文件的属性
> S：按文件大小顺序显示文件

可以使用 ls -- help 显示 ls 的其他更多选项，如果没有给定文件名或者目录，ls 将默认显示当前目录下的所有非隐藏文件。

【操作实例 5-2】显示/home 目录现在包含哪些文件，并以创建日期加以排序，操作如图 5-13 所示。

```
[root@localhost ~]#ls -l /home
total 48
drwx------ 3 cacti      cacti      4096 Apr  5 14:19 cacti
drwx------ 3 ftptest    ftptest    4096 Mar 16 12:15 ftptest
drwx------ 4 mailtest   mailtest   4096 Jun 23 14:35 mailtest
drwx------ 3 nagios     nagios     4096 Apr  6 11:14 nagios
drwx------ 3 newbody    newbody    4096 May  9 15:11 newbody
drwx------ 3 openvpn    openvpn    4096 May  9 15:02 openvpn
drwx------ 3 openvpn_as openvpn_as 4096 May  9 15:02 openvpn_as
drwx------ 3 scott1               505 May  5 17:03 scott
drwx------ 3 smbadmin   smbadmin   4096 Jun 26 20:08 smbadmin
drwx------ 3 smbtest    smbtest    4096 Jun 26 20:07 smbtest
drwx------ 4 test       test       4096 Jun 27 17:39 test
drwx------ 3 testuser   testuser   4096 Apr 15 17:08 testuser
[root@localhost ~]#ls -c /home
test     smbtest   newbody    openvpn   testuser  cacti
smbadmin mailtest  openvpn_as scott     nagios    ftptest
[root@localhost ~]#
```

图 5-13　按修改日期查看文件

### 2. 文件与目录的创建命令 touch/mkdir

1) touch 命令用来创建一个空白的文本文件，也可以用来修改文件的最后访问时间。

> 格式：touch ［选项］ 文件名
> 参数：a：只改变文件的访问时间
> c：不创建任何文件，当文件不存在时默认会创建一个空白文件
> d：使用指定的日期时间，而非现在的时间
> m：只改变文件的修改时间

【操作实例 5-3】使用 touch 命令创建一个临时文件，然后使用 -m 和 -d 参数修改它的

99

修改时间，操作如图 5-14 所示。

图 5-14　创建文件并修改创建时间

2）mkdir 命令用来新建一个目录。

> 格式:mkdir　［选项］　目录名
> 参数:m:创建文件时设定特定的权限
> 　　　p:创建目录时,如果父目录不存在,则创建父目录
> 　　　v:显示创建的过程

【操作实例 5-4】创建一个新目录/path/to/work，设定其权限为 700，操作如图 5-15 所示。

图 5-15　mkdir 创建目录

如图 5-15 所示，第一次执行时 mkdir 没有给定 -p 参数，系统则会报错找不到文件，这是由于系统中没有/path/to/work 这样的目录。当给定 -p 参数后，mkdir 实际上创建了 3 个目录，即/path、/path/to 和/path/to/work。使用 ls 命令查看该目录的权限，可以看到权限就是 -m 参数后指定的权限。

### 3. 文件与目录 cat/more/less/head/tail

1）cat 命令用来显示文件的内容。

> 格式:cat　［选项］　［文件名］
> 参数:n:为所有输出增加行号,行号从 1 开始
> 　　　b:和 -n 相似,但忽略空白行
> 　　　s:如果文件中有重复的空白行,则只显示一行空白行
> 　　　E:在每行行属添加一个 '$ 字符
> 　　　T:使用 ^I 字符代替〈Tab〉键当没有给定文件名或文件名为" -"时,直接从标准输入
> 　　　　设备读取内容,作为输出内容。在日常工作中,有些软件的配置文件末尾是不允许
> 　　　　有多余的空格的,检查这类型的文件是否正确时显得很困难,如果使用上 cat 的
> 　　　　" -E"选项,就可很方便的查找出行末的多余空格了

【操作实例 5-5】要求检查文件 cat_man 行末是否包含有空格，操作如图 5-16 所示。

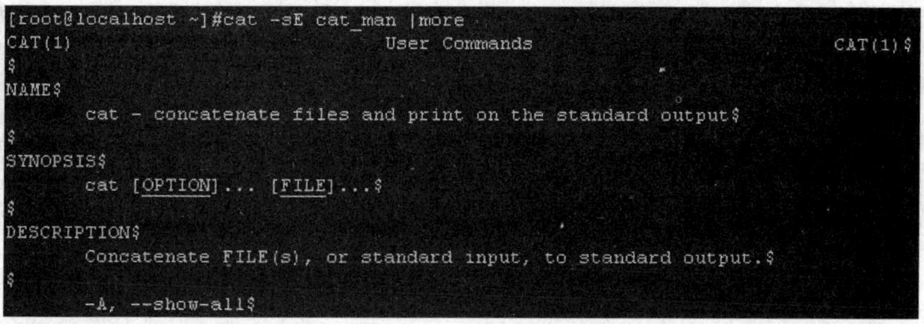

```
[root@localhost ~]#cat -sE cat_man |more
CAT(1)                          User Commands                          CAT(1)$
$
NAME$
       cat - concatenate files and print on the standard output$
$
SYNOPSIS$
       cat [OPTION]... [FILE]...$
$
DESCRIPTION$
       Concatenate FILE(s), or standard input, to standard output.$
$
       -A, --show-all$
```

图 5-16　检查行末是否包含空格字符

2）more 用来显示文件内容，和 cat 不一样，more 命令可以分屏显示文件内容。

格式:more ［选项］ 文件名
参数:num:num 为数字,定义一屏有多少行。
　　num:num 为数字,从第 num 行开始显示。
　　d:在屏幕下方显示"[Press space to continue, 'q 'to quit. ]"
　　s:将文件中重复的空白行进行合并,只显示一行空白行
　　+/: +/后面接查找字符串,从查找到的位置开始显示文件

more 除了常用的选项外，还有一些额外的操作，比如向下翻页、查找字符串等。下面介绍 more 命令的常用操作。

h 或?:显示简单的帮助信息
〈Space〉:向下滚动一屏
z:和〈Space〉一样,向下滚动一屏
〈Enter〉键:显示下一行内容
b:等同于〈Ctrl + B〉,向上滚动一屏
f:等同于〈Ctrl + F〉,向下滚动一屏
/:/后面接查找字符串,查找匹配行
n:跳转到下一个字符匹配处
cmd:打开一个字 shell,执行 cmd 命令
.:重新执行上一个命令
q:结束 more 命令

**【操作实例 5-6】**从第 10 行开始显示 test 文件内容，并执行 ls 命令，如图 5-17 所示。查看文件的属性，然后退出 more 命令，操作如图 5-18 所示。

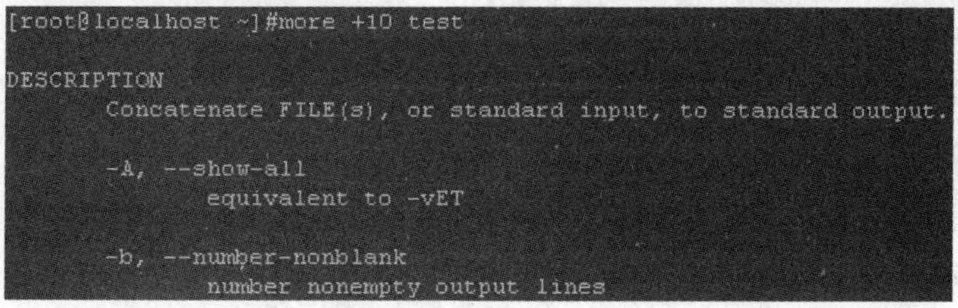

```
[root@localhost ~]#more +10 test

DESCRIPTION
       Concatenate FILE(s), or standard input, to standard output.

       -A, --show-all
              equivalent to -vET

       -b, --number-nonblank
              number nonempty output lines
```

图 5-17　显示 test 文件

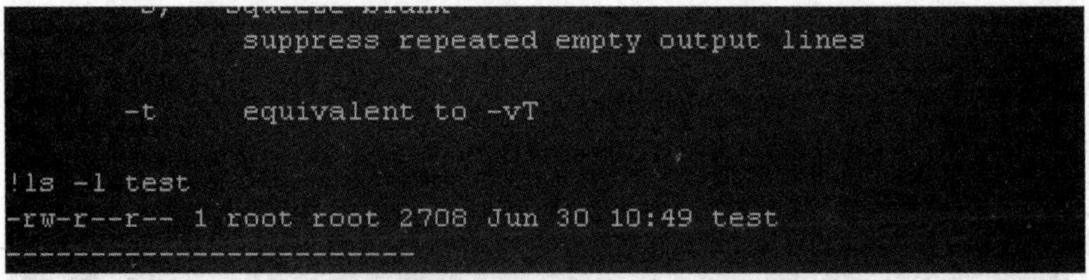

图5-18 在more命令界面执行ls命令

3）less用来显示文件内容，和more工具一样，也可以分屏显示文件内容。

格式：less ［选项］ 文件名
参数：－h:显示简单的帮助信息
　　　－f:强制打开文件,二进制文件显示时,不提示警告
　　　－i:搜索时忽略大小写;除非搜索串中包含大写字母
　　　－I:搜索时忽略大小写,除非搜索串中包含小写字母
　　　－m:显示读取文件的百分比
　　　－M:显示读取文件的百分比、行号及总行数
　　　－N:在每行前输出行号
　　　－p:后面接搜索的匹配项,从匹配处开始显示文件
　　　－s:把连续多个空白行作为一个空白行显示
　　　－q:在终端下不响铃

和more命令一样，less命令支持一系列的操作，less支持的操作非常多，下面主要介绍一些日常工作中最为常用的操作。

h:显示简单的帮助信息
〈Enter〉:向下移动一行
y:向上移动一行
〈Space〉:向下滚动一屏
b:向上滚动一屏
d:向下滚动半屏
u:向上滚动半屏
g:跳到第一行
G:跳到最后一行
/:/后面接搜索一个的匹配项
n:跳转到下一个匹配处
N:跳转到上一个匹配处
v:调用vi编辑器
q:退出less命令
!:＝cmd调用一个子shell,执行cmd命令

【操作实例5-7】使用less查看test文件内容，并显示less帮助信息，操作过程如图5-19所示。

4）head用来显示文件的头部内容，默认显示文件前面10行内容。

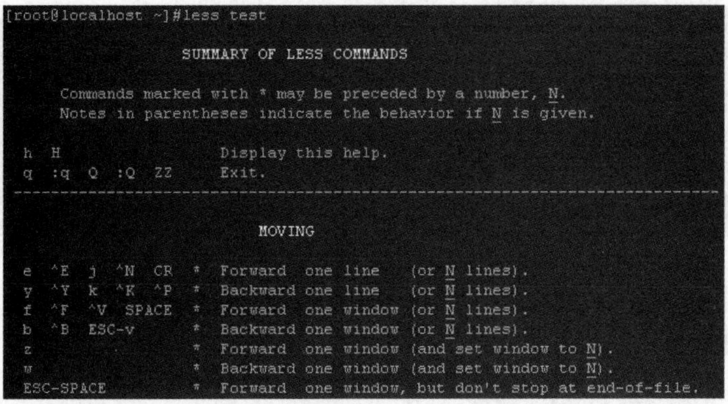

```
[root@localhost ~]#less test

                    SUMMARY OF LESS COMMANDS

      Commands marked with * may be preceded by a number, N.
      Notes in parentheses indicate the behavior if N is given.

  h  H                 Display this help.
  q  :q  Q  :Q  ZZ     Exit.
 ---------------------------------------------------------------------------

                           MOVING

  e  ^E  j  ^N  CR  *  Forward  one line   (or N lines).
  y  ^Y  k  ^K  ^P  *  Backward one line   (or N lines).
  f  ^F  ^V  SPACE  *  Forward  one window (or N lines).
  b  ^B  ESC-v      *  Backward one window (or N lines).
  z                 *  Forward  one window (and set window to N).
  w                 *  Backward one window (and set window to N).
  ESC-SPACE         *  Forward  one window, but don't stop at end-of-file.
```

图 5-19　less 操作示例

格式:head ［选项］ 文件名

参数:-n:指定显示文件行首多少行

-q:不显示文件名

-v:显示内容之前显示文件名

**【操作实例 5-8】** 显示 nagios 目录中以 config 开始的所有文件的前 2 行内容，并显示文件名，操作如图 5-20 所示。

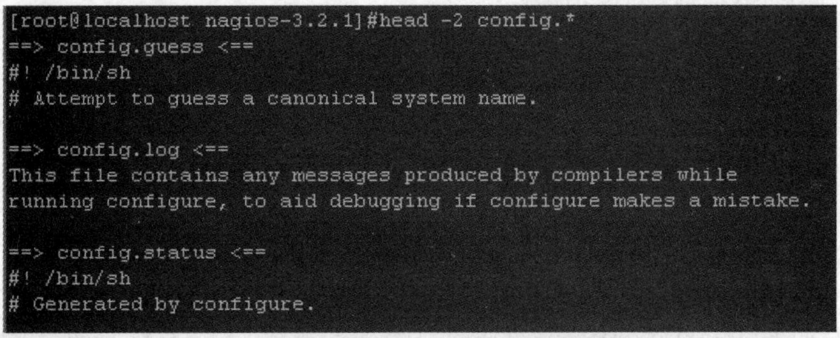

```
[root@localhost nagios-3.2.1]#head -2 config.*
==> config.guess <==
#! /bin/sh
# Attempt to guess a canonical system name.

==> config.log <==
This file contains any messages produced by compilers while
running configure, to aid debugging if configure makes a mistake.

==> config.status <==
#! /bin/sh
# Generated by configure.
```

图 5-20　head 操作示例

5）tail 命令用来显示文件的末尾内容，默认显示文件最后 10 行内容。

格式:tail ［选项］ 文件名

参数:-n:指定显示文件末尾多少行

-f:实时的显示文件末尾追加的内容

-s:与 -f 结合使用,显示睡眠多少秒刷新一次显示内容

**知识扩展：** 在进行软件调试或故障排除时，经常需要实时的监控相关的日志信息，这时就可以充分利用到 tail 命令的功能了。

**【操作实例 5-9】** 实时显示/var/log/messages，操作如图 5-21 所示。

```
[root@localhost nagios-3.2.1]#tail -5f /var/log/messages
Jun 30 13:04:13 localhost nagios: Caught SIGTERM, shutting down...
Jun 30 13:04:13 localhost nagios: Successfully shutdown... (PID=1828)
Jun 30 13:04:13 localhost nagios: ndomod: Shutdown complete.
Jun 30 13:04:13 localhost nagios: Event broker module '/usr/local/nagio
tialized successfully.
Jun 30 13:04:30 localhost mount[1312]: mount to NFS server '127.0.0.1'
ed, retrying
```

图 5-21　tail 命令操作示例

### 4. 文件的复制、移动和链接命令 cp/mv/ln

1）cp 命令用来复制文件或目录。

格式:cp ［选项］［源文件或目录］［目标文件或目录］
参数: -a:相当于同时指定 -dRp 选项
-b:将已经存在的目标文件先进行备份
-d:去除不保留的文件或目录属性
-f:当目标文件或目录已经存在时,强制复制文件或目录
-i:覆盖目标文件或目录之前与用户进行交互,询问是否覆盖
-H:如果源文件是连接文件时,复制其指向的原始文件或目录
-n:不覆盖已经存在的文件
-p:保留文件或目录的属性
-r:递归处理,将指定目录下的文件及子目录一并复制
-s:对源文件建立符号连接,而非真正的复制
-S:指定备份文件的后缀
-u:只复制源文件或目录比目标源文件有更新的文件或目录
-v:显示复制过程

**【操作实例 5-10】**将/tmp/目录以 . tar. gz 结尾的所有文件复制到/root/目录下，操作如图 5-22 所示。

```
[root@localhost ~]#cp /root/*.tar.gz /tmp/
[root@localhost ~]#ls -l /tmp/*.tar.gz
-rw-r--r-- 1 root root 2272001 Jun 30 14:02 /tmp/cacti-0.8.8.tar.gz
-rw-r--r-- 1 root root  252949 Jun 30 14:02 /tmp/cacti-plugin-0.8.7h-PA-v3.0.tar.gz
-rw-r--r-- 1 root root  623841 Jun 30 14:02 /tmp/cacti-spine-0.8.8.tar.gz
-rw-r--r-- 1 root root 3215350 Jun 30 14:02 /tmp/nagios-3.2.1.tar.gz
-rw-r--r-- 1 root root 1950729 Jun 30 14:02 /tmp/nagios-plugins-1.4.14.tar.gz
-rw-r--r-- 1 root root 2141138 Jun 30 14:02 /tmp/ndoutils-1-5.tar.gz
-rw-r--r-- 1 root root  411768 Jun 30 14:02 /tmp/nrpe-2.13.tar.gz
-rw-r--r-- 1 root root 1347665 Jun 30 14:02 /tmp/rrdtool-1.4.6.tar.gz
[root@localhost ~]#
```

图 5-22　复制所有 . tar. gz 结尾的文件

2）mv 命令是于剪切用来移动文件或目录的，也可用于重命名文件或目录。

格式:mv ［选项］［源文件或目录］［目标文件或目录］
参数: -b:覆盖文件或目录之前先进行备份
-f:强制覆盖,在覆盖之前不予以提示

-i:覆盖之前与用户进行交互,询问是否覆盖

-n:不覆盖已经存在的文件

-S:指定文件备份的后缀名

-u:只移动源文件或目录比目标源文件有更新的文件或目录

-v:显示详细的执行过程

【操作实例5-11】将文件 test 更名为 testmv，操作如图 5-23 所示。

```
[root@localhost ~]#mv -v test testmv
`test' -> `testmv'
[root@localhost ~]#
```

图 5-23　利用 mv 重命名文件

3) ln 命令用来创建文件链接，相当于创建一个快捷方式。

格式:ln　[选项]　[目标文件或目录]　[源文件或目录]

参数:-b:如果目标文件已经存在,对目标文件先进行备份

-f:如果目标文件已经存在,先删除目标文件

-i:以与用户交互方式进行询问是否要删除已经存在的目标文件

-p:创建一个硬连接文件

-s:创建一个符号连接文件,即软连接

-S:指定文件备份使用的后缀名

-v:显示详细的执行过程

在 Linux 系统中，很多源代码的软件包都携带较长的版本信息，解压后创建的目录很长，不方便操作。这时可以使用 ln 命令创建一个较短名称的符号连接，指向源文件即可。

【操作实例5-12】创建一个名为 nagios 符号链接，使其指向 nagios-3.2.1 目录，操作如图 5-24 所示。

```
[root@localhost ~]#ln -sv nagios-3.2.1 nagios
`nagios' -> `nagios-3.2.1'
[root@localhost ~]#
```

图 5-24　使用 ln 命令指向目录

### 5. 文件和目录的删除命令 rm/rmdir

1) rm 命令用于删除文件或者目录。

格式:rm　[选项]　文件名

参数:-f:强制删除所有指定的文件

-r:以递归的方式删除指定的目录下的所有文件和目录

-v:显示详细的执行过程

【操作实例5-13】有一个名为 test 的目录，目录下面有数个文件夹。每个文件夹下面都有数个文件，要求使用 rm 命令删除 test 目录，操作如图 5-25 所示。

2) rmdir 用于删除目录。被删除的目录必须是空目录，不能包括任何文件。

图 5-25  使用 rm 命令删除目录

> 格式:rmdir  [选项]  文件名
> 参数:-p:递归删除所有的空目录
>    -v:显示详细的执行过程

【操作实例 5-14】要删除 test/testdir/testdir2 目录，如果使用 rmdir 命令，则要求每个目录下都没有文件存在，操作如图 5-26 所示。

图 5-26  使用 rmdir 命令删除目录

如图 5-25 所示，当目录不为空时，删除会报错，提示目录不为空。如果没有给定 -p 选项，则只会删除最后一级的单个目录。只有使用了 -p 选项后，才会将所有目录递归删除。

**6. 目录切换和查看当前工作目录命令 cd/pwd**

1）cd 用于在不同目录之间的切换。

> 格式:cd  [选项]  [目标目录]
> 参数:-:进入到上一次的工作目录,保存在 OLDPWD 环境变量中
>    ~:进入指定用户的 home 目录,默认为当前用户的 home 目录

执行不带任何参数的 cd 命令，将进入到当前用户的 home 目录。

【操作实例 5-15】从任意一个目录返回到用户的/home 目录有 3 种方法，操作如图 5-27 所示。

2）pwd 命令用于显示当前的工作目录。

> 格式:pwd  [选项]
> 参数:-P:忽略连接,显示物理文件路径
>    执行 pwd 通常都不需要带任何参数,表示显示出用户当前的工作目录

【操作实例 5-16】系统中存在一个 nagios 目录，指向 ngaios-3.2.1 目录。进入到 nagios

图 5-27　使用 cd 命令返回目录

目录，分别执行不带参数的和带 "−P" 参数的 pwd 命令，通过以下操作可以看出区别，如图 5-28 所示。

图 5-28　使用 pwd 命令显示工作目录

### 7. 查找文件和定位文件命令 find/locate

1）find 命令用于查找文件，可以通过不同的选项查找特定的内容。

> 格式：　find　［搜索目录］　［查找条件］　［操作］
>
> 参数：　− name：找出与 name 匹配的所有文件，name 可以使用通配符
>
> 　　　　− gid：找出属于 gid 工作组的所有文件
>
> 　　　　− uid：找出属于 uid 用户的所有文件
>
> 　　　　− group：找出属于 group 组的所有文件
>
> 　　　　− user：找出属于 user 用户的所有文件
>
> 　　　　− empty：找出大小为 0 的目录或文件
>
> 　　　　− perm：找出具体指定权限的文件和目录，以数字形式表示权限
>
> 　　　　− size n［bkMG］：找出指定文件大小的所有文件
>
> 　　　　− mount：不查找挂载的其他系统的文件系统
>
> 　　　　− nouser：查出不属于任何用户的文件和目录
>
> 　　　　− nogroup：查找不属于任何用户组的文件和目录
>
> 　　　　− type x：找出特定类型的文件。f：普通文件，d：目录文件，l：符号连接文件
>
> 　　　　− amin ± n：− n 表示 n 分钟之内访问过的文件；+ n：表示 n 分以前被访问过的文件
>
> 　　　　− cmin ± n：− n 表示 n 分钟之内文件状态（file's status）修改过的文件；+ n：表示 n 分钟以前文件状态（file's status）修改过的文件
>
> 　　　　− mmin ± n：− n 表示 n 分钟之内文件内容（file's data）被修改过的所有文件；+ n 表示 n 分钟以前文件内容（file's data）被修改过的所有文件
>
> 　　　　− atime ± n：− n 表示 n 天之内访问过的所有文件；+ n 表示 n 天以前访问过的所有文件

－ctime±n：－n 表示 n 天之内文件状态(file's status)被修改过的文件；+n 表示 n 天以前文件状态(file's status)被修改过的文件

－mtime±n：－n 表示 n 天内文件内容(file's data)被修改过的文件；+n 表示 n 天内文件内容(file's data)被修改过的文件

－exec command：对于符合条件的文件执行 command 执行。需要注意，使用了该选项后，命令最后必须添加 | | \;代表结束

－okcommand：和－exec 功能一样，唯一的区别是在执行命令之前会询问用户是否要执行该命令

－and：逻辑与，表示只有当所有条件都满足，寻找的条件才算是满足

－or：逻辑或，表示只要其中一个条件满足，寻找的条件就算满足

－not：逻辑非，表示查找与给定条件不匹配的所有文件

**【操作实例 5-17 操作 1】** 查找系统中所有设置了 suid 或者 guid 的文件，操作如图 5-29 所示。

```
[root@localhost ~]# find / -type f \( -perm -2000 -o -perm -4000 \)
/usr/libexec/utempter/utempter
/usr/libexec/pt_chown
/usr/libexec/pulse/proximity-helper
/usr/libexec/openssh/ssh-keysign
/usr/libexec/polkit-1/polkit-agent-helper-1
/usr/lib/nspluginwrapper/plugin-config
/usr/lib/vte/gnome-pty-helper
/usr/bin/sudoedit
/usr/bin/Xorg
/usr/bin/chfn
/usr/bin/crontab
```

图 5-29　查找 guid 和 suid 权限的文件

**【操作实例 5-17 操作 2】** 查找/etc 目录中，所有内容在一天内被修改过的 root 用户文件，操作如图 5-30 所示。

```
[root@localhost ~]# find /etc -type f \( -mtime -1 -a -uid 0 \)
/etc/resolv.conf
/etc/mtab
/etc/lvm/cache/.cache
/etc/sysconfig/network
/etc/prelink.cache
[root@localhost ~]#
```

图 5-30　查找/etc 目录中一天内被修改过的文件

2）locate 命令用于定位文件的具体位置，第一次执行 locate 命令之前必须先运行 updatedb 命令，更新 locate 查找的索引库。

格式：locate　［选项］　查找内容
参数：－c：使用匹配次数代替匹配文件输出
　　　－d：指定查找使用的 db 文件，默认是/var/lib/mlocate/mlocate.db
　　　－i：查找时忽略匹配字串的大小写
　　　－r：启用扩展的模式匹配功能

**【操作实例 5-18】** 当用户只记得网卡的配置文件包含 ifcfg 或 eth，而忘记了文件存放的

具体位置时，可以使用 locate 命令快速定位 ifcfg 和 eth 相关的文件，然后再从匹配的文件中查找正确的网卡配置文件。操作过程如图 5-31 所示。

```
[root@localhost ~]# locate --regex 'ifcfg|eth' |more
/dev/.udev/db/net:eth0
/etc/ethers
/etc/dbus-1/system.d/nm-ifcfg-rh.conf
/etc/selinux/targeted/modules/active/modules/ethereal.pp
/etc/sysconfig/network-scripts/ifcfg-eth0
/etc/sysconfig/network-scripts/ifcfg-lo
/etc/sysconfig/network-scripts/ifdown-eth
/etc/sysconfig/network-scripts/ifup-eth
```

图 5-31　locate 命令操作示例

#### 8. whereis/which

1）whereis 命令用于查找一个命令的可执行文件、源码文件及帮助文档的存放位置。

> 格式:whereis　［选项］
> 参数:-b:只查找可执行文件
> 　　　-s:只查找源代码文件
> 　　　-m:只查找帮助文件

【操作实例 5-19】查找 whereis 命令的相关信息，操作如图 5-32 所示。

```
[root@localhost ~]# whereis whereis
whereis: /usr/bin/whereis /usr/share/man/man1/whereis.1.gz
[root@localhost ~]#
```

图 5-32　whereis 命令操作示例

2）which 命令用于查找一个命令的绝对路径。

> 格式:which　［选项］　命令名
> 参数:--a:显示出所有匹配的命令的路径,而不只是第一个匹配的路径
> 　　　--skip-alias:忽略 alias
> 　　　--skip-dot:忽略 PATH 中以".".开始的目录
> 　　　--skip-tilde:忽略 PATH 中以"～"开始的目录

【操作实例 5-20】查找 which 命令的绝对路径，操作如图 5-33 所示。

```
[root@localhost ~]# which which
alias which='alias | /usr/bin/which --tty-only --read-alias --show-dot --show-ti
lde'
        /usr/bin/which
[root@localhost ~]# which --skip-alias which
/usr/bin/which
```

图 5-33　which 命令操作示例

#### 9. 编辑器 vi/sed 及 awk

（1）vi 编辑器

vi 是 Linux 系统中标准的文本编辑器，可以用于编辑所有类型的文本文件。通常用于程序编辑，支持语法高亮显示，命令行编辑等功能，丰富的在线帮助文档。熟练运用 vi 编辑器，可以简化文本编辑工作。vi 编辑器有 3 种工作模式，分别是命令行模式、编辑模式和底行操作模式，每个模式都有其特殊的功能。

1）命令行模式。

命令格式：使用 vi 命令打开文件后，进入命令行模式，可以完成控制光标的移动、内容的删除与替换、内容的复制与粘贴、进入编辑模式或底行操作模式等。

参数：h：将光标向左移动一个字符

l：将光标向右移动一个字符

j：将光标向下移动一个字符

k：将光标向上移动一个字符

Ctrl + b：屏幕向后滚动一页

Ctrl + f：屏幕向前滚动一页

Ctrl + u：屏幕向后滚动半页

Ctrl + d：屏幕向前滚动半页

0 或^：数字 0，将光标移动到该行的行首

$：将光标移动到该行的行末

H：将光标移动到该屏幕的顶端

M：将光标移动到该屏幕的中间

L：将光标移动到该屏幕的底端

gg：将光标移动到文章的首行

G：将光标移动到文章的尾行

w 或 W：将光标移动到下一单词

x：删除光标所在处的字符

X：删除光标前的字符

dd：删除光标所在行

Ndd：从光标所在行向下删除 N 行，N 为数字

D：删除光标所在处到行尾

dw：删除从光标所在处的一个单词

Ndw：删除从光标所在处向后的 N 个单词，

r：取代光标处的一个字符

R：从光标处向后替换，按〈Esc〉结束

u：取消上一步的操作

U：取消目前的所有操作

yy：复制光标所在行

Nyy：从光标所在行向下复制 N 行，N 为数字

p：将复制的内容放在光标所在行的下行

2）编辑模式。

编辑模式又称插入模式（Insert Mode）。只有在编辑模式下，才可以新增内容，输入文字。用户可以通过在命令行模式输入以下操作进入到编辑模式。

a:在光标后追加文本

A:在光标所在行行尾追加文本

i:在光标前插入文本

I:在光标所在行行首插入文本

o:在光标所在行下插入新行(小写字母 o)

O:在光标所在行上插入新行(大写字母 O)

3）底行操作模式。

有时也直接称为是命令行模式，其所有的命令都在屏幕底部完成

命令格式:可以在命令行模式下输入":"进入到底行操作模式。

参数:w:保存文件

　　w newfile:将文件另存为 newfile

　　q:退出 vi 编辑器

　　wq:保存退出

　　wq!:强行保存退出（权限于 root）

　　x(小写):保存退出

　　X(大写):加密退出,将来重新打开时要求输入口令

　　set nu:显示行号

　　set nonu:不显示行号

　　f:显示当前的文件名

　　! cmd:执行 shell 命令

　　/string:搜索 string,从光标所在处向下搜索;n 搜索下一个,N 搜索上一个

　　?:同/功能相同,从光标所在处开始向上搜索

　　set ic:搜索时忽略大小写

　　set noic:搜索时区分大小写

　　S,Es/string/newstr/g:S 表示起始行,E 表示结束行,s 表示替换。将指定范围内的 string 字符串替换成 newstr

**【操作实例 5-21 操作 1】** 编辑 install. log 文件，从光标所在处开始，删除随后的 4 个词组。在命令行模式下执行 4dw，即可删除光标之后 4 个词组。操作如图 5-34 所示。

a)　　　　　　　　　　　　　　　　　　b)

图 5-34　在命令模式下编辑 install. log 文件

a) 删除之前　b) 删除之后

**【操作实例 5-21 操作 2】** 使用 vi 编辑器编辑 install. log 文件，在文件的最后 4 行行首添加 "#" 进行注释。使用 vi 底行操作模式的内容替换功能，可以完成此任务。操作如图 5-35 所示。

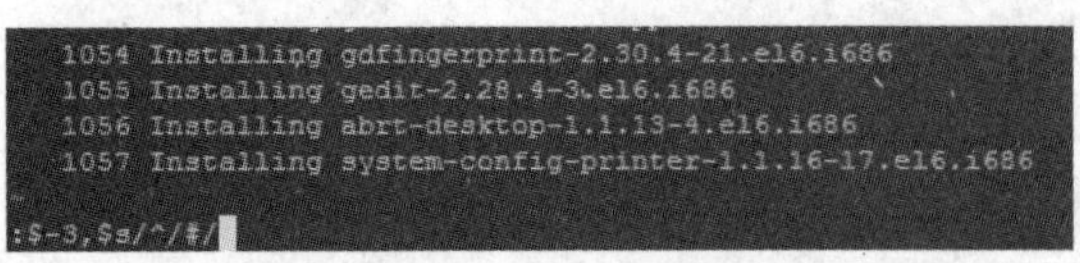

```
1054 Installing gdfingerprint-2.30.4-21.el6.i686
1055 Installing gedit-2.28.4-3.el6.i686
1056 Installing abrt-desktop-1.1.13-4.el6.i686
1057 Installing system-config-printer-1.1.16-17.el6.i686
:$-3,$s/^/#/
```

```
1053 Installing gdm-user-switch-applet-2.30.4-21.el6.i686
1054 #Installing gdfingerprint-2.30.4-21.el6.i686
1055 #Installing gedit-2.28.4-3.el6.i686
1056 #Installing abrt-desktop-1.1.13-4.el6.i686
1057 #Installing system-config-printer-1.1.16-17.el6.i686
4 substitutions on 4 lines
```

a) 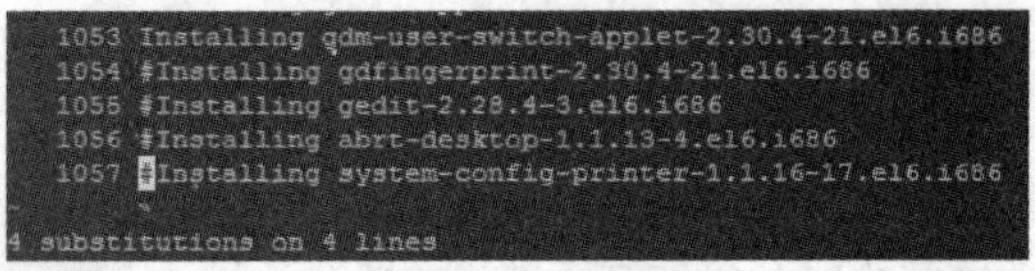                                                    b)

图 5-35　使用 vi 编辑器编辑 install. log 文件

a）修改之前　b）修改之后

（2）行编辑器 sed

sed 是一种行编辑器，它可以一次处理一行内容，主要用于自动编辑一个或多个文件，简化对文件的重复操作。sed 并不修改原文件的内容，而是在处理之前先将内容保存到系统临时缓存区，然后修改缓存区内的内容。处理完成后，将结果显示到屏幕。如果需要修改文件，需要使用输出重定向功能来完成。

> 格式:sed ［选项］ 操作 ［文件名］
>
> 参数:－n:取消 sed 的默认输出
>
> 　　　－e:有多个 sed 指令需要执行时,需要使用－e 选项
>
> 　　　－f:指定存放 sed 指令的文件
>
> 　　　－i＜suf＞:直接修改原文件,如果给定了后缀,将在修改原文件之前先做备份
>
> 　　　－r:使用扩展的正则表达式

使 sed 充分发挥作用的是 sed 的操作指令，通过设定操作指令，可以通知 sed 命令，删除、修改或新增具体的内容。操作指令默认是对整个文件都有效的，可以在设定指令时，限制 sed 的操作范围。下面详细介绍 sed 常用的操作指令。

> 操作指令:
>
> a\text:在当前行后面追加一行文本,内容为 text
>
> i\text:在当前行前面插入一行文件,内容为 text
>
> c\text:使用 text 文本内容替换当前行
>
> G:在每行后面插入一行空白行
>
> d:删除指定的行
>
> ＝:打印当前行行号
>
> N:将下一行内容添加到当前行末尾
>
> p:打印当前行内容
>
> w:将信息转储到指定文件中
>
> s/string/newstr:将 string 替换成 newstr,string 可以使用正则表达式
>
> start,end:指定操作范围,start 为起始行号,end 为结束行号
>
> $:匹配最后一个
>
> /regexp/:匹配 regexp 的行,regexp 可以是正则表达式
>
> addr1,+N:N 表示数字,即表示从 addr1 行开始到 addr1＋N 行结束
>
> addr1,~N:N 表示数字,即表示从 addr1 行开始到第 N 行结束
>
> Sed 正则表达式中可以使用的元字符集
>
> ^:匹配行的开始,例如,/^sed/可以匹配所有以 sed 开头的行
>
> $:匹配行的结束,例如,/sed $/可以匹配所有以 sed 结尾的行
>
> .:匹配一个字符

[ ]:匹配[ ]内的所有字符

[^]:匹配所有不在[ ]内的字符

\(..\):保存匹配的字符,可以通过\1 来引用

&:用来引用搜索内容

\<:设定单词的开始

\>:指定单词的结束

x\{m\}:重复匹配 x 字符 m 次

x\{m,\}:至少重复匹配 x 字符 m 次

x\{m,n\}:最少匹配 x 字符 m 次,最多 n 次

【操作实例 5-22 操作 1】取出/var/log/secure 文件中的所有 IP 地址。通过分析可以知道,IP 地址由 4 个点分式数字组成,每组数字为 0~255。首先使用 [0-9]{1,3}\. 匹配其中的一组,即 IP 地址由 0~9 的数字组成,且至少需要匹配 1 次,最多匹配 3 次。该组类型的数据至少需要重复 3 次,在最后再增加一组 [0-9]{1,3}。所以匹配 IP 地址的表达式可以写成 ( [0-9]\{1,3}\. ){1,3}[0-9]{1,3}。具体操作如图 5-36 所示。

```
[root@localhost ~]#sed -nr 's/.*[^0-9](([0-9]+\.){3}[0-9]+).*/\1/p' /var/log/sec
ure
192.168.1.3
192.168.1.3
192.168.1.3
[root@localhost ~]#
```

图 5-36    sed 操作示例

【操作实例 5-22 操作 2】找出/etc/log/secure 中的所有认证失败的信息,并导入到 seError 文件中。操作如图 5-37 所示。

```
[root@localhost ~]#sed -ne '/failed/N' -ne '/failed/w seError'  /var/log/secure
[root@localhost ~]#more seError
Jul  1 12:48:07 luoluohuihuifufu unix_chkpwd[2109]: password check failed for us
er (root)
Jul  1 12:48:08 luoluohuihuifufu sshd[2107]: pam_unix(sshd:auth): authentication
 failure; logname= uid=0 euid=0 tty=ssh ruser= rhost=192.168.1.3  user=root
[root@localhost ~]#
```

图 5-37    sed 操作示例

(3) awk

awk 是一种处理数据和生成报告的编程语言。事实上,awk 是 3 个人名的缩写,他们是:Aho、Weinberg 和 Kernighan。正是这 3 个人创造了 awk———一个优秀的样式扫描与处理工具。awk 常用于提取文件中某一个字段的内容。

格式:awk  [选项] '/模式匹配/  操作指令}'文件名

参数:-F fs:定义文件分隔符,默认是空格或〈Tab〉键

    -f file:指定保存 awk 脚本的文件名

    -v var = value:定义一个变量,并赋值

【操作实例 5-23】查找/etc/passwd 文件中,允许登录的所有用户的用户名和用户所使用的 shell。操作如图 5-38 所示。

图 5-38 　awk 命令操作示例

#### 10. tee/wc/sort/tr

1）tee 命令主要用于从标准输入读取内容，然后将其输入到标准输出或文件中。常用于执行某命令，既需要将执行结果输出到标准输出，又需要将输出结果保存到文件中，方便以后查询。

> 格式:tee　［选项］　文件名
> 参数: - a:追加到指定文件的末尾,不覆盖原有内容
> 　　　 - i:忽略中断信号
> 　　　 - - help:显示帮助信息

【操作实例 5-24】将 w 命令的输出内容，通过 tee 命令存放到 woutput 文件中，操作如图 5-39 所示。

图 5-39 　tee 命令操作示例

2）wc 命令主要用于统计文件内容，统计文件包含多少个词组或多少行。

> 格式:wc　［选项］　文件名
> 参数: - c:统计文件包含多少字节
> 　　　 - m:统计文件包含多少字符
> 　　　 - l:统计文件包含多少行
> 　　　 - w:统计文件包含多少词
> 　　　 - L:显示文件中最长的一行

【操作实例 5-25】统计 woutput 文件的行数，词数和字符数，操作如图 5-40 所示。

图 5-40 　wc 命令操作示例

114

3）sort 命令用于对标准输出内容或文件进行排序。

> 格式:sort ［选项］ 文件名
> 参数:－b:忽略每行前面开始出的空格字符
> 　　　－c:检查文件是否已经按照顺序排序
> 　　　－d:排序时,除英文字母、数字及空格字符外,忽略其他的字符
> 　　　－f:排序时,将小写字母视为大写字母
> 　　　－i:排序时,除 040 ～ 176 的 ASCII 字符外,忽略其他的字符
> 　　　－m:将几个排序好的文件进行合并
> 　　　－M:将前面 3 个字母依照月份的缩写进行排序
> 　　　－n:依照数值的大小排序
> 　　　－o file:将排序后的结果存入指定的文件 file 中
> 　　　－r:以相反的顺序来排序
> 　　　－t＜分隔字符＞:指定排序时所用的栏位分隔字符
> 　　　－k:以指定的栏位来排序,范围由起始栏位到结束栏位的前一栏位
> 　　　－－help:显示帮助

【操作实例 5-26】 如图 5-41 所示将/etc/passwd 文件按第 3 栏位倒序排序，并将结果保存到 sort. txt 文件中。

```
[root@localhost ~]# sort -t':' -k 3 -nr -o sort.txt /etc/passwd
[root@localhost ~]# head -5 sort.txt
nfsnobody:x:65534:65534:Anonymous NFS User:/var/lib/nfs:/sbin/nologin
scott:x:500:500:scott king:/home/scott:/bin/bash
rtkit:x:499:499:RealtimeKit:/proc:/sbin/nologin
abrt:x:498:498::/etc/abrt:/sbin/nologin
saslauth:x:497:495:"Saslauthd user":/var/empty/saslauth:/sbin/nologin
[root@localhost ~]#
```

图 5-41　sort 命令操作示例

4）tr 命令主要用于将输入的内容进行过滤，按需要的格式进行输出。

> 格式:tr ［选项］ SET1 ［SET2］
> 参数:－c:使用 SET1 的字符集的补集替换字符串
> 　　　－d:删除 SET1 中的字符
> 　　　－s:将 SET1 中重复出现的字符删除,只保留一个
> 　　　－t:将 SET1 转换成 SET2 的格式

【操作实例 5-27】 将某文件内容中的小写字母全部转换成大写字母，操作如图 5-42所示。

```
[root@localhost ~]# echo "abcdefg">trtest
[root@localhost ~]# tr [:lower:] [:upper:]<trtest
ABCDEFG
[root@localhost ~]#
```

图 5-42　tr 命令操作示例

## 5.3 进程管理

系统中正在运行的程序部分称为进程。程序的内存使用量、处理器处理时间和 I/O（Input/Output）资源都是通过进程进行管理与监控的。Linux 是一个多进程（多任务）操作系统，每个程序启动时，可以创建一个或多个进程，并与其他程序创建的进程共同运行在内核空间中。每个进程都可以是一个独立的任务，系统根据内核制度的规则，轮换调度进程被 CPU 执行。

根据进程的特性不同，进程分用户进程和守护进程两种。系统启动后创建的第一个进程是 init 守护进程。由 init 根据系统的运行级别初始化更多其他的守护进程，其中包括用于用户登录的守护进程。用户也可以在登录系统时，手动创建用户进程或守护进程。

### 5.3.1 进程查看

**1. 进程查看命令 ps**

ps 命令是 Linux 系统标准的进程查看工具，通过它可以查看系统中进程的详细信息。

```
格式:ps ［选项］
参数: -a:显示所有用户的所有进程
      -e:显示当前用户的所有进程
      -f:以全格式方式显示进程信息
      -l:以长格式方式显示进程信息
      -p:显示特定 pid 的进程信息
      -r:显示真正执行的进程信息
      -x:显示没有控制终端的进程
      -u:显示特定用户的进程
```

**【操作实例 5-28】**使用 ps -aux 查看系统中所有用户的进程，如图 5-43 所示。

```
[root@bogon ~]# ps aux
USER       PID %CPU %MEM    VSZ   RSS TTY      STAT START   TIME COMMAND
root         1  0.0  0.4   2828  1164 ?        Ss   May08   0:05 /sbin/init
root         2  0.0  0.0      0     0 ?        S    May08   0:00 [kthreadd]
root         3  0.0  0.0      0     0 ?        S    May08   0:00 [migration/0]
root         4  0.0  0.0      0     0 ?        S    May08   0:03 [ksoftirqd/0]
root         5  0.0  0.0      0     0 ?        S    May08   0:00 [watchdog/0]
root         6  0.0  0.0      0     0 ?        S    May08   0:19 [events/0]
root         7  0.0  0.0      0     0 ?        S    May08   0:00 [cpuset]
root         8  0.0  0.0      0     0 ?        S    May08   0:00 [khelper]
root         9  0.0  0.0      0     0 ?        S    May08   0:00 [netns]
root        10  0.0  0.0      0     0 ?        S    May08   0:00 [async/mgr]
root        11  0.0  0.0      0     0 ?        S    May08   0:00 [pm]
root        12  0.0  0.0      0     0 ?        S    May08   0:00 [sync_supers]
root        13  0.0  0.0      0     0 ?        S    May08   0:00 [bdi-default]
root        14  0.0  0.0      0     0 ?        S    May08   0:00 [kintegrityd/0]
root        15  0.0  0.0      0     0 ?        S    May08   0:03 [kblockd/0]
root        16  0.0  0.0      0     0 ?        S    May08   0:00 [kacpid]
```

图 5-43 ps 查看进程

如图 5-43 所示，ps 的输出信息包含了以下信息。

USER:进程所属的用户

PID:进程的 ID 号,通过它来标识进程

%CPU:进程占用的 CPU 比例

%MEM:进程占用的内存比例

VSZ:进程占用的虚拟内存大小

RSS:进程占用的物理内存大小

TTY:控制终端符号

STAT:进程的当前状态

R = 运行状态

S = 睡眠状态

W = 等待状态

T = 暂停状态

Z = 僵死状态

D = 不可中断

<= 高优先级进程

N = 低优先级进程

START:进程启动时间

TIME:进程已经消耗的 CPU 时间

COMMAND:进程的命令名称和参数

## 2. pstree

格式:pstree 以树状形式列出所有进程

参数:当给定参数" - p"时,pstree 会列出进程对应的 PID

【操作实例 5-29】使用 pstree 查看进程,操作如图 5-44 所示。

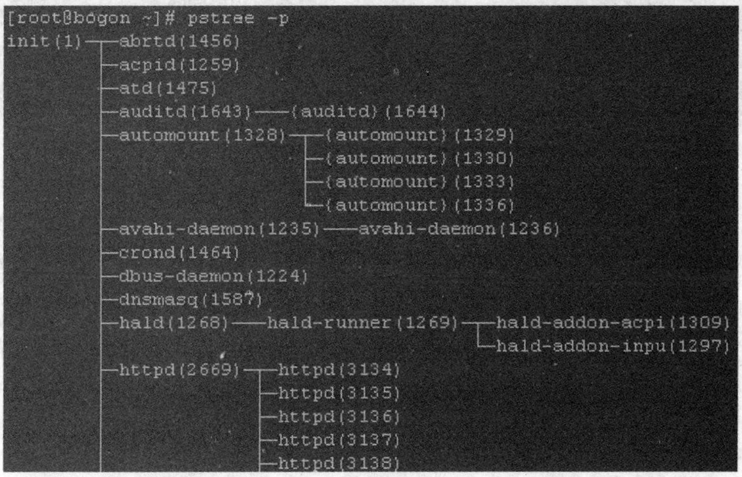

图 5-44    pstree 查看进程

## 3. top

top 是一个动态显示过程,可以显示系统当前的进程和其他状况,并通过用户按键来不断刷新当前状态。如果在前台执行该命令,它将独占前台,直到用户终止该程序为止。准确

地说，top 命令提供了对系统处理器的状态实时监视。它将显示系统中 CPU 最“敏感”的任务列表，可以按 CPU 使用、内存使用和执行时间对任务进行排序。而且该命令的很多特性都可以通过交互式命令或者在个人定制文件中进行设定。

Top 的数据默认 3 s 刷新一次，top 命令还支持以下指令：

```
空格键:立即刷新
M:显示或关闭内存和 swap 的信息
T:显示或关闭 CPU 的信息
P:以 CPU 的使用率排序进程
M:以内存的使用率排序进程
N:以 PID 的倒序顺序显示进程
Q:退出
```

使用 top 命令查看系统进程，如图 5-45 所示。

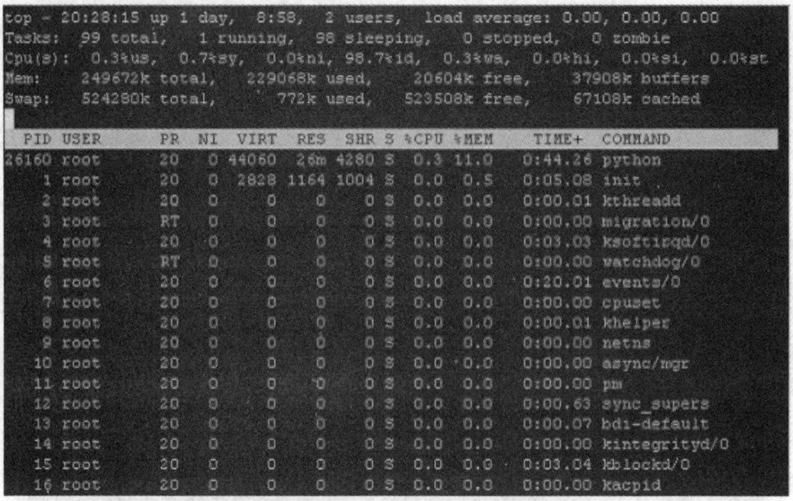
```
top - 20:28:15 up 1 day,  8:58,  2 users,  load average: 0.00, 0.00, 0.00
Tasks:  99 total,   1 running,  98 sleeping,   0 stopped,   0 zombie
Cpu(s):  0.3%us,  0.7%sy,  0.0%ni, 98.7%id,  0.3%wa,  0.0%hi,  0.0%si,  0.0%st
Mem:    249672k total,   229068k used,    20604k free,    37908k buffers
Swap:   524280k total,      772k used,   523508k free,    67108k cached

  PID USER      PR  NI  VIRT  RES  SHR S %CPU %MEM    TIME+  COMMAND
26160 root      20   0 44060  26m 4280 S  0.3 11.0   0:44.26 python
    1 root      20   0  2828 1164 1004 S  0.0  0.5   0:05.08 init
    2 root      20   0     0    0    0 S  0.0  0.0   0:00.01 kthreadd
    3 root      RT   0     0    0    0 S  0.0  0.0   0:00.00 migration/0
    4 root      20   0     0    0    0 S  0.0  0.0   0:03.03 ksoftirqd/0
    5 root      RT   0     0    0    0 S  0.0  0.0   0:00.00 watchdog/0
    6 root      20   0     0    0    0 S  0.0  0.0   0:20.01 events/0
    7 root      20   0     0    0    0 S  0.0  0.0   0:00.00 cpuset
    8 root      20   0     0    0    0 S  0.0  0.0   0:00.01 khelper
    9 root      20   0     0    0    0 S  0.0  0.0   0:00.00 netns
   10 root      20   0     0    0    0 S  0.0  0.0   0:00.00 async/mgr
   11 root      20   0     0    0    0 S  0.0  0.0   0:00.00 pm
   12 root      20   0     0    0    0 S  0.0  0.0   0:00.63 sync_supers
   13 root      20   0     0    0    0 S  0.0  0.0   0:00.07 bdi-default
   14 root      20   0     0    0    0 S  0.0  0.0   0:00.00 kintegrityd/0
   15 root      20   0     0    0    0 S  0.0  0.0   0:03.04 kblockd/0
   16 root      20   0     0    0    0 S  0.0  0.0   0:00.00 kacpid
```

图 5-45　top 查看进程

如图 5-45 所示，top 命令显示的第 1 行显示了系统已经运行的时间，系统的当前时间，活动的用户数及系统的最近 1、5、15 min 的平均负载情况；第 2 行，显示系统总共有 99 个进程，1 个正在执行，98 个处于睡眠状态，没有暂停和僵死状态的进程；第 3 行，显示了 CPU 的使用情况，us 表示用户进程占用率，sy 表示系统进程占用率；第 4 行，显示了物理内存的使用情况；第 5 行，显示了 swap 交换空间的使用情况。

## 5.3.2　进程控制

### 1. 调整进程优先级

对于同一个 CPU，在同一时间内只能执行一个程序。CPU 执行哪个进程，是由内核进行调度的。其中进程优先级是影响进程调度的一个重要因素，它决定了该进程是否可以更快或更多地获得 CPU 资源。

进程的优先级是在进程创建时决定的，可以默认从父进程中继承优先级。用户也可以在创建进程时使用 nice 命令来设置，或在执行时使用 renice 命令进行调整。进程的属主可以降低进程的优先级，但不能增加优先级，哪怕是恢复到修改前的默认值也不行。超级用户可以任意设置进程的优先级。进程优先级的允许范围是 −20 ~ +19，数值越低表示该进程优先级越高。

**【操作实例5-30 操作1】** 使用 nice 命令在 named 启动时，将其优先级降低5。操作如图5-46所示。

```
[root@localhost ~]#nice -n 5 /etc/init.d/named start
Starting named:                                        [  OK  ]
You have new mail in /var/spool/mail/root
[root@localhost ~]#ps -eo "%p %n %y %z %x %c" |grep named
 2358    5 ?           47192 00:00:00 named
[root@localhost ~]#service named stop
Stopping named: .                                      [  OK  ]
[root@localhost ~]#service named start
Starting named:                                        [  OK  ]
[root@localhost ~]#ps -eo "%p %n %y %z %x %c" |grep named
 2442    0 ?           47192 00:00:00 named
[root@localhost ~]#
```

图5-46　nice 设置进程的优先级

如图5-46所示，ps −eo 选项第2列为进程的优先级，通过两次不同的 named 启动方式对比，可以明显看到使用 nice 命令将 named 的进程优先级降低了（值越大，优先级越低）。

**【操作实例5-30 操作2】** 使用 renice 命令调整进程的优先级，这里还是以 named 进程为例，将其优先级设为 −10，提高其优先级。操作如图5-47所示。

```
[root@localhost ~]#ps -eo "%p %n %y %z %x %c" |grep named
 2442    0 ?           47192 00:00:00 named
[root@localhost ~]#renice -10 2442
2442: old priority 0, new priority -10
[root@localhost ~]#ps -eo "%p %n %y %z %x %c" |grep named
 2442  -10 ?           47192 00:00:00 named
[root@localhost ~]#
```

图5-47　renice 调整进程优先级

**2. 结束进程**

使用 kill 命令结束进程。kill 命令只接受进程 ID 号，即 PID。所以结束进程之前需要查找出进程的 PID。可以使用前面介绍的 ps、top、pstree 等命令找出 PID，然后再使用 kill 结束该进程。

格式:kill ［−9］PID
参数:PID:利用 ps 或其他命令查询到的进程号
　　　−9:强行结束一个进程

【操作实例 5-31】假设 named 进程卡住了，无法正常结束，此时就需要使用 kill 命令来结束掉这个进程。这里使用 ps 命令查出进程 ID 号为"2442"，然后使用 kill 命令结束该进程。操作如图 5-48 所示。

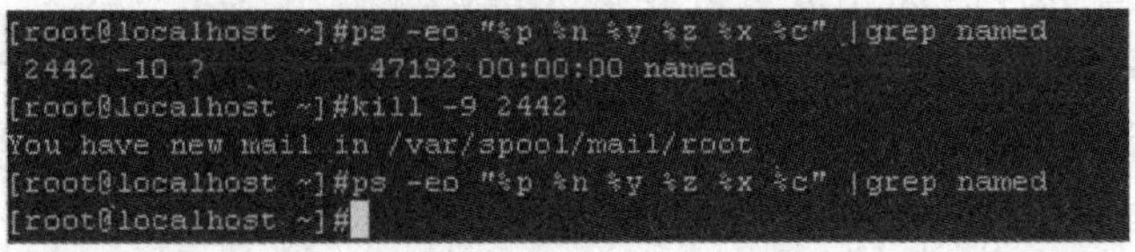

```
[root@localhost ~]#ps -eo "%p %n %y %z %x %c" |grep named
2442 -10 ?          47192 00:00:00 named
[root@localhost ~]#kill -9 2442
You have new mail in /var/spool/mail/root
[root@localhost ~]#ps -eo "%p %n %y %z %x %c" |grep named
[root@localhost ~]#
```

图 5-48　结束进程

> **知识扩展**：如果需要终止当前终端前台运行的程序，则直接按〈Ctrl + C〉组合键即可终止这个程序的运行。

### 5.3.3　自动化任务

**1. at**

at 命令可以在指定的时间执行特定的序列命令使用 at 命令至少需要指定一个命令和一个执行时间。指定的时间，可以是时间与日期的组合，但日期必须在时间之后。

格式:at　［- V］［- q 队列］时间［命令］
参数: - V:将标准版本号打印到标准错误中
　　　- qqueue:使用指定的队列。队列名称是由单个字母组成,合法的队列名能够由 a - z 或 A
　　　- Z,默认队列是 a
　　　- m:作业结束后发送邮件给执行 linux at 命令的用户
　　　- f file:使用该选项将使命令从指定的 file 中读取,而不是从标准输入读取
　　　- l:atq 命令的一个别名。该命令用于查看安排的作业序列,它将列出用户排在队中的作业,假如是终极用户,则列出队列中的所有工作

如果指定在今天下午 6:30 执行某命令。假设现在时间是中午 13:30，2013 年 6 月 24 日，其命令格式如下。

at 18:30
at 18:30 today
at now + 5 hours
at now + 300 minutes
at 18:30 2013 - 6-24
at 18:306/24/2013
at 18:30 Jun 24

**【操作实例5-32】** 找出最近一个月编辑过的文件，可以使用 find 命令进行查找。但由于工作量较大，用户可以使用 at 命令指定时间，在计算机空闲的时候也可以执行该任务。操作如图 5-49 所示。

```
[root@localhost ~]#at 22:00 today
at> find / -mtime -30 |xargs ls -l >/root/findOutput.txt
at> 2>/root/Error.txt
at> <EOT>
job 9 at 2012-06-28 22:00
[root@localhost ~]#atq
9        2012-06-28 22:00 a root
```

图 5-49　添加 at 任务

可以使用 atq 命令显示 at 序列的任务列表，也可以使用 at -l 代替 atq 命令。添加完 at 任务后，在任务尚未执行之前，如果改变了计划，需要删除任务，则可以使用 atrm 命令删除指定编辑的任务。如图 5-50 所示，删除编辑为 9 的 at 任务。

```
[root@localhost ~]#at -l
9        2012-06-28 22:00 a root
[root@localhost ~]#atrm 9
[root@localhost ~]#atq
[root@localhost ~]#
```

图 5-50　删除 at 任务

## 2. cron

使用 cron 命令可以非常方便地设置一些需要周期性重复执行的任务。cron 可以根据时间、日期、月份、星期的组合来设置周期性任务。cron 依赖于 vixie-cron 软件包，使用之前应当确认系统已经安装该软件。通常系统已经默认为安装。

cron 的主配置文件是/etc/crontab，其内容如图 5-51 所示。

```
SHELL=/bin/bash
PATH=/sbin:/bin:/usr/sbin:/usr/bin
MAILTO=root
HOME=/

# run-parts
01 * * * * root run-parts /etc/cron.hourly
02 4 * * * root run-parts /etc/cron.daily
22 4 * * 0 root run-parts /etc/cron.weekly
42 4 1 * * root run-parts /etc/cron.monthly
```

图 5-51　cron 配置文件内容

如图 5-51 所示，前面 4 行是设置 cron 运行时相应的环境变量，run-parts 以下部分则是指实际的任务。每一行记录代表一个任务，其格式如图 5-52 所示。

在/etc/crontab 中通常只设置系统默认需要执行的任务。如果用户需要添加 cron 任务，则可以执行 crontab 命令来编辑。

```
# Example of job definition:
# .---------------- minute (0 - 59)
# |  .------------- hour (0 - 23)
# |  |  .---------- day of month (1 - 31)
# |  |  |  .------- month (1 - 12) OR jan,feb,mar,apr ...
# |  |  |  |  .---- day of week (0 - 6) (Sunday=0 or 7) OR sun
# |  |  |  |  |
# *  *  *  *  *  command to be executed
```

图 5-52　cron 任务格式

格式:crontab　〔-u user〕〔选项〕
参数:-l:小写字母 l,即 list 的意思,显示当前用户的 cron 任务
　　　-e:编辑当前用户的 cron 任务
　　　-r:删除当前用户的 cron 任务
　　　-u:为指定的用户编辑 cron 任务

【操作实例 5-33】编辑 root 用户的 cron 任务来添加一个任务，即每月 1 号凌晨 2∶10 执行 find 命令，查找过去 1 个月内有过修改的文件，并将其导入到/tmp/modify.txt 文件中。完成编辑后，按〈Ctrl + D〉组合键或"∶wq"保存退出。操作如图 5-53 所示。

```
[root@localhost ~]#crontab -e
10 2 1 * *  /usr/bin/find / -name *.txt -mtime -30 >/tmp/modify.txt
```

图 5-53　编辑 cron 任务

如果想查询当前用户是否有 cron 任务，或查看有哪些 cron 任务，使用 crontab 命令的 -l 选项即可完成。例如，查看 root 用户的 cron 任务，操作如图 5-54 所示。

```
[root@localhost ~]#crontab -l
10 2 1 * *  /usr/bin/find / -name *.txt -mtime -30 >/tmp/modify.txt
[root@localhost ~]#
```

图 5-54　查看 cron 任务

如果想删除当前用户的 cron 任务，使用命令 crontab 命令的 -r 选项即可完成。例如，删除 root 用户的 cron 任务，如图 5-55 所示。

```
[root@localhost ~]#crontab -r
[root@localhost ~]#crontab -l
no crontab for root
[root@localhost ~]#
```

图 5-55　删除 cron 任务

所有用户的 cron 任务都被保存在/var/spool/cron 的文件中，文件与用户名称相同。例如，保存 root 用户的 cron 任务的文件是/var/spool/cron/root。可以使用 vi 直接对 cron 保存的文件进程编辑，其效果与使用 crontab 的效果是一样的。

编辑 cron 任务后需要重新启动 crond 服务，才能使配置文件生效。crond 是 cron 任务的守护进程，要保证 cron 任务能正常执行，crond 服务必须已经正常运行。还可以使用 service 命令来管理 crond 服务。例如，启动、停止或重新启动 crond 服务，操作如图 5-56 所示。

```
[root@localhost ~]#service crond stop
Stopping crond:                                          [  OK  ]
[root@localhost ~]#service crond start
Starting crond:                                          [  OK  ]
[root@localhost ~]#service crond restart
Stopping crond:                                          [  OK  ]
Starting crond:                                          [  OK  ]
[root@localhost ~]#
```

图 5-56　crond 服务管理

 本章小结

shell 是一个使用者和操作系统之间的一个互动接口，也是 Linux 操作的基础。本章第一部分详细介绍了 shell 的基础知识。第二部分介绍了文件与目录的管理，系统论述了文件的 7 种类型、文件的基本属性、文件的权限、文件与目录的相关命令。第三部分则讲解了 Linux 的进程管理，包括进程查看、进程控制和自动化任务。

 课后习题

**一、填空题**

1. shell 是一个使用者和操作系统之间的一个（　　），简称为（　　）。

2. 在 Linux 系统中，执行任何一条命令，默认会有三个文件描述符，分别是（　　）、（　　）、（　　）。

3. 在 Linux 系统中执行（　　）命令来显示当前的系统环境变量。

4. 常见的系统环境变量中（　　）的功能是取得使用者的 home 目录，（　　）的功能是显示命令行的提示符。

5. 在 shell 中，可以在命令后面紧跟字符（　　），将命令放在后台执行。也可以使用快捷键（　　）暂停命令的执行，并放入后台，然后再执行（　　）使该命令在后台执行。使用（　　）将后台执行的命令调入前台执行。

6. 用户可以使用（　　）命令为命令创建别名。

7. 命名管道是一个可以在不同进程间传递数据的特殊（　　）。

8. 用户可以使用命令（　　）来判断文件的类型。

9. Linux 系统中文件的属性可以使用（　　）查看。

10. 系统中正在运行程序称为（　　）。程序的内存使用量、处理器处理时间和 I/O 资源都是通过其进行管理与监控的。

**二、选择题**

1. shell 也是一种（　　）。

A. 程序设计语言      B. 浏览器

C. 机器指令系统      D. 以上都不对

2. 与任意长度的字符串匹配的通配符是（   ）。

    A. ?                      B. *

    C. {a, b}             D. [! ... ]

3. shell 输入的命令不完整时，可以通过按（   ）键来完成命令的自动补齐。

    A. 〈Shift〉            B. 〈Ctrl〉

    C. 〈Alt〉               D. 〈Tab〉

4. 在 Linux 系统中标准输入默认是键盘，代码为（   ）。

    A. 0                      B. 1

    C. 2                      D. 3

5. 在 Linux 系统中通常使用字符（   ）来创建一个管道。

    A. |                      B. <<

    C. >>                   D. $ $

6. Linux 系统用于保存程序名称的预定义变量是（   ）。

    A. $ #              B. $ ?

    C. $ 0               D. $ @

7. 使用 at 命令可以在指定的时间执行特定的序列命令。以下说法不正确的是（   ）。

    A. 使用 at 命令至少需要指定一个命令和一个执行时间

    B. 指定的时间，可以是时间与日期的组合

    C. 日期必须在时间之后

    D. 可以使用 – b 参数使用指定的队列

8. 符号链接相当于 Windows 系统中的（   ）。

    A. 快捷方式           B. 可执行文件

    C. 命令文件           D. 批处理文件

9. （   ）命令是 Linux 系统标准的进程查看工具，通过它可查看系统中进程的详细信息

    A. ls                      B. pstree

    C. ps                      D. top

10. 使用（   ）命令可以在指定的时间执行特定的序列命令

    A. at                     B. cron

    C. ps                      D. top

### 三、判断题

1. shell 可以被系统中的其他的程序调用，但不可调用系统中的其他程序。（    ）

2. Linux 系统中每一个命令都只有一种参数可以设定。（    ）

3. 除了预定义变量外，Linux 还可以自定义变量。（    ）

4. shell 可以调用系统的程序命令，还有和其他高级设计语言一样语法规则。（    ）

5. 所有用户的 cron 任务都保存在/var/spool/cron 的文件中，文件与用户名称相同。

（    ）

6. 使用 ps –aux 可以查看系统中所有用户的进程。(　　　)

7. top 命令的功能相当于 Windows 系统的任务管理器，top 可以实时的显示进程的状态，默认每 1 s 更新一次。(　　)

8. kill 命令只接受进程 ID 号。(　　)

9. 找出最近一个月编辑过的文件，可以使用 find 命令进行查找。(　　)

10. cron 可以根据时间、日期、月份、星期的组合来设置周期性任务。(　　　)

**四、问答题**

1. shell 有哪几种通配符，其功能是什么？

2. Linux 规定了几种文件类型？分别是什么？

# 第6章 软件管理

Linux 在磁盘与文件管理上与 Windows 系统有很大的不同，不但磁盘分区的划分方式不同，而且文件系统的格式也有所区别。Linux 在软件安装上不像 Windows 那样的便利，它需要进行系统学习，才能对 Linux 磁盘与文件管理驾轻就熟。本章将系统讲解 Linux 的磁盘管理、Linux 的文件管理、Linux 的软件安装与管理 3 方面的内容。

## 6.1 Linux 软件包的存在形式

随着 Linux 技术的发展，Linux 操作系统下的软件越来越丰富。这些软件为 Linux 下的应用提供了有力的保障，但其安装方法却不同于 Windows，有些初学者甚至会感觉很麻烦。本节将对 Linux 下的软件包形式进行全面介绍。

### 6.1.1 Linux 软件包概述

Linux 下的软件包和格式很多，最常用的是 RMP 格式和 TAR 格式。互联网上提供的流行 Linux 软件包也多为以上两种格式。目前 RMP 格式的软件包越来越多，针对其的管理主要有两种方式，一是 RPM 软件包管理，二是 YUM 软件包管理。本章中主要讲解 RPM 软件包管理。

### 6.1.2 Linux 下常见的软件包存在形式

#### 1. RPM 包

RPM 是（Red Hat Package Manager）Red Hat 包管理器的简称。RPM 本质上就是一个包，包含可以立即在特定机器体系结构上安装和运行的 Linux 软件。编译成功之后，将打包的文件放在这个目录中，包括 i386，i586，i686，noarch 等目录。

#### 2. SRPM 包

SRPM 类似 RPM 包。如果需生成 src. rpm 形式，会打包到此目录。Source RPM 表示这个 RPM 档案里面含有原始码（Source Code）。特别注意的是，SRPM 所提供的套件内容并没有经过编译，是原始码。通常 SRPM 的附档名是以 *. src. rpm 这种格式来命名的。

#### 3. TAR 包、TAR. GZ 包、TAR. BZ2 包和 zip 包

在 Windows 系统下最常见的压缩文件是 zip 和 rar，Linux 系统则不同，它有 gz、gz 和 tar. gz、tgz、bz2、Z、tar 等众多的压缩文件名。此外 Windows 系统下的两种压缩文件也可以在 Linux 下使用。

打包是指将许多文件和目录变成一个总的文件，压缩则是将一个大的文件通过一些压缩算法变成一个小文件。Linux 系统中的很多压缩程序只能针对一个文件进行压缩。这样当需要压缩一堆文件时，需先借助其他的工具将文件打成包，然后再就原来的压缩程序进行压缩。

## 6.2 RPM 软件包的安装与管理

计算机依靠大量软件来完成各项应用，所有的软件都以文件的形式存储在计算机的磁盘空间中。在 Linux 操作系统下，几乎所有的软件均通过 RPM 进行安装、卸载及管理等操作。在 Linux 系统中，如何有效地对存储空间进行管理，是使用磁盘的一项基本技能。

### 6.2.1 RPM 软件包概述

RPM 是以一种数据库记录的方式将所需要的套件安装到 Linux 主机的一套管理程序。

#### 1. RPM 软件包

RMP 是一种用于互联网下载包的打包及安装工具，包含在 Linux 发行版软件中，文件扩展名为 RPM。RPM 原始设计理念是开放式的，现在包括 OpenLinux、S. u. S. E. 以及 Turbo Linux 等 Linux 的发行版本都采用了 RPM 软件包。目前已经成为 Linux 公认的行业标准。RPM 文件是 Linux 系统中安装最简便的软件包。

简而言之，RMP 最大的特点就是将需要安装的套件先编译并且打包好，透过包装好的套件中预设的数据库记录，记录这个套件安装的时候必需的相依属性模块，即 Linux 主机需要先存在的几个必需的套件。当安装到 Linux 主机时，RPM 会先依照套件里的记录数据，查询 Linux 主机的相依属性套件是否满足，若满足则予以安装，不满足则不予安装。安装的时候将该套件的信息整体写入 RPM 的数据库中，以方便未来的查询、验证与反安装。其优点是：

1）由于编译完成并且打包完毕，所以安装方便，不需要重新编译。

2）由于套件的信息已记录在 Linux 主机的数据库上，方便查询、升级与反安装。

由于 RPM 程序是已经包装好的数据，里面的数据都已编译完成。所以，安装时需要当初的主机环境才能安装，即当初建立这个套件的安装环境必须也在主机上时才能完成安装。例如 rp – pppoe 这个 ADSL 拨接套件，必须要在 ppp 这个套件存在的环境下才能进行安装。如果主机没有 ppp 这个套件，除非用户事先安装 ppp，否则 rp – pppoe 是无法安装的（如果强制安装，则通常都会有其他问题发生）。所以，通常不同 distribution 所释出的 RPM 档案，并不能用在其他的 distributions 中。如，Red Hat 释出的 RPM 档案，通常无法直接在 Mandrake 上面进行安装。更有甚者，不同版本之间也无法互通，例如 Mandrake 9. 0 的 RPM 档案就无法直接套用在 8. 2 上面。因此，这样可以发现其缺点是：

1）安装的环境必须与打包时的环境需求一致或相当。

2）需要满足套件的相依属性需求。

3）反安装时需要特别小心，最底层的套件不可先移除，否则可能造成整个系统的故障问题。

那么，用户该如何克服这些缺点呢？答案是，可以利用 SRPM。之前提到 SRPM 提供的是原始码，既然如此，为什么不使用 Tarball 直接来安装？这是因为 SRPM 虽然内容是原始码，但是它仍然含有该套件所需要的相依性套件说明，以及所有 RPM 档案所提供的数据。同时，与 RPM 不同的是，SRPM 也提供了参数设定档（就是 configure 与 makefile）。所以，如果用户下载的是 SRPM，在要安装该套件时，RPM 套件管理员将会：

1）将该套件以 RPM 管理的方式编译。

2）将编译完成的 RPM 档案安装到 Linux 系统当中。

与 RPM 档案相比，SRPM 多了一个重新编译的动作，而且编译完成后会产生 RPM 档案。

为什么 SRPM 还要重新编译一次，却不直接使用 RPM 来安装？通常一个套件在释出的时候，都会同时释出该套件的 RPM 与 SRPM。RPM 档案必须要在相同的 Linux 环境下才能够安装。而 SRPM 既然是原始码的格式，就可以透过修改 SRPM 内的参数设定档，再重新编译产生能适合 Linux 环境的 RPM 档案。如此一来，就可以将该套件安装到系统当中，而不必与原作者打包的 Linux 环境相同。

**2. RPM 软件包的命名方法**

大多数 Linux RPM 软件包的命名有一定的规律，它遵循名称－版本－修正版－类型的格式，如 MYsoftware－1.2－1.i386.rpm。

**3. rpm 安装命令**

rpm －i［安装选项 1 安装选项 2］…［安装文件 1］［安装文件 2］…

说明：参数 i 等同于 intall。安装文件 1、安装文件 2…是将要安装的 RPM 包的文件名。详细安装选项及说明如表 6-1 所示。

表 6-1　安装选项及说明

| 安 装 选 项 | 说　　明 | 安 装 选 项 | 说　　明 |
| --- | --- | --- | --- |
| － excludedocs | 不安装软件包中的文档文件 | － nodeps | 不检查依赖关系 |
| － force | 忽略软件包及文件的冲突 | － noscripts | 不运行预安装和后安装脚本 |
| － ftpport port | 指定 FTP 的端口号为 port | － percent | 以百分比的形式显示安装进度 |
| － ftpproxy host | 用 host 作为 FTP 代理 | － prefix path | 安装到由 path 指定的路径下 |
| － h（or － hash） | 安装时输出 hash 记号（#） | － revlacefiles | 安装替换属于其他软件包的文件 |
| － ignorearcn | 不校验软件包的结构 | － replacepkgs | 强制重新安装已安装的软件包 |
| － ignoreos | 不检查软件包运行的操作系统 | － test | 只对安装进行测试，不实际安 |
| － includedocs | 安装软件包中的文档文件 | －－ nomd5 | 不检查 RPM 档案所含的 MD5 信 |

## 6.2.2　安装软件包

RPM 有 5 种基本操作模式：安装、卸装、升级、查询和校验。

**1. 语法**

rpm － ivh［RPM 包文件名称］

**2. 说明**

1）i：表示安装软件包。

2）v：表示在安装过程中显示详细的信息。

3）h：表示显示水平进度条。

**3. 实例**

【操作实例 6-1】 安装 zsh – html – 4. 2. 6–3. e15. i386. rpm 软件包。

#rpm – ivh httpd – 2. 2. 15–5. el6. centos. i686. rpm

在终端窗口中输入命令，如图 6-1 所示。

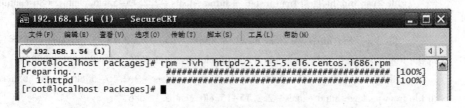

图 6-1　安装软件包

1）如果安装成功，系统会显示软件包的名称，然后在软件包安装时在屏幕上打印"#"显示安装的进度，显示如下信息。

Preparing. . . ######################################## ［100%］
1 : httpd ######################################## ［100%］

2）如果某软件包的同一版本已经安装，系统会显示如下信息。

Preparing. . . ######################################## ［100%］
package httpd – 2. 2. 15–5. el6. centos. i686 is already installed

3）如果在软件包已安装的情况下仍打算安装同一版本的软件包，可以使用"—replacepkgs"选项忽略错误。

【操作实例 6-2】 在 httpd – 2. 2. 15–5. el6. centos. i686 已安装的情况下仍然安装该软件包。

# rpm – ivh – – replacepkgs httpd – 2. 2. 15–5. el6. centos. i686. rpm

在终端中输入命令，如图 6-2 所示。

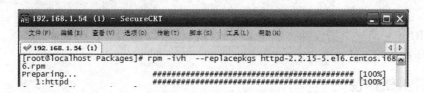

图 6-2　继续安装软件包

1）如果试图安装的软件包中包含已被另一个软件包或同一软件包的早期版本安装了的文件，系统会显示如下信息。

```
Preparing. . .                    ###########################################[100%]
        package httpd − tools − 2. 2. 15 − 15. el6. centos. 1. i686（which is newer than httpd − tools −
2. 2. 15−5. el6. centos. i686）is already installed
        file /usr/bin/ab from install of httpd − tools − 2. 2. 15 − 5. el6. centos. i686 conflicts with file
from package httpd − tools − 2. 2. 15 − 15. el6. centos. 1. i686
        file /usr/bin/htdbm from install of httpd − tools − 2. 2. 15 − 5. el6. centos. i686 conflicts with
file from package httpd − tools − 2. 2. 15 − 15. el6. centos. 1. i686
        file /usr/bin/htdigest from install of httpd − tools − 2. 2. 15 − 5. el6. centos. i686 conflicts with
file from package httpd − tools − 2. 2. 15 − 15. el6. centos. 1. i686
        file /usr/bin/htpasswd from install of httpd − tools − 2. 2. 15 − 5. el6. centos. i686 conflicts
with file from package httpd − tools − 2. 2. 15 − 15. el6. centos. 1. i686
        file /usr/bin/logresolve from install of httpd − tools − 2. 2. 15 − 5. el6. centos. i686 conflicts
with file from package httpd − tools − 2. 2. 15 − 15. el6. centos. 1. i686
```

使用" −− replacefiles"可以忽略这个错误。

使用"httpd − tools − 2. 2. 15 − 5. el6. centos. i686. rpm"软件包冲突，忽略错误继续安装。

```
#rpm  − ivh −− replacefiles httpd − tools − 2. 2. 15 − 5. el6. centos. i686. rpm
```

## 6. 2. 3  卸载软件包

### 1. 语法

```
rpm − e［RPM 包名称］
```

### 2. 选项说明

− e：表示卸载软件包。

【操作实例6−3】卸载 zsh − html 软件包。

```
#rpm  − ehttpd
```

在卸载软件包时使用软件包名称"httpd"，而不是软件包文件名称"httpd − 2. 2. 15 −
5. el6. centos. i686"。

在卸载某软件包时也会遇到依赖关系错误。当另一个已安装的软件包依赖于用户试图删
除的软件包时，依赖关系错误就会发生。例如：

```
error：Failed dependencies：
        httpd − tools = 2. 2. 15 − 5. el6. centos is needed by （installed）httpd − 2. 2. 15 −
5. el6. centos. i686
```

要使 RPM 忽略这个错误并强制删除该软件包，可以使用"—nodeps"选项。但是依赖
于它的软件包可能无法正常运行。

## 6. 2. 4  升级软件包

### 1. 语法

```
rpm − Uvh［RPM 包文件名称］
```

**2. 选项说明**

Uvh：表示升级软件包。

**【操作实例6-4】** 升级 foo－2.0－1.i386.rpm 软件包。

> # rpm －Uvh httpd－2.2.15－5.el6.centos.i686.rpm

在终端中输入命令如图6-3所示。

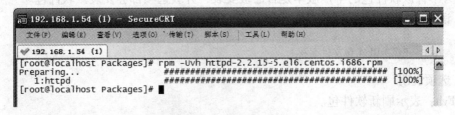

图6-3　升级软件包

升级软件包实际上是删除和安装的组合。因此，在 RPM 软件包升级过程中，还会碰到另一个错误，如果 RPM 认为用户正试图升级到软件包的早期版本，系统会显示如下信息：

> Preparing...　　　　　　　　############################################ ［100%］
> 　　　　package httpd－tools－2.2.15－15.el6.centos.1.i686（which is newer than httpd－tools－
> 2.2.15－5.el6.centos.i686）is already installed

终端中显示的错误信息如图6-4所示。

图6-4　终端中显示的错误信息

要使 RPM 软件包强制升级，可以使用"－－oldpackage"选项。

**【操作实例6-5】** 强制升级 httpd－tools－2.2.15－5.el6.centos.i686.rpm 软件包。

> #rpm －Uvh －－oldpackagehttpd－tools－2.2.15－5.el6.centos.i686.rpm

在终端中输入命令如图6-5命令。

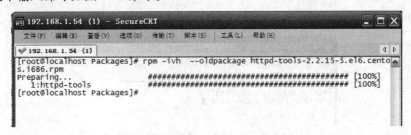

图6-5　输入命令升级 foo－1.0－1.i386.rpm 软件包

### 6.2.5 刷新软件包

使用 RPM 刷新软件包时，系统会比较指定的软件包的版本和系统上已安装的版本。当 RPM 的刷新选项处理的版本比已安装的版本更新时，它就会升级到较新的版本。然而，如果某软件包先前没有安装，RPM 的刷新选项将不会安装该软件包。这和 RPM 的升级选项不同，因为不管该软件包的早期版本是否已被安装，升级选项都会安装该软件包。

**1. 语法**

> rpm －Fvh［RPM 包文件名称］

**2. 选项说明**

－Fvh：表示刷新软件包。

【**操作实例 6-6**】刷新 httpd－tools－2.2.15－5.el6.centos.i686.rpm 软件包。

> #rpm －Fvhhttpd－tools－2.2.15－5.el6.centos.i686.rpm

刷新 foo－2.0－1.i386.rpm 软件包，可在终端中输入如图 6-6 所示的命令。

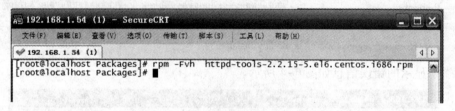

图 6-6　输入命令刷新 foo－2.0－1.i386.rpm 软件包

### 6.2.6 查询软件包

**1. 查询软件包安装的信息**

使用 rpm－q 命令查询软件包安装的信息，会显示已安装软件包的名称、版本和发行号码。

> rpm －q［RPM 包名称］

【**操作实例 6-7**】查询 dhcp 软件包是否安装。

> #rpm －q dhcp
> package dhcp is not installed
> //查询到 foo 软件包没有安装

在终端中输入命令，如图 6-7 所示。

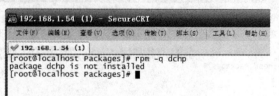

图 6-7　查询 dhcp 软件包是否安装

【操作实例6-8】 查询 bind 软件包是否安装。

> #rpm – qhttpd
> httpd – 2. 2. 15–15. el6. centos. 1. i686
> //查询到 bind 软件包已经安装

在终端中输入命令，如图 6-8 所示。

图6-8 查询 bind 软件包是否安装

## 2. 查询系统中所有已安装的 RPM 软件包

> #rpm – qa

【操作实例6-9】 查询系统内所有已安装的 RPM 软件包。

> # rpm – qa
> abrt – addon – ccpp – 1. 1. 13 – 4. el6. i686
> logrotate – 3. 7. 8 – 12. el6. i686
> m17n – db – punjabi – 1. 5. 5–1. 1. el6. noarch
> filesystem – 2. 4. 30 – 2. 1. el6. i686
> gvfs – archive – 1. 4. 3 – 9. el6. i686
> pth – 2. 0. 7–9. 3. el6. i686
> m17n – db – telugu – 1. 5. 5–1. 1. el6. noarch
> cjkuni – fonts – common – 0. 2. 20080216. 1 – 34. el6. noarch
> java – 1. 6. 0 – openjdk – devel – 1. 6. 0. 0 – 1. 21. b17. el6. i686
> python – 2. 6. 5–3. el6. i686
> m17n – db – gujarati – 1. 5. 5–1. 1. el6. noarch
> dmz – cursor – themes – 0. 4 – 4. el6. noarch
> cpuspeed – 1. 5–15. el6. i686
> boost – python – 1. 41. 0 – 11. el6. i686
> libXfixes – devel – 4. 0. 4 – 1. el6. i686
> kbd – misc – 1. 15–11. el6. noarch
> usbutils – 0. 86–2. el6. i686
> avahi – autoipd – 0. 6. 25–8. el6. i686
> report – newt – 0. 18 – 7. el6. centos. i686
> compat – libgcc – 296–2. 96–144. el6. i686
> kernel – 2. 6. 32 – 71. el6. i686
> ...........................................

**3. 查询指定已安装软件包的描述信息**

使用 rpm – qi［RPM 包名称］命令显示软件包的名称、描述、发行版本、大小、制造日期、生产商以及其他选项。

【操作实例 6-10】查询 bind 软件包的描述信息。

```
［root@ localhost Packages］# rpm – qi bind
Name          : bind                 Relocations：( not relocatable )
Version       :9. 7. 0                Vendor：CentOS
Release       : 5. P2. el6            Build Date：2010 年 11 月 11 日 星期四 04 时 58 分 12 秒
Install Date：2012 年 04 月 13 日 星期五 14 时 27 分 05 秒    Build Host：c6b4. bsys. dev. centos. org
Group         : System Environment/Daemons      Source RPM：bind – 9. 7. 0 – 5. P2. el6. src. rpm
Size          : 6664309                License：ISC
Signature     : RSA/8 ,2011 年 07 月 03 日 星期日 12 时 00 分 57 秒, Key ID 0946fca2c105b9de
Packager      : CentOS BuildSystem < http://bugs. centos. org >
URL           : http://www. isc. org/products/BIND/
Summary       : The Berkeley Internet Name Domain ( BIND ) DNS ( Domain Name System ) server
Description   :
BIND ( Berkeley Internet Name Domain ) is an implementation of the DNS
( Domain Name System ) protocols.  BIND includes a DNS server ( named ),
which resolves host names to IP addresses；a resolver library
( routines for applications to use when interfacing with DNS )；and
tools for verifying that the DNS server is operating properly.
```

**4. 查询指定已安装软件包所含的文件列表**

使用 rpm – ql［RPM 包名称］

【操作实例 6-11】查询 bind 软件包所包含的文件列表。

```
#rpm – ql bind
/etc/dbus – 1/system. d/named. conf
/etc/logrotate. d/named
/etc/named. conf
/etc/rc. d/init. d/named
/etc/rndc. conf
/etc/rndc. key
/etc/sysconfig/named
/usr/sbin/bind – chroot – admin
/usr/sbin/dns – keygen
/usr/sbin/dnssec – keygen
/usr/sbin/dnssec – signzone
/usr/sbin/lwresd
/usr/sbin/named
/usr/sbin/named – bootconf
/usr/sbin/named – checkconf
```

```
/usr/sbin/named – checkzone
/usr/sbin/namedGetForwarders
/usr/sbin/namedSetForwarders
/usr/sbin/rndc
/usr/sbin/rndc – confgen
/usr/share/dbus – 1/services/named. service
/usr/share/doc/bind – 9. 3. 6
/usr/share/doc/bind – 9. 3. 6/CHANGES
/usr/share/doc/bind – 9. 3. 6/COPYRIGHT
.........................................
```

## 5. 查询软件包的依赖要求

使用 rpm – qR［RPM 包名称］命令查询软件包的依赖要求。

【操作实例 6-12】查询 bind 软件包的依赖关系。

```
rpm – qR bind
/etc/NetworkManager/dispatcher. d/13 – named
/etc/logrotate. d/named
/etc/named
/etc/named. conf
/etc/named. iscdlv. key
/etc/named. rfc1912. zones
/etc/rc. d/init. d/named
/etc/rndc. conf
/etc/rndc. key
/etc/sysconfig/named
/usr/lib/bind
/usr/sbin/arpaname
/usr/sbin/ddns – confgen
/usr/sbin/dnssec – dsfromkey
/usr/sbin/dnssec – keyfromlabel
/usr/sbin/dnssec – keygen
/usr/sbin/dnssec – revoke
/usr/sbin/dnssec – settime
.....................................
```

## 6. 查询系统中指定文件属于哪个软件包

使用 rpm – qf［文件名］查询系统中指定文件属于哪个软件包。当指定文件时，必须指定文件的完整路径（如/etc/logrotate. d/named）。

【操作实例 6-13】查询/etc/logrotate. d/named 文件属于哪个软件包。

```
# rpm – qf /etc/logrotate. d/named
bind – 9. 7. 0 – 5. P2. el6. i686
```

在终端中窗口输入命令，如图6-9所示。

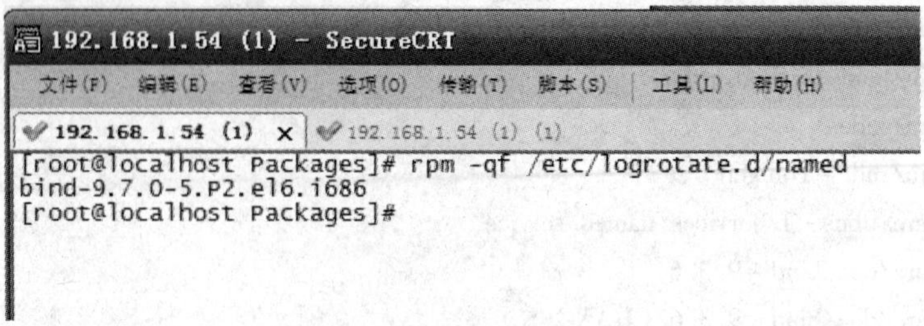

图6-9　查询/etc/logrotate. d/named 文件属于哪个软件包

## 6.2.7　校验软件包

校验软件包将检查软件包安装的文件和原始软件包中的同一文件的信息。它校验每个文件的大小、MD5 值、权限、类型、所有者和组群。

**【操作实例6-14】** 校验所有在 bind 软件包内的文件。

```
[root@ localhost  ~ ]# rpm  – V bind
[root@ localhost  ~ ]#
```

**【操作实例6-15】** 校验包含/etc/rndc. key 文件的软件包。

```
[root@ localhost  ~ ]# rpm  –Vf /etc/rndc. key
[root@ localhost  ~ ]#
```

**【操作实例6-16】** 校验所有安装的软件包。

```
[root@ localhost  ~ ]# rpm  –Va
. M. . . . G. .         /var/log/gdm
. M. . . . . . .        /var/run/gdm
missing        /var/run/gdm/greeter
. .5. . . .T.          /usr/share/ibus – table/tables/compose. db
. .5. . . .T.          /usr/share/ibus – table/tables/latex. db
. .5. . . .T.      c /etc/inittab
. . . .L. . . .     c /etc/pam. d/fingerprint – auth
. . . .L. . . .     c /etc/pam. d/password – auth
. . . .L. . . .     c /etc/pam. d/smartcard – auth
. . . .L. . . .     c /etc/pam. d/system – auth
S. 5. . . .T.          /usr/share/ibus – table/tables/erbi. db
S. 5. . . .T.          /usr/share/ibus – table/tables/erbi_qs. db
S. 5. . . .T.      c /etc/pki/nssdb/pkcs11. txt
S. 5. . . .T.          /usr/share/ibus – table/tables/wubi86. db
Unsatisfied dependencies for httpd – 2. 2. 15–15. el6. centos. 1. i686：
        httpd  – tools  = 2. 2. 15 – 15. el6. centos. 1  is  needed  by  httpd  – 2. 2. 15 –
15. el6. centos. 1. i686
[root@ localhost  ~ ]#
```

【操作实例 6-17】根据 readline – devel – 4. 3 – 13. i386. rpm 软件包进行校验。

```
[root@ localhost Packages]# rpm  – Vp readline – 6. 0 – 3. el6. i686. rpm
[root@ localhost Packages]#
```

如果一切选项都已被校验正确，屏幕上就不会显示输出。如果出现矛盾，它们就会被显示。输出的格式为包含 4 个字符的字符串（c 代表配置文件）和文件名称。这 4 个字符的每个字符都代表一种文件属性的比较结果，所比较的是文件的属性和 RPM 数据库中记录的属性。单用一个"."意味着测试通过。代表某类测试失败的字符如表 6-2 所示。

**表 6-2  测试失败字符类型**

| 编　号 | 字　符 | 失 败 类 型 | 编　　号 | 字　符 | 失 败 类 型 |
|---|---|---|---|---|---|
| 1 | 5 | MD5 校验和 | 6 | U | 用户 |
| 2 | S | 文件大小 | 7 | G | 组群 |
| 3 | L | 符号链接 | 8 | M | 模式（包括权限和文件类型） |
| 4 | T | 文件修改时间 | 9 | ? | 不可读文件 |
| 5 | D | 设备 | | | |

## 6.3  tar 软件包的安装与管理

Windows 系统下的 zip 和 rar 依然可以在 Linux 下使用，除此之外，Linux 最常用的打包程序为 tar 软件包，本节将主要讲解如何管理和使用这些软件包。

### 6.3.1  打包和压缩

打包是指将许多文件和目录变成一个总的文件。压缩则是将一个大的文件通过一些压缩算法变成一个小文件。Linux 系统中的很多压缩程序只能针对一个文件进行压缩，如果需要压缩大量文件时，则先借助其他的工具将这些文件先打成一个包，然后再用原来的压缩程序进行压缩。

### 6.3.2  tar 包简介

使用 tar 程序打包出来的就称为 tar 包。tar 包文件的命令通常都是以 tar 结尾的。生成 tar 包后，就可以用其他的程序来进行压缩了。

tar 可以为文件和目录创建备份。利用 tar，用户可以为某一特定文件创建备份，也可以在备份中改变文件，或者向备份中加入新的文件。

tar 最初被用来在磁带上创建备份，现在，用户可以在任何设备上创建备份，如软盘。利用 tar 命令可以把大量的文件和目录打包成一个文件，这对于备份文件或将多个文件组合成为一个文件进行网络传输是非常有用的。

### 6.3.3  tar 包的使用和管理

**1. 语法**

tar［主选项 + 辅选项］［文件或者目录］

**2. 说明**

tar 命令的选项有很多。使用该命令时，主选项是必需，它告诉 tar 要做什么事情。辅选项是辅助使用的，可以选用。

**3. 选项说明**

（1）主选项

c：创建新的档案文件。如果用户想备份一个目录或一些文件，则要选择这个选项。

r：把要存档的文件追加到档案文件的末尾。例如用户已经做好备份文件，又发现还有一个目录或是一些文件忘记备份了，这时可以使用该选项将忘记的目录或文件追加到备份文件中。

t：列出档案文件的内容，查看已经备份了哪些文件。

u：更新文件，用新增的文件取代原备份文件。如果在备份文件中找不到要更新的文件，则把它追加到备份文件的最后。

x：从档案文件中释放文件。

（2）辅助选项

b：该选项是为磁带机设定的，其后跟一个字，用来说明区块的大小，系统预设值为 20（20×512 bytes）。

f：使用档案文件或设备，这个选项通常是必选的。

k：保存已经存在的文件。例如在还原某个文件的过程中遇到相同的文件，则不会进行覆盖。

m：在还原文件时，把所有文件的修改时间设定为现在。

M：创建多卷的档案文件，以便在几个磁盘中存放。

v：详细报告 tar 处理的文件信息。如无此选项，tar 不报告文件信息。

w：每一步都要求确认。

z：用 gzip 来压缩/解压缩文件，加上该选项后可以将档案文件进行压缩，但还原时也一定要使用该选项进行解压缩。

j：用 bzip2 来压缩/解压缩文件，加上该选项后可以将档案文件进行压缩，但还原时也一定要使用该选项进行解压缩。

Z：用 compress 来压缩/解压缩文件，加上该选项后可以将档案文件进行压缩，但还原时也一定要使用该选项进行解压缩。

【操作实例 6-18】 把/var/log 目录包括它的子目录全部做备份文件，备份文件名为 log. tar。

```
［root@ localhost ~ ］# tar cvf log. tar /var/log
tar:从成员名中删除开头的"/"
/var/log/
/var/log/lastlog
/var/log/anaconda. xlog
/var/log/yum. log
/var/log/samba/
……
［root@ localhost ~ ］# ls  -l
```

总用量 1452

```
- rw - - - - - - - . 1 root root      1629   4 月 11 17:18 anaconda - ks. cfg
- rw - r - - r - - . 1 root root     38900   4 月 11 17:17 install. log
- rw - r - - r - - . 1 root root      9249   4 月 11 17:15 install. log. syslog
- rw - r - - r - - . 1 root root 1392640   4 月 13 14:43 log. tar //可以看到 log. tar 就是/var/log 目
录打包后的文件,其容量比打包前要大
```

【操作实例6-19】 查看 log. tar 备份文件的内容，并显示在屏幕上。

```
[ root@ localhost ~ ]# tar tvf log. tar
drwxr - xr - x root/root                0 2012 - 04 - 13 14:12 var/log/
- rw - r - - r - - root/root       145416 2012 - 04 - 13 14:27 var/log/lastlog
- rw - - - - - - - root/root        21402 2012 - 04 - 11 17:18 var/log/anaconda. xlog
- rw - - - - - - - root/root          602 2012 - 04 - 13 14:14 var/log/yum. log
drwx - - - - - - root/root              0 2012 - 04 - 11 17:12 var/log/samba/
drwx - - - - - - root/root              0 2010 - 11 - 12 17:13 var/log/samba/old/
drwxr - xr - x root/root                0 2012 - 04 - 11 17:41 var/log/ConsoleKit/
- rw - r - - r - - root/root         4216 2012 - 04 - 13 13:18 var/log/ConsoleKit/history
- rw - - - - - - - root/root        23231 2012 - 04 - 11 17:18 var/log/anaconda. program. log
……
//可以看到该打包文件由多个目录和文件打包而成
```

【操作实例6-20】 将打包文件 log. tar 进行解包出来。

```
[ root@ localhost ~ ]# tar xvf log. tar
var/log/
var/log/lastlog
var/log/anaconda. xlog
var/log/yum. log
var/log/samba/
var/log/samba/old/
var/log/ConsoleKit/
var/log/ConsoleKit/history
var/log/anaconda. program. log
var/log/maillog
var/log/ppp/
……
root@ localhost log]# pwd
/root/var/log
[ root@ localhost log ]# ls  - l
总用量 1164
- rw - - - - - - - . 1 root root     36220   4 月 11 17:18 anaconda. log
- rw - - - - - - - . 1 root root     23231   4 月 11 17:18 anaconda. program. log
```

```
- rw - - - - - - - .  1 root root   92321   4 月 11 17:18 anaconda. storage. log
- rw - - - - - - - .  1 root root   74858   4 月 11 17:18 anaconda. syslog
- rw - - - - - - - .  1 root root   21402   4 月 11 17:18 anaconda. xlog
- rw - - - - - - - .  1 root root 210239   4 月 11 17:18 anaconda. yum. log
drwxr - x - - - .  2 root root    4096   4 月 11 17:25 audit
- rw - r - - r - - .  1 root root    2493   4 月 13 12:03 boot. log
- rw - - - - - - - .  1 root utmp     768   4 月 13 13:18 btmp
drwxr - xr - x.  2 root root    4096   4 月 11 17:41 ConsoleKit
- rw - - - - - - - .  1 root root    5632   4 月 13 14:40 cron
- rw - r - - r - - .  1 root root   64045   4 月 13 12:03 dmesg
- rw - r - - r - - .  1 root root   64633   4 月 11 18:34 dmesg. old
drwxrwx - - T.  2 root gdm    4096   4 月 13 12:03 gdm
drwx - - - - - - .  2 root root    4096   2 月 14 06:27 httpd
......
```

【操作实例 6-21】创建一个文件 file1，并将其增加到 log. tar 包中。

```
[root@ localhost ~ ]# tar rvf log. tar filedemo
filedemo
[root@ localhost ~ ]# tar tvf log. tar
drwxr - xr - x root/root          0 2012 - 04 - 13 14:12 var/log/
......
- rw - - - - - - - root/root       5632 2012 - 04 - 13 14:40 var/log/cron
- rw - - - - - - - root/root      92321 2012 - 04 - 11 17:18 var/log/anaconda. storage. log
- rw - r - - r - - root/root      21912 2012 - 04 - 11 18:38 var/log/Xorg. 0. log. old
- rw - - - - - - - root/root      36220 2012 - 04 - 11 17:18 var/log/anaconda. log
- rw - r - - r - - root/root          0 2012 - 04 - 13 14:48 filedemo
[root@ localhost ~ ]# ^C
```

【操作实例 6-22】修改文件 file1，更新 tar 包 log. tar 中的文件 file1。

```
[root@ localhost ~ ]# tar uvf log. tar filedemo
filedemo
[root@ localhost ~ ]# tar tvf log. tar
drwxr - xr - x root/root          0 2012 - 04 - 13 14:12 var/log/
- rw - r - - r - - root/root     145416 2012 - 04 - 13 14:27 var/log/lastlog
- rw - - - - - - - root/root      21402 2012 - 04 - 11 17:18 var/log/anaconda. xlog
......
- rw - - - - - - - root/root          0 2012 - 04 - 11 17:12 var/log/spooler
- rw - - - - - - - root/root       5632 2012 - 04 - 13 14:40 var/log/cron
- rw - - - - - - - root/root      92321 2012 - 04 - 11 17:18 var/log/anaconda. storage. log
- rw - r - - r - - root/root      21912 2012 - 04 - 11 18:38 var/log/Xorg. 0. log. old
- rw - - - - - - - root/root      36220 2012 - 04 - 11 17:18 var/log/anaconda. log
```

| | | |
|---|---|---|
| – rw – r – – r – – root/root | 0 2012 – 04 – 13 14:48 filedemo | |
| – rw – r – – r – – root/root | 8 2012 – 04 – 13 14:49 filedemo | |

【操作实例6-23】 在/dev/fd0 设备的软盘中创建一个备份文件，并将/home 目录中所有的文件都复制到备份文件中。

[root@ localhost ~]# tar cf /dev/fd0 /home/

在终端中输入命令，如图6-10 所示。

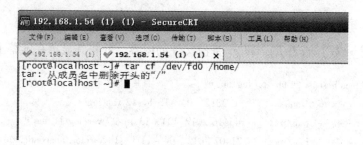

图6-10　复制备份文件

【操作实例6-24】 恢复软盘设备中的文件。

[root@ localhost ~]# tar xf /dev/fd0

【操作实例6-25】 在/dev/fd0 设备的软盘中创建一个备份文件，并将/home 目录中所有的文件都复制到备份文件中，并在软盘已满的时候提醒用户再放入一张新的软盘。

#tar cMf /dev/fd0 /home

【操作实例6-26】 恢复多张软盘设备磁盘中的文件，并在必要时提醒放入第二张软盘。

#tar xMf /dev/fd0

在终端中输入命令，如图6-11 所示。

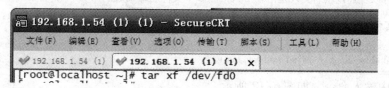

图6-11　恢复文件并提醒放入下一张软盘

### 6.3.4　tar 包的特殊使用

tar 可以在打包或解包的同时，调用其他的压缩程序，比如调用 gzip、bzip2 等。

#### 1. tar 调用 gzip

gzip 是 GNU 组织开发的一个压缩程序，以 gz 结尾的文件就是 gzip 压缩的结果。与 gzip 相对应的解压程序是 gunzip，tar 中使用参数 "z" 来调用 gzip，下面举例说明。

例如，把/root/abc 目录包括其子目录全部做备份文件，并进行压缩，备份文件名为 log. tar. gz。

```
[root@localhost ~]# tar zcvf log. tar. gz /var/log
[root@localhost ~]# ls -l
总用量 1640
……
- rw - r - - r - -. 1 root root   176138   4 月 13 14:55 log. tar. gz
……
//可以看到 log. tar. gz 就是/var/log 目录压缩后的文件,其容量比打包前要小
```

【操作实例 6-27】查看 log. tar. gz 备份文件的内容，并将其显示在屏幕上。

```
[root@localhost ~]# tar ztvf log. tar. gz
drwxr - xr - x root/root          0 2012 - 04 - 13 14:12 var/log/
- rw - r - - r - - root/root   145416 2012 - 04 - 13 14:27 var/log/lastlog
- rw - - - - - - - root/root    21402 2012 - 04 - 11 17:18 var/log/anaconda. xlog
- rw - - - - - - - root/root      602 2012 - 04 - 13 14:14 var/log/yum. log
drwx - - - - - - root/root          0 2012 - 04 - 11 17:12 var/log/samba/
drwx - - - - - - root/root          0 2010 - 11 - 12 17:13 var/log/samba/old/
drwxr - xr - x root/root          0 2012 - 04 - 11 17:41 var/log/ConsoleKit/
- rw - r - - r - - root/root     4216 2012 - 04 - 13 13:18 var/log/ConsoleKit/history
- rw - - - - - - - root/root    23231 2012 - 04 - 11 17:18 var/log/anaconda. program. log
- rw - - - - - - - root/root      753 2012 - 04 - 13 12:03 var/log/maillog
drwx - - - - - - root/root          0 2010 - 08 - 23 07:21 var/log/ppp/
- rw - r - - r - - root/root    64633 2012 - 04 - 11 18:34 var/log/dmesg. old
- rw - r - - r - - root/root    21417 2012 - 04 - 13 12:45 var/log/Xorg. 0. log
drwxr - x - - - root/root          0 2012 - 04 - 11 17:25 var/log/audit/
- rw - - - - - - - root/root    53593 2012 - 04 - 13 14:50
……
//可以看到该压缩文件是由多个目录和 3 个文件压缩而成的
```

【操作实例 6-28】将压缩文件 log. tar. gz 解压。

```
[root@localhost ~]# tar zxvf log. tar. gz
```

在终端中输入命令，如图 6-12 所示。

**2. tar 调用 bzip2**

bzip2 是一个具有更强压缩能力的压缩程序，以 bz2 结尾的文件就是 bzip2 压缩的结果。与 bzip2 相对应的解压程序是 bunzip2。tar 中使用参数"j"来调用 gzip，下面举例说明。

【操作实例 6-29】将目录/var/log 及该目录所有文件压缩成 log. tar. bz2 文件。

```
[root@localhost ~]# tar cjf log. tar. bz2 /var/log
```

在终端中输入命令，如图 6-13 所示。

```
192.168.1.54 (1) (1) - SecureCRT
文件(F)  编辑(E)  查看(V)  选项(O)  传输(T)  脚本(S)  工具(L)  帮助(H)
192.168.1.54 (1)   192.168.1.54 (1) (1)  ×
[root@localhost ~]# tar zxvf log.tar.gz
var/log/
var/log/lastlog
var/log/anaconda.xlog
var/log/yum.log
var/log/samba/
var/log/samba/old/
var/log/ConsoleKit/
var/log/ConsoleKit/history
var/log/anaconda.program.log
var/log/maillog
var/log/ppp/
```

图 6-12　解压文件

```
192.168.1.54 (1) (1) - SecureCRT
文件(F)  编辑(E)  查看(V)  选项(O)  传输(T)  脚本(S)  工具(L)  帮助(H)
192.168.1.54 (1)   192.168.1.54 (1) (1)  ×
[root@localhost ~]# tar cjf log.tar.bz2 /var/log/
tar: 从成员名中删除开头的"/"
[root@localhost ~]#
```

图 6-13　压缩 log. tar. bz2 文件

【操作实例 6-30】将 log. tar. bz2 文件解压。

〔root@ localhost ～〕# tar xjf log. tar. bz2

在终端中输入命令，如图 6-14 所示。

```
192.168.1.54 (1) (1) - SecureCRT
文件(F)  编辑(E)  查看(V)  选项(O)  传输(T)  脚本(S)  工具(L)  帮助(H)
192.168.1.54 (1)   192.168.1.54 (1) (1)  ×
[root@localhost ~]# tar xjf log.tar.bz2
[root@localhost ~]#
```

图 6-14　解压 log. tar. bz2 文件

### 3. tar 调用 compress

compress 也是一个压缩程序，以 Z 结尾的文件就是 bzip2 压缩的结果。与 compress 相对的解压程序是 uncompress。tar 中使用"Z"这个参数来调用 gzip。下面举例说明。

【操作实例 6-31】将文件/root/install. log 压缩成 a. tar. Z 文件。

#tar －cZf a. tar. Z /root/install. log

在终端中输入命令，如图 6-15 所示。

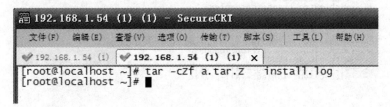

```
192.168.1.54 (1) (1) - SecureCRT
文件(F)  编辑(E)  查看(V)  选项(O)  传输(T)  脚本(S)  工具(L)  帮助(H)
192.168.1.54 (1)   192.168.1.54 (1) (1)  ×
[root@localhost ~]# tar -cZf a.tar.Z   install.log
[root@localhost ~]#
```

图 6-15　将文件/root/install. log 压缩成 a. tar. Z 文件

【操作实例6-32】解压文件 a. tar. Z。

```
#tar  – xZf a. tar. Z
```

在终端中输入命令，如图6-16所示。

【操作实例6-33】tar. gz 软件包的解压安装。

1）先解压软件包，以 mysql 举例说明。

```
tar  – zxvf mysql – 5. 1. 61. tar. gz#tar  – xZf a. tar. Z
```

2）在终端中输入命令，如图6-17所示。

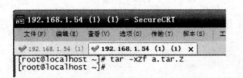

图6-16　解压文件 a. tar. Z　　　　　　图6-17　解压安装 tar. gz 软件包

3）进入解压好的文件目录。

```
cd mysql – 5. 1. 61
```

4）在终端中输入命令，如图6-18。

```
[root@localhost src]# cd mysql-5.1.61
```

图6-18　tar. gz 软件包的解压

5）解压好之后安装，在终端中输入命令，如图6-19所示。

```
[root@localhost src]# cd mysql-5.1.61
[root@localhost mysql-5.1.61]# ./configure \
> --prefix=/usr/local/mysql \
> --with-unix-socket-path=/usr/local/mysql/tmp/mysql.sock \
> --localstatedir=/usr/local/mysql/data \
> --enable-assembler \
> --enable-thread-safe-client \
> --with-mysqld-user=mysql \
> --with-big-tables \
> --without-debug \
> --with-pthread \
> --enable-assembler \
> --with-extra-charsets=complex \
> --with-readline \
> --with-ssl \
> --with-embedded-server \
> --enable-local-infile \
> --with-plugins=partition,innobase \
> --with-plugin-PLUGIN \
> --with-mysqld-ldflags=-all-static \
> --with-client-ldflags=-all-static \
```

图6-19　解压好后的安装过程

6）configure 完成如图 6-20 所示。

```
config.status: creating include/config.h
config.status: executing depfiles commands
config.status: executing libtool commands
/bin/rm: cannot remove `libtoolT': No such file or directory
config.status: executing default commands
configure: WARNING: unrecognized options: --with-plugin-PLUGIN

Thank you for choosing MySQL!

Remember to check the platform specific part of the reference manual
for hints about installing MySQL on your platform.
Also have a look at the files in the Docs directory.

[root@localhost mysql-5.1.61]#
```

图 6-20    configure 完成

编译命令如图 6-21 所示。安装命令如图 6-22 所示。

```
[root@localhost mysql-5.1.61]# make          [root@localhost mysql-5.1.61]# make install
```

图 6-21    编译命令                              图 6-22    安装命令

正常情况下可以完成安装。如有报错则可查看详细报错信息，检查是否少安装包 yum 即可。

【操作实例 6-34】卸载编译安装的软件包。

源代码 make 目录执行如图 6-23 所示。

```
[root@localhost mysql-5.1.61]# make uninstall
Making uninstall in .
make[1]: Entering directory `/usr/src/mysql-5.1.61'
make[1]: Nothing to be done for `uninstall-am'.
make[1]: Leaving directory `/usr/src/mysql-5.1.61'
Making uninstall in include
make[1]: Entering directory `/usr/src/mysql-5.1.61/include'
 rm -f '/usr/local/mysql/include/mysql/mysql.h'
 rm -f '/usr/local/mysql/include/mysql/mysql_com.h'
 rm -f '/usr/local/mysql/include/mysql/mysql_time.h'
 rm -f '/usr/local/mysql/include/mysql/my_list.h'
 rm -f '/usr/local/mysql/include/mysql/my_alloc.h'
 rm -f '/usr/local/mysql/include/mysql/typelib.h'
 rm -f '/usr/local/mysql/include/mysql/plugin.h'
 rm -f '/usr/local/mysql/include/mysql/my_dbug.h'
 rm -f '/usr/local/mysql/include/mysql/m_string.h'
 rm -f '/usr/local/mysql/include/mysql/my_sys.h'
 rm -f '/usr/local/mysql/include/mysql/my_xml.h'
 rm -f '/usr/local/mysql/include/mysql/mysql_embed.h'
 rm -f '/usr/local/mysql/include/mysql/my_pthread.h'
 rm -f '/usr/local/mysql/include/mysql/my_no_pthread.h'
 rm -f '/usr/local/mysql/include/mysql/decimal.h'
 rm -f '/usr/local/mysql/include/mysql/errmsg.h'
 rm -f '/usr/local/mysql/include/mysql/my_global.h'
 rm -f '/usr/local/mysql/include/mysql/my_net.h'
 rm -f '/usr/local/mysql/include/mysql/my_getopt.h'
 rm -f '/usr/local/mysql/include/mysql/sslopt-longopts.h'
 rm -f '/usr/local/mysql/include/mysql/my_dir.h'
 rm -f '/usr/local/mysql/include/mysql/sslopt-vars.h'
 rm -f '/usr/local/mysql/include/mysql/sslopt-case.h'
 rm -f '/usr/local/mysql/include/mysql/sql_common.h'
 rm -f '/usr/local/mysql/include/mysql/keycache.h'
 rm -f '/usr/local/mysql/include/mysql/m_ctype.h'
 rm -f '/usr/local/mysql/include/mysql/my_attribute.h'
 rm -f '/usr/local/mysql/include/mysql/my_compiler.h'
 rm -f '/usr/local/mysql/include/mysql/mysql_version.h'
 rm -f '/usr/local/mysql/include/mysql/my_config.h'
make[1]: Leaving directory `/usr/src/mysql-5.1.61/include'
Making uninstall in Docs
```

图 6-23    卸载编译安装的软件包

部分软件不允许这样卸载的，可以直接用安装安装目录的方法达到卸载的目的

【操作实例 6-35】 tar. bz2 软件包的解压安装。

> tar - zjvf mysql - 5. 1. 61. tar. bz2

配置编译安装卸载均和 tar. gz 相同，在此不再赘述。

【操作实例 6-36】 tar. bz2 软件包制作。

> tar jcvf root. tar. bz2 /root/

输入命令，如图 6-24 所示。

```
[root@localhost appop]# tar jcvf root.tar.bz2 /root/
tar: 从成员名中删除开头的"/"
/root/
/root/.Xauthority
/root/.cshrc
/root/install.log.syslog
/root/公共的/
/root/.ICEauthority
/root/.mozilla/
/root/.mozilla/firefox/
/root/.mozilla/firefox/profiles.ini
/root/.mozilla/firefox/yuu3gi4r.default/
/root/.mozilla/firefox/yuu3gi4r.default/formhistory.sqlite
/root/.mozilla/firefox/yuu3gi4r.default/mimeTypes.rdf
/root/.mozilla/firefox/yuu3gi4r.default/compreg.dat
/root/.mozilla/firefox/yuu3gi4r.default/secmod.db
/root/.mozilla/firefox/yuu3gi4r.default/xpti.dat
/root/.mozilla/firefox/yuu3gi4r.default/cert8.db
/root/.mozilla/firefox/yuu3gi4r.default/localstore.rdf
/root/.mozilla/firefox/yuu3gi4r.default/prefs.js
/root/.mozilla/firefox/yuu3gi4r.default/key3.db
/root/.mozilla/firefox/yuu3gi4r.default/permissions.sqlite
/root/.mozilla/firefox/yuu3gi4r.default/places.sqlite
/root/.mozilla/firefox/yuu3gi4r.default/urlclassifierkey3.txt
/root/.mozilla/firefox/yuu3gi4r.default/cookies.sqlite
/root/.mozilla/firefox/yuu3gi4r.default/extensions.rdf
/root/.mozilla/firefox/yuu3gi4r.default/sessionstore.js
```

图 6-24　tar. bz2 软件包制作

查看压缩文件是否存在，输入命令，如图 6-25 所示。

```
[root@localhost appop]# ls -al
总用量 648
drwx------. 4 appop appop   4096  5月   3 22:33 .
drwxr-xr-x. 5 root  root    4096  4月  24 19:25 ..
-rw-r--r--. 1 appop appop     18  5月  31 2011 .bash_logout
-rw-r--r--. 1 appop appop    176  5月  31 2011 .bash_profile
-rw-r--r--. 1 appop appop    124  5月  31 2011 .bashrc
drwxr-xr-x. 2 appop appop   4096 11月  12 2010 .gnome2
drwxr-xr-x. 4 appop appop   4096  4月  11 17:05 .mozilla
-rw-r--r--. 1 root  root  634880  5月   3 22:33 root.tar.bz2
[root@localhost appop]#
```

图 6-25　查看压缩文件是否存在

【操作实例 6-37】 查看 tar. bz2 软件包。

> tar jtvf root. tar. bz2

输入命令，如图 6-26 所示。

```
[root@localhost appop]# tar jtvf root.tar.bz2
dr-xr-x--- root/root        0 2012-05-01 03:32 root/
-rw------- root/root      115 2012-04-24 01:50 root/.Xauthority
-rw-r--r-- root/root      100 2004-09-23 11:59 root/.cshrc
-rw-r--r-- root/root     9249 2012-04-11 17:15 root/install.log.syslog
drwxr-xr-x root/root        0 2012-04-11 17:44 root/公共的/
-rw------- root/root     2484 2012-04-24 10:07 root/.ICEauthority
drwxr-xr-x root/root        0 2012-04-13 15:49 root/.mozilla/
drwx------ root/root        0 2012-04-13 15:49 root/.mozilla/firefox/
-rw-r--r-- root/root       94 2012-04-13 15:49 root/.mozilla/firefox/profiles.ini
drwx------ root/root        0 2012-04-13 17:30 root/.mozilla/firefox/yuu3gi4r.defaul
-rw-r--r-- root/root     4096 2012-04-13 15:49 root/.mozilla/firefox/yuu3gi4r.defaul
-rw-r--r-- root/root      356 2012-04-13 15:49 root/.mozilla/firefox/yuu3gi4r.defaul
-rw-r--r-- root/root   150923 2012-04-13 15:49 root/.mozilla/firefox/yuu3gi4r.defaul
-rw-r--r-- root/root    16384 2012-04-13 15:49 root/.mozilla/firefox/yuu3gi4r.defaul
-rw-r--r-- root/root   100848 2012-04-13 15:49 root/.mozilla/firefox/yuu3gi4r.defaul
-rw------- root/root    65536 2012-04-13 15:50 root/.mozilla/firefox/yuu3gi4r.defaul
-rw-r--r-- root/root      153 2012-04-13 15:49 root/.mozilla/firefox/yuu3gi4r.defaul
-rw-r--r-- root/root      700 2012-04-13 15:49 root/.mozilla/firefox/yuu3gi4r.defaul
-rw------- root/root    16384 2012-04-13 15:49 root/.mozilla/firefox/yuu3gi4r.defaul
-rw-r--r-- root/root     2048 2012-04-13 15:49 root/.mozilla/firefox/yuu3gi4r.defaul
-rw-r--r-- root/root   135168 2012-04-13 16:01 root/.mozilla/firefox/yuu3gi4r.defaul
-rw-r--r-- root/root      154 2012-04-13 15:50 root/.mozilla/firefox/yuu3gi4r.defaul
-rw-r--r-- root/root     2048 2012-04-13 17:30 root/.mozilla/firefox/yuu3gi4r.defaul
-rw-r--r-- root/root     2130 2012-04-13 15:49 root/.mozilla/firefox/yuu3gi4r.defaul
-rw------- root/root      898 2012-04-13 16:00 root/.mozilla/firefox/yuu3gi4r.defaul
-rw-r--r-- root/root    11592 2012-04-13 15:49 root/.mozilla/firefox/yuu3gi4r.defaul
```

图 6-26　查看 tar. bz2 软件包

### 14. zip 包

zip 软件包的解压安装卸载同 tar. gz

unzipmysql – 5. 1. 61. zip

（1）unzip

参数：– c 将解压缩的结果显示到屏幕上，并对字符做适当的转换

　　　– f 更新现有的文件

　　　– l 显示压缩文件内所包含的文件

　　　– p 与 – c 参数类似,会将解压缩的结果显示到屏幕上,但不会执行任何的转换

　　　– t 检查压缩文件是否正确

　　　– u 与 – f 参数类似,但是除了更新现有的文件外,也会将压缩文件中的其他文件解压缩到目录中

　　　– v 执行是时显示详细的信息

　　　– z 仅显示压缩文件的备注文字

　　　– a 对文本文件进行必要的字符转换

　　　– b 不要对文本文件进行字符转换

　　　– C 压缩文件中的文件名称区分大小写

　　　– j 不处理压缩文件中原有的目录路径

　　　– L 将压缩文件中的全部文件名改为小写

　　　– M 将输出结果送到 more 程序处理

　　　– n 解压缩时不要覆盖原有的文件

　　　– o 不必先询问用户,unzip 执行后覆盖原有文件

　　　– P < 密码 > 使用 zip 的密码选项

　　　– q 执行时不显示任何信息

-s 将文件名中的空白字符转换为底线字符

-V 保留 VMS 的文件版本信息

-X 解压缩时同时回存文件原来的 UID/GID

[.zip 文件] 指定 .zip 压缩文件

[文件] 指定要处理 .zip 压缩文件中的哪些文件

-d <目录> 指定文件解压缩后所要存储的目录

-x <文件> 指定不要处理 .zip 压缩文件中的哪些文件

-Z unzip -Z 等于执行 zipinfo 指令

【操作实例6-38】 zip 软件包的制作。

zip -r root. zip /root/

输入命令，如图 6-27 所示。

```
[root@localhost ~]# zip -r root.zip /root/
      zip warning: name not matched: /root/.mozilla/firefox/yuu3gi4r.default/lock
  adding: root/ (stored 0%)
  adding: root/.Xauthority (deflated 34%)
  adding: root/.cshrc (deflated 24%)
  adding: root/install.log.syslog (deflated 85%)
  adding: root/公共的/ (stored 0%)
  adding: root/.ICEauthority (deflated 68%)
  adding: root/.mozilla/ (stored 0%)
  adding: root/.mozilla/firefox/ (stored 0%)
  adding: root/.mozilla/firefox/profiles.ini (deflated 13%)
  adding: root/.mozilla/firefox/yuu3gi4r.default/ (stored 0%)
  adding: root/.mozilla/firefox/yuu3gi4r.default/formhistory.sqlite (deflated 93%)
  adding: root/.mozilla/firefox/yuu3gi4r.default/mimeTypes.rdf (deflated 44%)
  adding: root/.mozilla/firefox/yuu3gi4r.default/compreg.dat (deflated 75%)
  adding: root/.mozilla/firefox/yuu3gi4r.default/secmod.db (deflated 97%)
  adding: root/.mozilla/firefox/yuu3gi4r.default/xpti.dat (deflated 56%)
  adding: root/.mozilla/firefox/yuu3gi4r.default/cert8.db (deflated 99%)
  adding: root/.mozilla/firefox/yuu3gi4r.default/localstore.rdf (deflated 19%)
  adding: root/.mozilla/firefox/yuu3gi4r.default/prefs.js (deflated 41%)
  adding: root/.mozilla/firefox/yuu3gi4r.default/key3.db (deflated 99%)
  adding: root/.mozilla/firefox/yuu3gi4r.default/permissions.sqlite (deflated 92%)
```

图 6-27 zip 软件包的制作

（2）zip 压缩文件

zip [-参数]

补充说明：zip 是个使用广泛的压缩程序，文件经它压缩后会另外产生具有 .zip 扩展名的压缩文件。

参数：-A 调整可执行的自动解压缩文件

-b <工作目录> 指定暂时存放文件的目录

-c 替每个被压缩的文件加上注释

-d 从压缩文件内删除指定的文件

-D 压缩文件内不建立目录名称

-f 此参数的效果和指定" -u"参数类似，但不仅更新既有文件，如果某些文件原本不存在于压缩文件内，使用本参数会一并将其加入压缩文件中

-F 尝试修复已损坏的压缩文件

- g 将文件压缩后附加在既有的压缩文件之后,而非另行建立新的压缩文件

- h 在线帮助

- i < 范本样式 > 只压缩符合条件的文件

- j 只保存文件名称及其内容,而不存放任何目录名称

- J 删除压缩文件前面不必要的数据

- k 使用 MS - DOS 兼容格式的文件名称

- l 压缩文件时,把 LF 字符置换成 LF + CR 字符

- ll 压缩文件时,把 LF + CR 字符置换成 LF 字符

- L 显示版权信息

- m 将文件压缩并加入压缩文件后,删除原始文件,即把文件移到压缩文件中

- n < 字尾字符串 > 不压缩具有特定字尾字符串的文件

- o 以压缩文件内拥有最新更改时间的文件为准,将压缩文件的更改时间设成和该文件相同

- q 不显示指令执行过程

- r 递归处理,将指定目录下的所有文件和子目录一并处理

- S 包含系统和隐藏文件

- t < 日期时间 > 把压缩文件的日期设成指定的日期

- T 检查备份文件内的每个文件是否正确无误

- u 更换较新的文件到压缩文件内

- v 显示指令执行过程或显示版本信息

- V 保存 VMS 操作系统的文件属性

- w 在文件名称里假如版本编号,本参数仅在 VMS 操作系统下有效

- x < 范本样式 > 压缩时排除符合条件的文件

- X 不保存额外的文件属性

- y 直接保存符号连接,而非该连接所指向的文件,本参数仅在 UNIX 之类的系统下有效

- z 替压缩文件加上注释

- $ 保存第一个被压缩文件所在磁盘的卷册名称

- < 压缩效率 > 压缩效率是一个 1 ~ 9 的数值

(3) 其他压缩命令 compress

用 Lempel - ziv 压缩方法来压缩文件或压缩标准输入。

格式:compress 选项 文件列表

选项:

- r 递归操作,如果指定目录变元,则压缩该目录及其子目录中的所有文件

- c 将压缩数据返回标准输出,而缺省情况下为压缩文件时将压缩数据返回文件

- v 显示每个文件夹的压缩百分比

在用 compress 压缩文件时,将在原文件名之后加上扩展名 Z。如果不指定文件,则压缩标准输入,其结果将返回至标准输出。

【操作实例 6-39】 压缩/mnt/appop/demo1. doc 文件。

在如图 6-27 所示的命令输入界面中输入#compress /mnt/appop/demo1. doc 命令进行压缩,压缩后生成 demo1. doc. Z 文件。

（4）其他压缩命令 uncompress

解压用 compress 程序压缩过的文件。

格式：uncompress 选项 文件列表

选项：- c 它将压缩数据发往标准输出而不是改写旧的压缩文件。如果不指定文件,则解压缩标准输入。默认 - c 时,为解压

（5）其他压缩命令 gzip

用 Lempel - ziv 编码压缩文件

格式：gzip 选项 文件目录列表

选项：- c 压缩结果写入标准输出,原文件保持不变。默认时 gzip 将原文件压缩为 . gz 文件,并删除原文件

　- v 输出处理信息

　- d 解压指定文件

　- t 测试压缩文件的完整性

值得一提的是，gzip 比 compress 压缩更加有效。

【操作实例 6-40】 压缩/mnt/appop/demo1. doc。

在如图 6-67 所示的命令输入界面输入#gzip - v /mnt/appop/demo1. doc 命令，产生 demo1. doc. gz 的压缩文件

（6）其他压缩命令 gunzip

解压用 gzip 命令（以及 compress 和 zip 命令）压缩过的文件。

格式：gunzip 选项 文件列表

选项：

　- c 将输出写入标准输出,原文件保持不变。缺省时,gunzip 将压缩文件变成解压缩文件

（7）其他压缩命令 tar

对文件目录进行打包备份。

格式：tar 选项 文件目录列表

选项：- c 建立新的归档文件

　- r 向归档文件末尾追加文件

　- x 从归档文件中解出文件

　- O 将文件解开到标准输出

　- v 处理过程中输出相关信息

　- f 对普通文件操作

　- z 调用 gzip 来压缩归档文件,与 - x 联用时调用 gzip 完成解压缩

　- Z 调用 compress 来压缩归档文件,与 - x 联用时调用 compress 完成解压缩

【操作实例 6-41】 用 tar 打包一个目录下的文件。

利用#tar - cvf /mnt/appop/demo1. doc 命令，产生一个以 tar 为扩展名的打包文件。

【操作实例 6-42】 用命令#tar - xvf /mnt/appop/demo1. doc. tar 解开打包文件。

在通常情况下，tar 打包与 gzip（压缩）联合使用，效果更好。

方法是：首先用 tar 打包，如：#tar – cvf /mnt/appop/demo1. doc（产生 demo1. doc. tar 文件）。然后用 gzip 压缩 demo1. doc. tar 文件，如：#gzip /mnt/appop/demo1. doc. tar（产生 demo1. doc. tar. gz 文件）。

**【操作实例 6-43】** 解压 demo1. doc. tar. gz 文件。

（1）方法 1

#gzip – dc /mnt/appop/demo1. doc. tar. gz（产生 demo1. doc. tar 文件）

#tar – xvf /mnt/appop/demo1. doc. tar（产生 demo1. doc 文件）。

这两次命令也可使用管道功能，把两个命令合二为一。

#gzip – dc /mnt/appop/demo1. doc. tar. gz ｜ tar – xvf

（2）方法 2：使用 tar 提供的自动调用 gzip 解压缩功能

#tar – xzvf /mnt/appop/demo1. doc. tar. gz

经过 tar 打包后，也可用 compress 命令压缩（gzip 比 compress 压缩更加有效），产生一个以 ". tar. Z" 为扩展名的文件。在解包时，可先用 "uncompress 文件名" 格式解压，然后用 "tar – xvf 文件名" 解包。也可直接调用 "tar –Zxvf 文件名" 解包。

## 本章小结

本章主要介绍了 Linux 软件包的存在形式、rpm 软件包、tar 软件包的安装与管理 3 方面内容。对 Linux 软件概述和校验软件包进行了详细的介绍，其中重点介绍了 tar 软件包的安装与管理。

## 课后习题

### 一、填空题

1. 通常 Linux 应用软件安装包有 3 种：它们是（    ）、（    ）和（    ）。

2. Software – 1. 2. 3 – 1. tar. gz 是（    ）类安装包，它是使用（    ）系统的打包工具（tar）打包的。

3. Software – 1. 2. 3 – 1. i386. rpm 是（    ）包，它是（    ）提供的一种包封格式。

4. Software – 1. 2. 3 – 1. deb 是（    ）包，它是（    ）提供的一种包封格式。

5. Software – 1. 2. 3 – 1. tar. gz 软件名称为（    ），版本号（    ），修正版本（    ），类型（    ），它是一个（    ）包。

6. 一个 Linux 应用程序软件包中可以包含两种不同的内容，他们是（    ）和（    ）。

7. 通常用 tar 打包的都是（    ），而用 rpm. dpkg 打包的则常是（    ）程序。

8. 查看系统的内核版本的命令是（    ）。

### 二、选择题

1. 一个文件名字为 rr. Z，可以用来解压的命令是（    ）。

    A. Tar        B. gzip        C. compress        D. uncompress

2. 在/etc 目录下，设置 Linux 环境中特性的重要文件为（    ）。

    A. env. conf        B. bashrc        C. profile        D. . inputrc

3. 使用 tar 命令的 （　　　） 选项可以建立一个 tar 归档文件。

    A. a　　　　　　　　B. c　　　　　　　　C. d　　　　　　　　D. x

4. 为了查看用户没有执行完成的 at 任务，用户可以执行 （　　　）。

    A. atrm　　　　　　B. atinfo　　　　　　C. atq　　　　　　　D. at－i

5. 系统管理常用的二进制文件，一般放置在 （　　　） 目录下。

    A. ／sbin　　　　　　B. ／root　　　　　　C. ／usr／sbin　　　　D. ／boot

6. Linux 分区类型默认的是 （　　　）。

    A. vfat　　　　　　　B. ext2　　　　　　　C. swap　　　　　　D. Dos

7. 在／etc／fstab 文件中，为确定引导时检查磁盘的次序，需要设置 （　　　） 参数。

    A. parameters　　　B. fs－passno　　　C. fs－type　　　　　D. fs－freq

8. 一般来说，使用 fdisk 命令的最后一步是使用 （　　　） 选项命令将改动写入硬盘的当前分区表中。

    A. p　　　　　　　　B. r　　　　　　　　C. x　　　　　　　　D. w

9. 在使用物理 RAID5 方式工作时，至少需要 （　　　） 块硬盘。

    A. 1　　　　　　　　B. 2　　　　　　　　C. 3　　　　　　　　D. 4

10. 在使用物理 RAID1 方式工作时，数据是 （　　　） 写入块硬盘。

    A. 将数据分散的写入硬盘，先写第一块再写第二块硬盘

    B. 将数据同时的写入到两块硬盘中。两块硬盘数据内容相同的

    C. 将数据和校验码一起分散的写入硬盘中

    D. 先将数据分散写入硬盘中，再将校验码写到一个固定的硬盘中

**三、问答题**

1. 如何把本地的 RPM 包目录设置为 yum 源？

2. yum 如何解决 RPM 包之间的依赖关系？

3. 简述安装、卸载 RPM 包的过程。

# 第7章 Linux 硬盘的管理与文件系统

## 7.1 硬盘

计算机的硬件系统由 5 大部件组成，其中之一就是存储器。存储器又分为内存储器和外存储器两大类。内存储器与 CPU 直接通信，通常指内存。外存储器主要用来存放数据，硬盘是计算机配置中最常见的外存储器。

### 7.1.1 硬盘的接口类型

硬盘接口是硬盘与主机系统间的连接部件，不同的硬盘接口传输数据的速率是不一样的，对整个系统的性能有着直接的影响。不同的硬盘接口类型，在 Linux 系统中的表现形式也是不一样的。

硬盘接口主要有 IDE、SATA、SCSI、光纤通道和 SAS 共 5 种。在个人桌面中，IDE 接口和 SATA 接口的硬盘比较常见，而服务器中则大多都采用 SCSI 接口、光纤通道和 SAS 接口。

IDE 接口和 SATA 接口的样式如图 7-1 所示。

图 7-1　IDE 接口和 SATA 接口对比

### 7.1.2 硬盘的性能指标

了解硬盘的性能，通常需要了解硬盘以下几个主要性能指标。

#### 1. 主轴转速

转速是指硬盘盘片在 1 min 内所能完成的最大转数，它是决定硬盘内部数据传输率的因素之一，同时也是区别硬盘性能高低的重要参数之一。

**2. 平均寻道时间**

平均寻道时间是指磁头从得到指令到寻找到数据所在磁道的时间，单位是毫秒（ms）。它代表硬盘读取数据的能力。目前主流硬盘一般在 10ms 以下。

**3. 数据传输率**

数据传输率又分为外部数据传输率和内部数据传输率。外部数据传输率指的是从硬盘缓存中读取数据的速度，单位为 MB/s。目前主流硬盘采用的是 ATA/100，它的最大外部数据传输率即为 100 MB/s。内部传输率是指硬盘磁头与缓存之间的数据传输率，简单地说就是硬盘将数据从盘片上读取出来，然后存储在缓存内的速度。内部传输率可以准确表现出硬盘的读写速度，是评价一个硬盘整体性能的决定性因素和衡量硬盘性能的真正标准。

**4. 高速缓存容量**

缓存是指硬盘内部的数据临时寄存器，功能是用来解决硬盘数据读取速度较慢影响计算机整体运行速度的问题的，主要用来缓解硬盘与内存的速度差和实现数据预存取等。硬盘在运行时先往缓存中写入预计的数据，当数据被调用时，硬盘收到指令后在磁头寻找数据的同时也在缓存中寻找。如果缓存中有，就不需要磁头的读写操作而直接调用，同时在硬盘数据写入时也能起到类似的作用。这样一来就大大加快了硬盘的读写速度。也因此，缓存的大小直接关系到硬盘的性能。目前主流硬盘的缓存主要有 2 M、8 M 和 16 M 三种不同的容量规格。

**5. 单碟容量**

单碟容量（Storage Per Disk）是反映硬盘综合性能指标的重要因素之一。硬盘是由多个存储碟片组合而成的，而单碟容量就是一张存储碟所能存储的最大数据量。

# 7.2 硬盘分区管理

Windows 操作系统中多数利用磁盘管理功能对硬盘进行分区。Linux 系统中的分区类型、表示方法、分区工具等都与 Windows 系统有所区别。

## 7.2.1 硬盘分区常识

在对硬盘进行分区之前，先了解一下硬盘分区的相关概念。

**1. MBR**

MBR（Main Boot Record）即主引导记录，位于硬盘的第一个扇区。在总共 512 B 的主引导扇区中，MBR 就占用了其中的 446 B，另外 64 B 用来存放硬盘分区表，而最后两个字节 "55，AA" 是分区的结束标志。

**2. 硬盘分区表**

它用来存放硬盘的分区信息，占用了硬盘第一扇区的 64 B。主要存放硬盘的分区信息，包括该分区是否为活动分区、分区的起始位置、分区的结束位置、分区的文件系统标志和分区的容量。

**3. 硬盘分区类型**

硬盘分区有 3 种类型：主分区、扩展分区和逻辑分区。一个硬盘最多只能有 4 个主分区，当分区数量超过 4 个时，需要使用到扩展分区。一个硬盘最多只能有一个扩展分区，当划分了扩展分区后，每个硬盘最多只能有 3 个主分区。逻辑分区是在扩展分区的基础上进行划分的。逻辑分区不能直接引导操作系统，不过可以将操作系统的引导文件放在主分区上，操作系统存放在逻辑分区上。

**4. Linux 分区的表示方法**

Linux 系统的分区表示方法与 Windows 操作系统中的方法是截然不同的。硬盘在 Linux 系统中以文件形式存在，比如/dev/sda 表示一个硬盘，而/dev/sda1 则表示硬盘/dev/sda 的第一个分区。不同的类型接口的硬盘在 Linux 中表示的方法也各不相同。如表 7-1 所示 Linux 系统中的硬盘和分区表示方法，并做出了相应的说明。

表 7-1  Linux 系统硬盘和分区的表示方法及说明

|  | 设备类型 | 设备名称 | 说　　明 |
|---|---|---|---|
| 硬盘表示方法 | IDE 类型硬盘 | /dev/hdx | /dev/hda 表示第一块本类型的硬盘<br>依此类推 |
|  | SATA/SCSI/USB 类型硬盘 | /dev/sdx | /dev/sda 表示第一块本类型的硬盘<br>依此类推 |
| 分区表示方法 | IDE 类型硬盘 | /dev/hdaN | /dev/hda1 表示硬盘的第一个主分区<br>/dev/hda2 表示硬盘的第二个主分区<br>/dev/hda5 表示硬盘的第一个逻辑分区 |
|  | SATA/SCSI/USB 类型硬盘 | /dev/sdaN | /dev/sda1 表示硬盘的第一个分区<br>/dev/hda2 表示硬盘的第二个主分区<br>/dev/hda5 表示硬盘的第一个逻辑分区 |

## 7.2.2　分区工具介绍

在 Linux 中，通常自带有 fdisk 和 parted 两个指定工具用于对硬盘进行分区。下面将以 fdisk 为例，对系统的第二个硬盘（/dev/sdb）进行分区的实例讲解。

（1）查看分区

在对硬盘做分区之前可以先运行"fdisk – l"命令查看当前的硬盘分区情况，如图 7-2 所示。

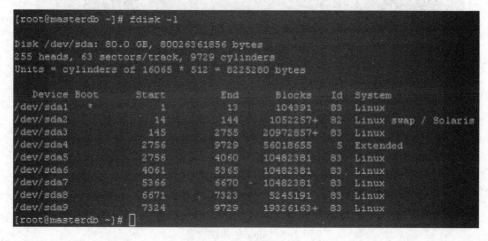

图 7-2　硬盘分区情况

也可以查看当前硬盘分区的使用情况，使用"df - h"指令，如图 7-3 所示。

```
[root@masterdb ~]# df -h
Filesystem          Size  Used Avail Use% Mounted on
/dev/sda8           4.9G  1.4G  3.3G  29% /
/dev/sda9            18G  1.6G   16G  10% /var
/dev/sda7           9.7G  270M  9.0G   3% /home
/dev/sda6           9.7G  151M  9.1G   2% /tmp
/dev/sda5           9.7G  9.0G  208M  98% /opt
/dev/sda3            20G  2.9G   16G  16% /usr
/dev/sda1            99M   12M   83M  13% /boot
tmpfs               1.3G     0  1.3G   0% /dev/shm
[root@masterdb ~]#
```

图 7-3　硬盘分区使用情况

启动 fdisk 程序只需要使用"fdisk 设备名"指令，如图 7-4 所示。

```
[root@bogon ~]# fdisk /dev/sdb
Device contains neither a valid DOS partition table, nor Sun, SGI or OSF
 disklabel
Building a new DOS disklabel with disk identifier 0xb10ded98.
Changes will remain in memory only, until you decide to write them.
After that, of course, the previous content won't be recoverable.

Warning: invalid flag 0x0000 of partition table 4 will be corrected by w
(rite)

WARNING: DOS-compatible mode is deprecated. It's strongly recommended to
        switch off the mode (command 'c') and change display units to
        sectors (command 'u').

Command (m for help):
```

图 7-4　启动 fdisk 程序

根据提示，输入"m"可以获得帮助，如图 7-5 所示。

```
Command (m for help): m
Command action
   a   toggle a bootable flag
   b   edit bsd disklabel
   c   toggle the dos compatibility flag
   d   delete a partition
   l   list known partition types
   m   print this menu
   n   add a new partition
   o   create a new empty DOS partition table
   p   print the partition table
   q   quit without saving changes
   s   create a new empty Sun disklabel
   t   change a partition's system id
   u   change display/entry units
   v   verify the partition table
   w   write table to disk and exit
   x   extra functionality (experts only)

Command (m for help):
```

图 7-5　fdisk 的帮助信息

156

输入"p"可以查看硬盘的当前分区信息,如图7-6所示。

```
Command (m for help): p

Disk /dev/sdb: 8589 MB, 8589934592 bytes
255 heads, 63 sectors/track, 1044 cylinders
Units = cylinders of 16065 * 512 = 8225280 bytes
Sector size (logical/physical): 512 bytes / 512 bytes
I/O size (minimum/optimal): 512 bytes / 512 bytes
Disk identifier: 0xb10ded98

   Device Boot      Start         End      Blocks   Id  System

Command (m for help):
```

图7-6　fdisk查看分区情况

(2)建立分区

建立分区,输入"n",可以建立新的分区,如图7-7所示。

```
Command (m for help): n
Command action
   e   extended
   p   primary partition (1-4)
```

图7-7　分区类型选择

这里有"e"和"p"两个选项可以选择,"e"表示扩展分区,"p"则表示主分区。通常把硬盘的第一个分区设为主分区,选择"p",然后按要求输入主分区号,第一个输入"1"(数字1)。之后出现"First cylinder",即指定分区的起始柱面,通常直接按〈Enter〉键使用默认值;"Last cylinder",即指定分区的结束柱面,也可以使用"+分区大小"的方式表示,如输入"+100M",即给分区指定的容量是100MB。操作如图7-8所示。

```
Command (m for help): n
Command action
   e   extended
   p   primary partition (1-4)
p
Partition number (1-4): 1
First cylinder (1-1044, default 1):
Using default value 1
Last cylinder, +cylinders or +size{K,M,G} (1-1044, default 1044): +100M

Command (m for help): p

Disk /dev/sdb: 8589 MB, 8589934592 bytes
255 heads, 63 sectors/track, 1044 cylinders
Units = cylinders of 16065 * 512 = 8225280 bytes
Sector size (logical/physical): 512 bytes / 512 bytes
I/O size (minimum/optimal): 512 bytes / 512 bytes
Disk identifier: 0xb10ded98

   Device Boot      Start         End      Blocks   Id  System
/dev/sdb1              1          14      112423+  83  Linux

Command (m for help):
```

图7-8　fdisk建立第一个主分区

建立逻辑分区，首先还是输入"n"。因为逻辑分区是建立在扩展分区之上的，因此输入"e"。系统通常会把主分区剩下的所有容量划分给扩展分区，所以在"First cylinder"和"Last cylinder"都选择直接按〈Enter〉键。操作如图7-9所示。

图7-9　fdisk建立扩展分区

建立了扩展分区后，就可以开始建立逻辑分区了。同样还是先输入"n"，然后选择"l"（小写字母l，表示逻辑分区），随后与建立主分区的步骤一样。操作如图7-10所示。

图7-10　fdisk建立逻辑分区

（3）删除分区

删除分区，当某分区设置有问题时就需要删除它，然后重新建立。删除分区输入"d"，再输入要删除的分区号即可。例如想删除/dev/sdb5，其操作过程如图7-11所示。

图 7-11　fdisk 删除分区

（4）退出

保存分区信息并退出的工具，输入"w"。也可以输入"q"退出 fdisk 工具，但不保存对硬盘所做的修改。即在输入"w"退出之前，fdisk 工具对硬盘所做的任何分区修改都不会影响实际的分区表。操作如图 7-12 所示。

图 7-12　退出 fdisk

**知识扩展：** 硬盘分区之前应当对硬盘进行一个简单的规划，即需要分哪些区，每个区的大小及用途。

## 7.3　文件系统

只分好区的硬盘是不能直接用来存放数据的，必须先在分区上建立文件系统。文件系统是操作系统用于明确硬盘分区上的文件的方法和数据结构，即文件在磁盘上的组织方法。

### 7.3.1 文件系统介绍

Linux 的内核采用了称之为虚拟文件系统（Virtual File System，VFS）技术，因此 Linux 可以支持多种不同的文件系统类型。每一种类型的文件系统都提供一个公共的软件接口给 VFS。Linux 的虚拟文件系统允许用户可以同时同名的安装许多不同的文件系统。虚拟文件系统是为 Linux 用户提供快速且高效的文件访问服务而设计的。

随着 Linux 系统的不断发展，它所支持的文件系统也在迅速扩充。特别是 Linux2.4 内核正式推出后，出现了大量新的文件系统，其中包括日志文件系统 ext4、ext3、ReiserFS、XFS、JFS 和其他文件系统。下面对几种主流的文件系统进行简单介绍。

**1. ext3 文件系统**

ext 是第一个专门为 Linux 开发的文件系统类型，称为扩展文件系统。但由于其稳定性、速度和兼容性方面存在许多缺陷，ext 文件系统现在很少使用。

ext2 文件系统是为解决 ext 文件系统的缺陷而设计的可扩展、高性能的文件系统，称为二级扩展文件系统，是 Linux 系统中标准的文件系统，早期的 Linux 都使用的 ext2。

ext3 文件系统是 ext2 的升级版本，兼容 ext2。与 ext2 文件系统相比，ext3 增加了文件系统日志记录功能，称为日志式文件系统。ext3 是目前 Linux 默认采用的文件系统。由于具有了日志功能，当因断电或其他异常事件而非正常关机时，重启系统后操作系统会根据文件系统的日志，快速检测并恢复文件系统到正常的状态，提高数据的安全性。

ext4 文件系统是 ext3 的改进版本，兼容 ext3 标准。ext4 文件系统将支持高达 1024PB 的容量。另外 ext4 支持文件连续写入。同样 ext4 也是一种日志文件系统，但它支持无日志模式，允许关闭日志功能来提高性能。

**2. ReiserFS 文件系统**

ReiserFS 是一种新型的日志文件系统。与传统的文件系统相比，ReiserFS 采用更先进的日志机制，提供对事务的支持。ReiserFS 突出的地方还在于其设计上着眼于实现一些未来的插件程序，这些程序可以提供访问控制列表、超级链接，以及一些其他优秀的功能。很长一段时间 SUSE 公司都将 ReiserFS 作为默认的文件系统。

**3. JFS 文件系统**

JFS（Journal File System）是种提供日志的字节级文件系统。该文件系统主要是为满足服务器的高吞吐量和可靠性需求而设计、开发的。之前主要应用于 IBM 的 AIX（Advanced Interactive executive）系统上。2000 年 2 月，IBM 才许可 JFS 移植到 Linux 系统中。

**4. XFS 文件系统**

XFS（Existing File System）是一种非常优秀的日志文件系统，它是由 SGI 于 20 世纪 90 年代初开发的。XFS 推出后被业界称为先进的、最具可升级性的文件系统文件系统技术。它是一个全 64 位、快速、稳定的日志文件系统。多年来一直用于 SGI 公司的 IRIX 操作系统。

**5. SWAP 文件系统**

SWAP 是一个极为特殊的文件系统格式。Linux 中的交换空间在物理内存不够时可使用 SWAP。如果系统需要更多的内存资源，而物理内存已经被充满，则内存中不活跃的页就会被移到交换空间。交换空间可以是一个专用的磁盘分区或者文件。

### 6. VFAT 文件系统

VFAT 是 Linux 对 DOS、Windows 系统下的 FAT（包括 FAT16 和 FAT32）文件系统的一个统称。

> **知识扩展**：数据库操作往往是由多个相关的、相互依赖的子操作组成，任何一个子操作的失败都意味着整个操作的无效性，对于数据库数据的任何修改都要恢复到操作以前的状态。Linux 日志式文件系统就是由此发展而来的。这个日志是位于磁盘上的结构。

## 7.3.2　文件系统特性

通常来说，一个普通或者目录文件拥有权限（读、写和执行）、属性（属主、属组及时间参数等）和内容 3 部分。文件系统会将这些部分数据分别存放在不同的区块，权限与属性放在 inode 中，而实际的内容数据则存放在 data block 区块中。另外还有一个超级区（superblock）会记录整个文件的整体信息，包括 inode 与 block 的总量、使用量、剩余量等。

在文件系统中，每个 inode 与 block 都有编号。而每个文件占用一个 inode，inode 内包含了文件数据存放的 block 号。因此，文件系统读取文件过程是这样的：首先是找到该文件的 inode，通过 inode 就会知道这个文件存放数据的 block 号，然后根据 block 号读取实际数据。以这种方式存取数据的文件系统称为索引式文件系统，Linux 使用的文件系统都是索引式文件系统。

## 7.3.3　文件系统布局

文件系统是 Linux 下的所有文件和目录的集合。这些文件和目录结构是以一个树状的结构来组织的，这个树状结构构成了 Linux 中的文件系统。使用 Linux，用户可以设置目录和文件的权限，以便允许或拒绝其他人对其进行访问。用户可以浏览整个系统，进入任何一个已授权进入的目录，访问那里的文件。

根据文件系统层次结构标准（File System Hierarchy Standard，FHS），文件系统布局目录如表 7-2 所示，分别用于存储不同类型的数据。

**表 7-2　文件系统布局目录**

| 目　　录 | 说　　明 |
| --- | --- |
| / | 第一层次结构的根、整个文件系统层次结构的根目录 |
| /bin/ | 需要在单用户模式可用的必要命令（可执行文件）；面向所有用户，例如：cat、ls、cp |
| /boot/ | 引导程序文件，例如：kernel、initrd；时常是一个单独的分区 |
| /dev/ | 必要设备文件存储目录，例如：/dev/sda，/dev/null |
| /etc/ | 特定主机，系统范围内的配置文件 |
| /home/ | 用户的家目录，包含保存的文件、个人设置等，一般为单独的分区 |
| /lib/ | /bin/和/sbin/中二进制文件必要的库文件 |
| /media/ | 可移除媒体（如 CD - ROM）的挂载点（在 FHS - 2.3 中出现） |

| 目　录 | 说　明 |
|---|---|
| /mnt/ | 临时挂载的文件系统 |
| /opt/ | 可选应用软件包的安装位置 |
| /proc/ | 虚拟文件系统，将内核与进程状态归档为文本文件。例如：uptime、network |
| /root/ | 超级用户的家目录 |
| /sbin/ | 必要的系统二进制文件，例如：init、ip、mount |
| /tmp/ | 临时文件存放目录 |
| /usr/ | 用于存储只读用户数据的第二层次，包含绝大多数的（多）用户工具和应用程序 |
| /var | 变量文件，在正常运行的系统中其内容不断变化的文件，如日志，脱机文件和临时电子邮件文件。有时是一个单独的分区 |

**知识拓展：** 可以使用"tree – d – L 2/"指令来查看当前系统的文件系统布局。

## 7.3.4　特殊的文件系统

特殊文件系统并不管理磁盘空间（无论是磁盘的还是在网络上的）。它们在 Linux 操作系统上大量使用。这些文件系统通常由系统内核或者应用程序动态管理，以达到反映系统运行状况、进行进程间通信、获取临时文件空间等目的。常见的这类特殊文件系统如表7-3所示。

**表7-3　特殊文件系统**

| 文件系统 | 挂载点 | 说　明 |
|---|---|---|
| root | / | Linux 系统运行的基点，根文件系统不能被卸载 |
| proc | /proc | 以文件系统的方式为访问系统内核数据操作提供接口，2.4 和 2.6 内核适用 |
| sysfs | /sys | 以文件系统的方式为访问系统内核数据操作提供接口，2.6 内核适用 |
| tmpfs | /dev/shm | 程序访问共享内存资源时使用的文件系统 |
| usbfs | /proc/bus/usb | 访问 USB 设备时使用的文件系统 |
| devpts | /dev/pts | 内核用来与伪终端进行交互的文件系统 |
| swap | 无 | 内核使用的特殊文件系统，用来创建虚拟内存 |

## 7.3.5　/proc 目录重要文件

Proc 是一个虚拟文件系统，在 Linux 系统中它被挂载于/proc 目录之上。很多 Linux 命令都需要使用这个文件系统的信息。Proc 有多个功能，这其中包括用户可以通过它访问内核信息或用于排错。在/proc 文件系统中，每一个进程都有一个相应的文件。/proc 目录下的一些重要文件如表7-4所示。

**表7-4　/proc 目录重要文件**

| 文　件　名 | 说　明 |
|---|---|
| /proc/n | n 为 PID，每个进程在/proc 下面都有一个名为其进程号的目录 |
| /proc/cpuinfo | 处理器信息，如类型、制造商、型号等 |

（续）

| 文 件 名 | 说 明 |
|---|---|
| /proc/meminfo | 内存信息，包括物理内存和虚拟内存 |
| /proc/devices | 当前运行的核心配置的设备驱动列表 |
| /proc/filesystems | 核心配置的文件系统 |
| /proc/modules | 当然系统加载的核心模块 |
| /proc/net | 网络协议状态相关的信息 |
| /proc/stat | 系统状态 |
| /proc/version | 内核版本信息 |

## 7.4 文件系统管理

文件系统是创建在硬盘上面的，因此首先需要了解硬盘的物理组成。硬盘设备包括磁盘驱动器、适配器及盘片。磁盘分区指的是告知操作系统可以在所指定的区块内进行文件数据的读、写或搜寻等动作。

### 7.4.1 建立文件系统

简单来说，建立文件系统就是对硬盘分区进行格式化。通常使用 mkfs 和 mke2fs 指令对硬盘分区进行格式化。

**1. mkfs**

格式:mkfs［ -t 文件系统类型］设备名
参数: -t:后面接文件系统类型

例如 ext3，ext2，vfat 等（系统支持的文件系统）。例如，把/dev/sdb1 格式化为 ext3 文件系统，操作如图 7-13 所示。

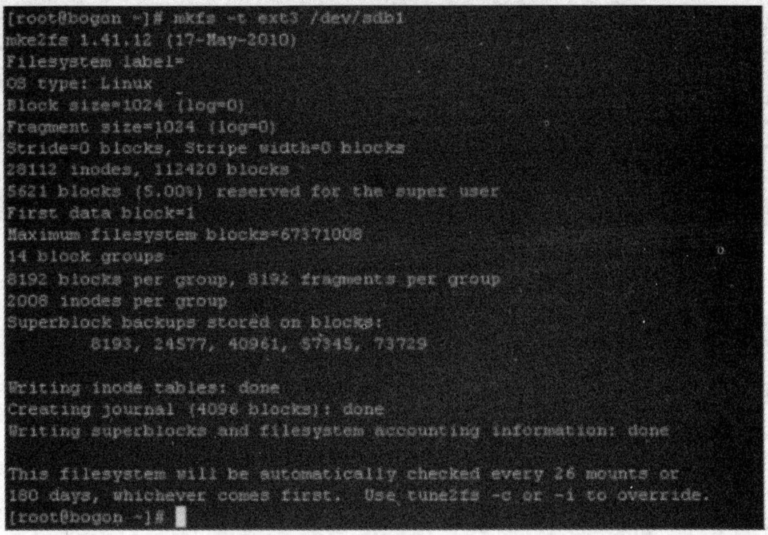

```
[root@bogon ~]# mkfs -t ext3 /dev/sdb1
mke2fs 1.41.12 (17-May-2010)
Filesystem label=
OS type: Linux
Block size=1024 (log=0)
Fragment size=1024 (log=0)
Stride=0 blocks, Stripe width=0 blocks
28112 inodes, 112420 blocks
5621 blocks (5.00%) reserved for the super user
First data block=1
Maximum filesystem blocks=67371008
14 block groups
8192 blocks per group, 8192 fragments per group
2008 inodes per group
Superblock backups stored on blocks:
        8193, 24577, 40961, 57345, 73729

Writing inode tables: done
Creating journal (4096 blocks): done
Writing superblocks and filesystem accounting information: done

This filesystem will be automatically checked every 26 mounts or
180 days, whichever comes first.  Use tune2fs -c or -i to override.
[root@bogon ~]#
```

图 7-13 mkfs 建立 ext3 文件系统

mkfs 其实是个综合指令而已，事实上当执行“mkfs －t ext3 ...”时，系统会调用“mkfs. ext3”来完成格式化操作。如图 7-14 所示，系统还存在很多以 mkfs 开头的指令。

```
[root@bogon ~]# mkfs
mkfs          mkfs.ext2     mkfs.ext4      mkfs.msdos
mkfs.cramfs   mkfs.ext3     mkfs.ext4dev   mkfs.vfat
[root@bogon ~]# mkfs
```

图 7-14 mkfs 相关指令

**2. mke2fs**

格式：mke2fs [ －b block 大小] [ －i block 大小] [ －L 卷标] [ －cj] 设备名
参数：－b：设定每个 block 的大小，目前支持 1024，2048，4096 三种，默认是 4096
　　－i：多少容量分配一个 inode
　　－c：检查磁盘错误，会对磁盘进行快速读取测试
　　－L：设定磁盘卷标
　　－j：mke2fs 默认创建的文件系统是 ext2，加上 －j 后，则表示建立 ext3 文件系统

使用 mke2fs 把/dev/sdb1 格式化为 ext3 系统，并同时指定 block，inode 和卷标，操作如图 7-15 所示。

```
[root@bogon ~]# mke2fs -t ext4 -b 2048 -i 8192 -L FirstPart /dev/sdb1
mke2fs 1.41.12 (17-May-2010)
Filesystem label=FirstPart
OS type: Linux
Block size=2048 (log=1)
Fragment size=2048 (log=1)
Stride=0 blocks, Stripe width=0 blocks
14080 inodes, 56210 blocks
2810 blocks (5.00%) reserved for the super user
First data block=0
Maximum filesystem blocks=57671680
4 block groups
16384 blocks per group, 16384 fragments per group
3520 inodes per group
Superblock backups stored on blocks:
        16384, 49152

Writing inode tables: done
Creating journal (4096 blocks): done
Writing superblocks and filesystem accounting information: done

This filesystem will be automatically checked every 31 mounts or
180 days, whichever comes first.  Use tune2fs -c or -i to override.
[root@bogon ~]#
```

图 7-15 mke2fs 格式化磁盘分区

## 7.4.2 磁盘检验

随着硬盘容量、速度的快速发展，硬盘的可靠性问题越来越重要。单块硬盘存储容量越大，硬盘损坏带来的影响越大，故而磁盘检测显得尤为重要。

**1. Fsck**

Fsck（File System Check）命令用来检查和维护不一致的文件系统。若系统掉电或磁盘发生问题，可利用 Fsck 命令对文件系统进行检查。

格式:Fsck［-t 文件系统］［-ACayf] 设备名

参数:-t:指定文件系统类型。和 mkfs 一样是一个综合指令

　　-A:依据/etc/fstab 的内容,将需要的设备扫描一次

　　-C:显示检验的进度

　　-a:自动修复检查到的有问题的扇区

　　-y:与-a 类似,但某些文件系统会支持-y 参数

　　-f:强制检查

例如强制检验/dev/sdb1 是否有问题,并自动修复。操作如图 7-16 所示。

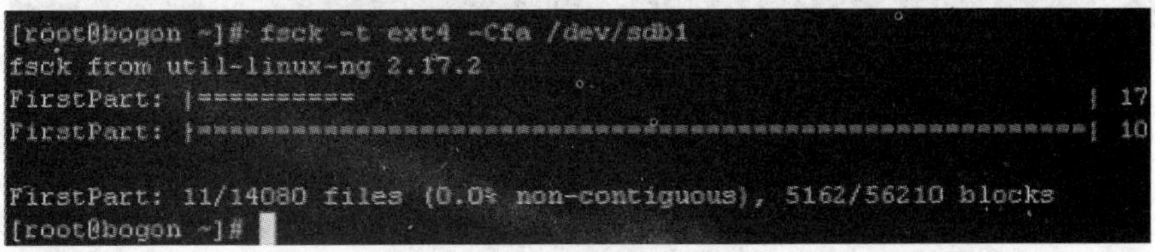

```
[root@bogon ~]# fsck -t ext4 -Cfa /dev/sdb1
fsck from util-linux-ng 2.17.2
FirstPart: |==========                                         | 17
FirstPart: |*********************************                  | 10

FirstPart: 11/14080 files (0.0% non-contiguous), 5162/56210 blocks
[root@bogon ~]#
```

图 7-16　fsck 检测磁盘分区

**知识拓展:** 通常来说［lost + found] 目录是空的,当发现这个目录上有数据产生,则表明系统有问题。

### 2. Badblock

格式:Badblock［-svw]设备名

参数:-s:显示检测进度

　　-v:显示检测进度

　　-w:使用写入的方式来检测,通常不建议使用

主要用来检测硬盘分区是否有坏道,这个指令等同于"mke2fs -c 设备名"。

## 7.4.3　磁盘的挂载与卸载

建立了文件系统之后,操作系统还不能直接使用该文件系统,需要将该文件系统挂载到系统中的某个目录上才可以使用。

### 1. 挂载文件系统

Linux 中有两种方法可以挂载文件系统,分别是使用 mount 指令手动挂载和通过配置文件自动加载。

（1）mount 手动挂载

格式:mount［-t 文件系统］［-o 额外选项] 设备名 挂载点

参数:-a:根据配置文件/etc/fstab 挂载所有未挂载的磁盘

　　-l:执行不带参数的 mount 会显示目前的挂载信息,加上-l 可以显示卷标名称

　　-t:指定文件系统类型,常见的有 ext3、vfat、reiserfs、iso9660、nfs 等

　　-n:默认情况下系统会将实际挂载情况实时写入/etc/mtab,加-n 选项则不写入

　　-o:添加挂载的额外参数,常用的参数有 iocharset 、ro/rw、exec/noexec 等

如果不使用参数“-o”，则以默认参数挂载，默认值为：rw、suid、dev、exec、auto、nouser 和 async 的组合。例如手动挂载 CD/DVD 光盘，指定文件系统类型为 iso9660，不带其他额外参数，操作如图 7-17 所示。

```
[root@bogon ~]# mount -t iso9660 /dev/cdrom /mnt/iso/
mount: block device /dev/sr0 is write-protected, mounting read-only
[root@bogon ~]# df -h
Filesystem            Size  Used Avail Use% Mounted on
/dev/mapper/vg-root   7.3G  3.1G  3.9G  45% /
tmpfs                 122M     0  122M   0% /dev/shm
/dev/sda1              97M   34M   59M  37% /boot
/dev/sr0              4.4G  4.4G     0 100% /mnt/iso
[root@bogon ~]#
```

图 7-17　mount 挂载光盘

（2）修改配置文件自动挂载

用户一般希望系统在启动的时候能够自动的挂载本地的文件系统。/etc/fstab 文件包含与文件系统相对应的清单。系统默认的 fstab 文件内容如图 7-18 所示。

```
[root@masterdb ~]# cat /etc/fstab
LABEL=/                 /                       ext3    defaults        1 1
LABEL=/var              /var                    ext3    nodev           1 2
LABEL=/home             /home                   ext3    nodev           1 2
LABEL=/tmp              /tmp                    ext3    nodev           1 2
LABEL=/opt              /opt                    ext3    nodev           1 2
LABEL=/usr              /usr                    ext3    nodev           1 2
LABEL=/boot             /boot                   ext3    nodev           1 2
tmpfs                   /dev/shm                tmpfs   defaults        0 0
devpts                  /dev/pts                devpts  gid=5,mode=620  0 0
sysfs                   /sys                    sysfs   defaults        0 0
proc                    /proc                   proc    defaults        0 0
LABEL=SWAP-sda2         swap                    swap    defaults        0 0
/dev/cdrom              /media/cdrom            iso9660 ro,noauto,owner 0 0
[root@masterdb ~]#
```

图 7-18　/etc/fstab 文件内容

fstab 文件每行有 6 个以空白隔开的字段。每行描述一个文件系统。对齐各个字段是为了阅读方便，但并不要求对齐。

第 1 个字段给出了设备名，或者是 e2label 关联到设备上的标签（LABEL = 的形式）。fstab 文件可以包括从远程系统上安装的文件系统。在这种情况下，第一个字段是 NFS 路径，表示方法是 server:/export，即名为 server 的机器上的/export 目录。在有些系统中，/proc 和/dev/shm 等不占用存储空间的文件系统的第一个字段也可以用 none 来点位。

第 2 个字段指定挂载点，即可以访问文件系统的入口。

第 3 个字段指定文件系统类型。标识本地文件系统所用的确切类型，名称随系统的配置不同而不同。

第 4 个字段指定挂载文件系统的额外参数。关键字“defaults”代表“rw”“suid”“dev”“exec”“auto”“nouser”和“async”这些参数的组合。

第 5 个字段设定转储频率的值。该选项被 dump 命令使用来检查一个文件系统应该以多快频率进行转储，若不需要转储就设置该字段为 0。

第 6 个字段指定 fsck 检查文件系统的次序。在这个字段中有相同值的文件系统会尽可能地并发检查。在日志文件系统出现之前，fsck 是一个很花时间的进程，所以这个字段在日志文件出现前非常重要，但是现在它没那么重要了。通常根文件系统“/”对应该字段的值设为1，其他文件系统设为2。若该文件系统不需要进行检查，则可以将值设为0。

mount、umount、swapon 和 fsck 命令都要读取 fstab 文件，所以这个文件提供正确和完整的数据就非常重要。当用户在命令上只给出了分区名或者安装点的时候，mount 和 umount 就使用 fstab 来判断用户想要做什么。例如，如图 7-18 所示给出的 fstab 文件。

命令

```
mount /media/cdrom
```

等价于输入

```
mount -t iso9660 -o ro,noauto,owner /dev/cdrom /media/cdrom
```

因此用户直接输入 mount -a 命令会安装 fstab 文件中列出的所有文件系统，它通常在引导时由启动脚本执行。“-t” 参数将 mount 操作将限定某类型的文件系统。例如，安装所有本地的 ext3 文件系统，操作如图 7-19 所示。

```
[root@masterdb ~]# mount -avt ext3
mount: LABEL=/var already mounted on /var
mount: LABEL=/home already mounted on /home
mount: LABEL=/tmp already mounted on /tmp
mount: LABEL=/opt already mounted on /opt
mount: LABEL=/usr already mounted on /usr
mount: LABEL=/boot already mounted on /boot
nothing was mounted
[root@masterdb ~]# mount -t ext3
/dev/sda8 on / type ext3 (rw)
/dev/sda9 on /var type ext3 (rw,nodev)
/dev/sda7 on /home type ext3 (rw,nodev)
/dev/sda6 on /tmp type ext3 (rw,nodev)
/dev/sda5 on /opt type ext3 (rw,nodev)
/dev/sda3 on /usr type ext3 (rw,nodev)
/dev/sda1 on /boot type ext3 (rw,nodev)
[root@masterdb ~]#
```

图 7-19　安装所有本地 ext3 文件系统

mount 命令按自上而下的顺序读取 fstab 文件，因此，在 fstab 文件中，在其他文件系统之下的文件系统必须在其父分区的后面出现。

**2. 卸载文件系统**

可以使用 umount 指令。例如将挂载在/mnt/iso 上的光盘卸载，操作如图 7-20 所示。

```
[root@bogon ~]# umount /mnt/iso/
[root@bogon ~]# df -h
Filesystem            Size  Used Avail Use% Mounted on
/dev/mapper/vg-root   7.3G  3.1G  3.9G  45% /
tmpfs                 122M     0  122M   0% /dev/shm
/dev/sda1              97M   34M   59M  37% /boot
[root@bogon ~]#
```

图 7-20　umount 卸载光盘

umount 的语法和 mount 类似，umount 同样会读取 fstab 文件。当被卸载的文件系统正在使用时，文件系统上面就会有打开的文件或者某进程的工作目录在该文件系统上。该文件系统是不能被卸载的，如进行卸载，则会出现类似不能卸载或繁忙状态的文件系统等的报错。这时可以使用 fuser 命令来查明原因。执行 fuser 命令并给定“ -mv”参数时，它会显示出正在使用该文件系统的文件或者目录的每个进程 PID，如图 7-21 所示。

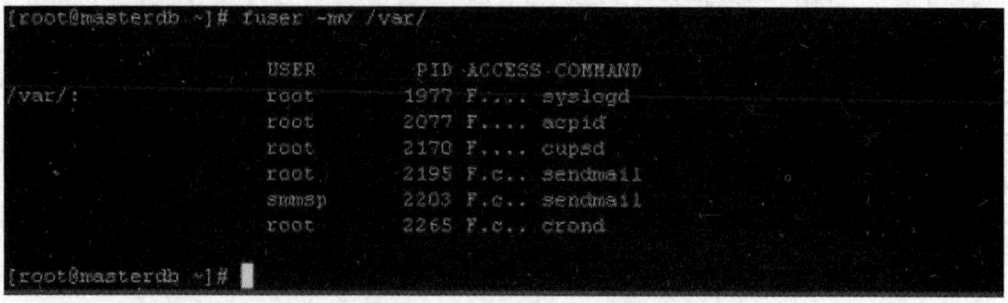

```
[root@masterdb ~]# fuser -mv /var/

                     USER        PID ACCESS COMMAND
/var/:               root       1977 F.... syslogd
                     root       2077 F.... acpid
                     root       2170 F.... cupsd
                     root       2195 F.c.. sendmail
                     smmsp      2203 F.c.. sendmail
                     root       2265 F.c.. crond

[root@masterdb ~]#
```

图 7-21　fuser 找出占用资源的进程

ACCESS 列的字母表示每个进程对 umount 命令产生的回应。如表 7-5 所示为每个字母代表的含义。

**表 7-5　fuser 给的 ACESS 段代码解释**

| 代　码 | 说　明 |
|---|---|
| F | 进程有一个为了读或写而打开的文件 |
| C | 进程的当前目录在这个文件系统上 |
| E | 进程正在执行一个文件 |
| R | 进程的根目录（chroot 命令设置）在这个文件系统上 |
| M | 进程已经映射了一个文件或者共享库 |

找到了 PID，并结束相应的进程，使用 kill 或者 fuser 加 -k 选项，然后再执行 umount 就能成功卸载文件系统。

## 7.5　磁盘的高级管理

磁盘是 Linux 系统中一项非常重要的资源，如何对其进行有效的管理直接关系到整个系统的性能问题。磁盘高级管理，即用于对分区及其文件系统进行建立、修改、调整、检查、复制等操作工具。此外，还可以用它来检查磁盘的使用状况，在不同的磁盘之间复制数据，甚至是“映象”磁盘（将一个磁盘的安装完好地复制到另一个磁盘中）。

### 7.5.1　磁盘的应用工具

进行 Linux 磁盘管理时常用的工具有 e2label、dumpe2fs 、df、du、tune2fs 和 hdparm。

**1. e2label**

label 相当于 Windows 系统的磁盘分区名称，修改 label 就相当于修改 Windows 系统中磁盘分区名称一样。可以在建立文件系统的时候设置 label，也可以使用 e2label 命令进行设置或者修改。命令格式如下：

```
e2label 分区名称 新的 label 名称
```

例如将/dev/sdb1 的 label 名称改为 test_label，操作如图 7-22 所示。

```
[root@bogon iso]# e2label /dev/sdb1

[root@bogon iso]# e2label /dev/sdb1 test_label
[root@bogon iso]# e2label /dev/sdb1
test_label
[root@bogon iso]# dumpe2fs /dev/sdb1 |grep -i "test_label"
dumpe2fs 1.41.12 (17-May-2010)
Filesystem volume name:   test_label
[root@bogon iso]#
```

图 7-22　e2label 修改磁盘 label 名称

**2. dumpe2fs**

在文件系统特性中提到 superblock，superblock 是用来存放该分区文件系统的整体信息，superblock 具体存放哪些数据呢？dumpe2fs 就是用于查看磁盘分区文件系统 superblock 的数据。例如查看/dev/sdb1 分区的 superblock 数据，操作如图 7-23 所示。

```
[root@bogon iso]# dumpe2fs /dev/sdb1
dumpe2fs 1.41.12 (17-May-2010)
Filesystem volume name:   <none>
Last mounted on:          <not available>
Filesystem UUID:          d0c2d14c-84a4-4479-8582-f44d22232196
Filesystem magic number:  0xEF53
Filesystem revision #:    1 (dynamic)
Filesystem features:      has_journal ext_attr resize_inode dir_index filetype e
xtent flex_bg sparse_super huge_file uninit_bg dir_nlink extra_isize
Filesystem flags:         signed_directory_hash
Default mount options:    (none)
Filesystem state:         clean
Errors behavior:          Continue
Filesystem OS type:       Linux
Inode count:              14080
Block count:              56210
Reserved block count:     2810
Free blocks:              51048
Free inodes:              14069
First block:              0
Block size:               2048
```

图 7-23　dumpe2fs 部分信息

dumpe2fs 列出的信息非常详细，可以查询到的数据非常多，每个字段很容易理解，这里不一一解释，主要信息如表 7-6 所示。

**表 7-6　dumpe2fs 信息**

| | | | |
|---|---|---|---|
| Filesystem volume name | 文件系统名称 | Block count | block 的总数 |
| Default mount options | 预设挂载参数 | Free blocks | 可用的 block 总数 |
| Filesystem state | 文件系统的状态 | Free Inodes | 可用的 inode 总数 |
| Filesystem create | 文件系统创建时间 | Block size | 每个 block 的大小 |
| Inode count | inode 的总数 | Inode size | 每个 inode 的大小 |

在 Linux 中有两个命令可以帮助用户了解磁盘磁盘容量的使用情况，分别是 df 和 du 命令。

### 3. df

格式:df [ -amh] [设备名或目录或文件名]

参数: -a:列出所有的文件系统

- -m:以 Mbytes 的容量显示各有文件系统
- -h:以人类较易阅读的格式(G/M)自行显示文件系统
- -T:增列显示文件系统类型
- -i:以 inode 的数量来显示磁盘使用情况

如图 7-24 所示为带不同参数执行的 df 后的结果。

```
[root@bogon iso]# df
Filesystem           1K-blocks      Used Available Use% Mounted on
/dev/mapper/vg-root    7635832   3064728   4183216  43% /
tmpfs                   124836         0    124836   0% /dev/shm
/dev/sda1                99150     33892     60138  37% /boot
/dev/sr0               4595172   4595172         0 100% /mnt/iso
[root@bogon iso]# df -h
Filesystem            Size  Used Avail Use% Mounted on
/dev/mapper/vg-root   7.3G  3.0G  4.0G  43% /
tmpfs                 122M     0  122M   0% /dev/shm
/dev/sda1              97M   34M   59M  37% /boot
/dev/sr0              4.4G  4.4G     0 100% /mnt/iso
[root@bogon iso]# df -aTh
Filesystem    Type    Size  Used Avail Use% Mounted on
/dev/mapper/vg-root
              ext4    7.3G  3.0G  4.0G  43% /
proc          proc       0     0     0   -  /proc
sysfs        sysfs       0     0     0   -  /sys
devpts      devpts       0     0     0   -  /dev/pts
tmpfs        tmpfs    122M     0  122M   0% /dev/shm
/dev/sda1     ext4     97M   34M   59M  37% /boot
none   binfmt_misc       0     0     0   -  /proc/sys/fs/binfmt_misc
sunrpc  rpc_pipefs       0     0     0   -  /var/lib/nfs/rpc_pipefs
/dev/sr0   iso9660    4.4G  4.4G     0 100% /mnt/iso
```

图 7-24 df 显示磁盘使用情况

### 4. du

格式:du [ -askmh] [目录或文件名]

参数: -a:显示所有文件和目录的容量,默认不显示子目录内容

- -h:以人类较易读的容量格式(G/M)显示
- -s:列出目录磁盘使用总量,不能和 -a 同时使用
- -S:列出所有这目录的磁盘使用总量
- -m:以 Mbype 格式显示容量

例如显示某文件夹总共占用硬盘空间，并以易读格式显示。操作如图 7-25 所示。

```
[root@bogon iso]# du -sh /usr/*
159M    /usr/bin
4.0K    /usr/etc
4.0K    /usr/games
109M    /usr/include
561M    /usr/lib
48M     /usr/libexec
12M     /usr/local
22M     /usr/sbin
927M    /usr/share
45M     /usr/src
0       /usr/tmp
[root@bogon iso]#
```

图 7-25 du 统计目录使用情况

**5. tune2fs**

tune2f2 是用来设置或调整文件系统信息的一个重要工具，主要用于 ext 系列文件系统。

格式:tune2fs [ -lcmLj]设备名称
参数:-l:类似于 dumpe2fs,用来显示文件系统的信息
　　-c 数字 :设置强制自检的挂载次数。每挂载一次 mount count 就会加 1
　　-i 数字[d | m | w] :设置强制自检的时间间隔[d 天 m 月 w 周]
　　-j:用于向文件系统添加 ext3 的日志功能,通常是用来将 ext2 转换成 ext3
　　-L 卷标 :类似 e2label 的功能,修改文件系统的卷标
　　-m 保留区块百分比:设定用于系统管理的保留区块百分比,默认值是 5%

**6. hdparm**

hdparm 通过 Linux 的 IDE 驱动来修改 IDE 硬盘的参数。hdparm 能设置硬盘的供电模式、启用或者禁用 DMA、设置只读标志以及显示详细的硬盘信息。通过调节硬盘的这些参数，可以使硬盘的性能得到很大的提升。这个工具只适用于 IDE 类型硬盘，对 SCSI 或者 SATA 类设备不起作用。

格式:hdparm [ -idt]设备名
参数:-i:显示硬盘参数
　　-c:设定为 32 -bit 存取模式,硬盘默认以 16 -bit 运行。-c1 为启用,-c0 为取消
　　-d:设定是否启用 DMA 模式,-d1 为启用,-d0 取消
　　-T:测试缓存区的存储性能
　　-t:测试硬盘的实际存储性能

hdparm -tT 可用于任何类型的硬盘，可以使用 hdparm 测试硬盘的存储性能，操作如图 7-26 所示。

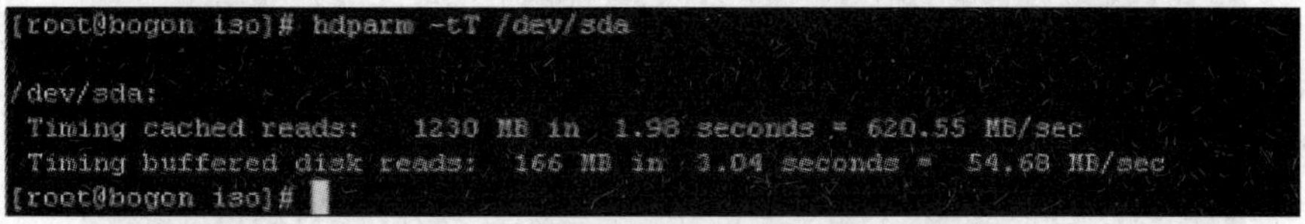

```
[root@bogon iso]# hdparm -tT /dev/sda

/dev/sda:
 Timing cached reads:   1230 MB in  1.98 seconds = 620.55 MB/sec
 Timing buffered disk reads:  166 MB in  3.04 seconds =  54.68 MB/sec
[root@bogon iso]#
```

图 7-26　hdparm 测试硬盘存储性能

## 7.5.2　swap 空间管理

在 Linux 系统中，操作系统首先使用的是物理内存，只有当物理内存不够时才会使用 swap 虚拟内存。交换空间越多，进程能分配到的虚拟内存就越多。通常在几个硬盘之间分摊交换分区，就能获得更好的交换性能。

当系统的物理内存少于 2G 时，虚拟内存设为物理内存的两倍大小。当物理内存大于等于 2G 时，虚拟内存可以设为 2G 大小。有两种方式可以添加虚拟内存，分别是添加交换分区和添加一个交换文件。

**1. 添加交换分区**

首先创建一个分区/dev/sdb5，操作如图 7-27 所示。

```
Command (m for help): n
Command action
   l    logical (5 or over)
   p    primary partition (1-4)
l
First cylinder (15-1044, default 15):
Using default value 15
Last cylinder, +cylinders or +size{K,M,G} (15-1044, default 1044): +256M

Command (m for help): p

Disk /dev/sdb: 8589 MB, 8589934592 bytes
255 heads, 63 sectors/track, 1044 cylinders
Units = cylinders of 16065 * 512 = 8225280 bytes
Sector size (logical/physical): 512 bytes / 512 bytes
I/O size (minimum/optimal): 512 bytes / 512 bytes
Disk identifier: 0xb10ded98

   Device Boot      Start         End      Blocks   Id  System
/dev/sdb1               1          14      112423+  83  Linux
/dev/sdb2              15        1044     8273475    5  Extended
/dev/sdb5              15          48      273073+  83  Linux
```

图 7-27　fdisk 创建新分区

然后将该分区的文件系统类型转换为 swap。以 fdisk 工具为例，输入 "t"，然后输入 "82"（表示 SWAP 分区），操作如图 7-28 所示。

```
Command (m for help): p

Disk /dev/sdb: 8589 MB, 8589934592 bytes
255 heads, 63 sectors/track, 1044 cylinders
Units = cylinders of 16065 * 512 = 8225280 bytes
Sector size (logical/physical): 512 bytes / 512 bytes
I/O size (minimum/optimal): 512 bytes / 512 bytes
Disk identifier: 0xb10ded98

   Device Boot      Start         End      Blocks   Id  System
/dev/sdb1               1          14      112423+  83  Linux
/dev/sdb2              15        1044     8273475    5  Extended
/dev/sdb5              15          48      273073+  83  Linux

Command (m for help): t
Partition number (1-5): 5
Hex code (type L to list codes): 82
Changed system type of partition 5 to 82 (Linux swap / Solaris)

Command (m for help): p

Disk /dev/sdb: 8589 MB, 8589934592 bytes
255 heads, 63 sectors/track, 1044 cylinders
Units = cylinders of 16065 * 512 = 8225280 bytes
Sector size (logical/physical): 512 bytes / 512 bytes
I/O size (minimum/optimal): 512 bytes / 512 bytes
Disk identifier: 0xb10ded98

   Device Boot      Start         End      Blocks   Id  System
/dev/sdb1               1          14      112423+  83  Linux
/dev/sdb2              15        1044     8273475    5  Extended
/dev/sdb5              15          48      273073+  82  Linux swap / Solaris

Command (m for help):
```

图 7-28　fdisk 更改分区类型

使用 mkswap 命令设置交换分区，操作如图 7-29 所示。

```
[root@bogon ~]# mkswap /dev/sdb5
Setting up swapspace version 1, size = 273068 KiB
no label, UUID=dfdc0696-fe52-4f62-9ffb-e0f39f435b99
[root@bogon ~]#
```

图 7-29　mkswap 格式化分区

格式化完成后就可以使用 swapon 命令启用该分区了，操作如图 7-30 所示。

```
[root@bogon ~]# free -m
             total       used       free     shared    buffers     cached
Mem:           243         73        169          0          3         29
-/+ buffers/cache:         40        203
Swap:          511          0        511
[root@bogon ~]# swapon /dev/sdb5
[root@bogon ~]# free -m
             total       used       free     shared    buffers     cached
Mem:           243         74        169          0          3         29
-/+ buffers/cache:         41        202
Swap:          778          0        778
[root@bogon ~]#
```

图 7-30　swapon 启用 swap 分区

要在系统启动时自动启用 SWAP 分区，还需要编辑/etc/fstab 文件中加入以下内容：

```
/dev/sdb5swapswapdefaults0 0
```

这样系统在下次引导时，该 SWAP 分区就会自动启用。

**2. 添加交换文件**

首先使用 dd 命令创建一个 swap 文件，文件大小按实际需要设定。比如需要添加一个 256 MB 的 swap 交换文件，操作如图 7-31 所示。

```
[root@bogon ~]# dd if=/dev/zero of=/tmp/swapfile bs=1M count=256
256+0 records in
256+0 records out
268435456 bytes (268 MB) copied, 5.64366 s, 47.6 MB/s
[root@bogon ~]#
```

图 7-31　dd 创建文件

使用 mkswap 命令设置交换文件，将/tmp/swapfile 文件格式化成 swap 文件格式，操作如图 7-32 所示。

```
[root@bogon ~]# mkswap -f  /tmp/swapfile
Setting up swapspace version 1, size = 262140 KiB
no label, UUID=62d0ad08-9dd3-4620-809e-0293567c78ba
[root@bogon ~]#
```

图 7-32　创建 swap 类型文件系统

使用 swapon 命令启用 swapfile 交换文件，操作如图 7-33 所示。

```
[root@bogon ~]# free -m
             total       used       free     shared    buffers     cached
Mem:           243        222         21          0          3        178
-/+ buffers/cache:         39        204
Swap:          778          0        778
[root@bogon ~]# swapon /tmp/swapfile
[root@bogon ~]# free -m
             total       used       free     shared    buffers     cached
Mem:           243        222         21          0          3        178
-/+ buffers/cache:         39        203
Swap:         1034          0       1034
[root@bogon ~]# swapon -s
Filename                                Type            Size    Used    Prior
ity
/dev/sda2                               partition       524280  0       -1
/dev/sdb5                               partition       273064  0       -2
/tmp/swapfile                           file            262136  0       -3
[root@bogon ~]#
```

图 7-33　启用 swap 交换文件

### 3. 删除 swap 交换空间

删除物理分区的 swap 空间和文件 swap 空间是一样的，都使用 swapoff 命令来完成，操作如图 7-34 所示。

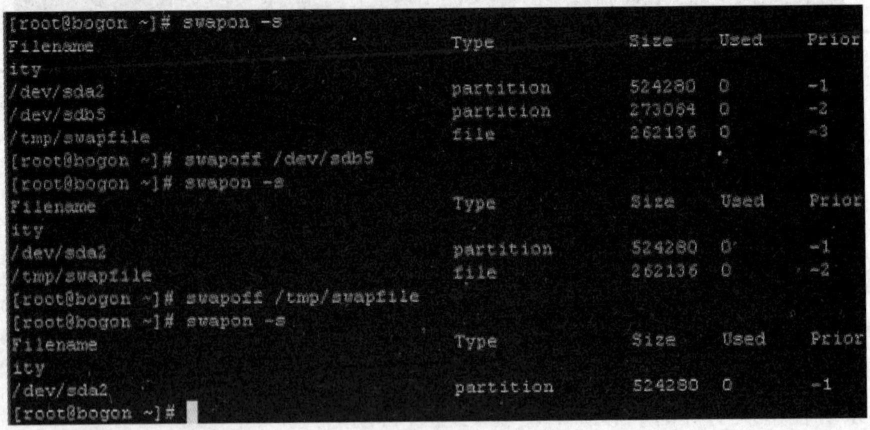

图 7-34　删除 swap 交换文件

swapoff 只是临时删除 swap 空间，如果要永久移除 swap 空间，需要修改/etc/fstab 文件，将 swap 相应的记录删除。

## 7.5.3　quota 磁盘配额

Linux 是一个真正的多用户多任务操作系统，通常一台服务器可以同时有多个用户在上面工作而互不干扰。但是硬盘的容量有限，为了避免部分用户滥用空间或扰乱，可以通过 quota 磁盘限额限定各用户可以使用的硬盘容量和文件数。

磁盘配额具有以下特点：

1）可以为每个用户及群组进行配置。

2）可以对整个文件系统的磁盘空间进行控制。

3）可以对整个文件系统的文件数量进行控制。

4）软限制和硬限制。

软限制和硬限制是用户或者群组可以使用的资源上限的最大值。两者的不同是硬限制是绝对不会被超过的，而软限制在一段时期内可以被超过。

虽然磁盘配额很好用，但要使用磁盘配额内核必须要支持 quota，且系统已经安装好 quota 管理软件。而且磁盘配额只能对整个文件系统进行全局的控制。

要实现磁盘配额，具体分为 5 个步骤：

1）修改/etc/fstab 文件，启用文件系统配额。

2）重新挂载该文件系统。

3）创建配额文件。

4）启用和禁用 quota。

5）设定具体的配额参数。

下面以在/dev/sdb1 上启用磁盘配额为例，详细详解磁盘配额的操作步骤和方法。

**1. 设置配额支持**

修改/etc/fstab 文件，给需要配置配额的文件系统添加 usrquota，grpquota 挂载选项，使该文件系统支持磁盘配额，如图 7-35 所示。

```
/dev/sdb1          /mnt              ext4      defaults,usrquota,grpquota 1 2
```

图 7-35　使文件系统支持 quota

图 7-35 表示在/dev/sdb1 文件系统上启用了用户（usrquota）和群组（grpquota）配额。如果只想开启用户或者群组配额，则只需要添加相应的选项即可。

**2. 重新挂载文件系统**

使用 mount 命令的"-o remount"参数可快速地重新挂载文件系统，操作如图 7-36 所示。显示"/dev/sdb1 on /mnt type ext4（rw，usrquota，grpquota）"，说明"/mnt"已经成功到加载 usrquota 和 grpquota 配额选项中。

```
[root@bogon ~]# mount
/dev/mapper/vg-root on / type ext4 (rw)
proc on /proc type proc (rw)
sysfs on /sys type sysfs (rw)
devpts on /dev/pts type devpts (rw,gid=5,mode=620)
tmpfs on /dev/shm type tmpfs (rw)
/dev/sda1 on /boot type ext4 (rw)
none on /proc/sys/fs/binfmt_misc type binfmt_misc (rw)
sunrpc on /var/lib/nfs/rpc_pipefs type rpc_pipefs (rw)
/dev/sr0 on /mnt/iso type iso9660 (ro)
/dev/sdb1 on /mnt type ext4 (rw)
[root@bogon ~]# mount /mnt -o remount
[root@bogon ~]# mount
/dev/mapper/vg-root on / type ext4 (rw)
proc on /proc type proc (rw)
sysfs on /sys type sysfs (rw)
devpts on /dev/pts type devpts (rw,gid=5,mode=620)
tmpfs on /dev/shm type tmpfs (rw)
/dev/sda1 on /boot type ext4 (rw)
none on /proc/sys/fs/binfmt_misc type binfmt_misc (rw)
sunrpc on /var/lib/nfs/rpc_pipefs type rpc_pipefs (rw)
/dev/sr0 on /mnt/iso type iso9660 (ro)
/dev/sdb1 on /mnt type ext4 (rw,usrquota,grpquota)
[root@bogon ~]#
```

图 7-36　重新挂载文件系统

**3. 创建配额文件**

文件系统启用了配额支持后，系统就能够使用磁盘配额了。不过文件系统本身还不能支持配额，需要执行 quotacheck 扫描支持的配额的文件系统，并创建 quota 的配置文件。

格式：Quotacheck［-avug］［/挂载点］

参数：-a：扫描所有在/etc/mtab 内支持 quota 的文件系统，加上此参数后可以省略挂载点

　　　-u：针对用户扫描文件与目录的使用情况，会建立 aquota. user 文件

　　　-g：针对群组扫描文件与目录的使用情况，会建立 aquota. group 文件

　　　-v：显示扫描的过程

　　　-f：强制扫描文件系统并写入新的 quota 配置文件

执行 quotacheck，可以看到 aquota. group 和 aquota. user 文件已经创建成功，操作如图 7-37 所示。

```
[root@bogon ~]# quotacheck -avug
quotacheck: Your kernel probably supports journaled quota but you are not using it. Con
sider switching to journaled quota to avoid running quotacheck after an unclean shutdow
n.
quotacheck: Scanning /dev/sdb1 [/mnt] done
quotacheck: Cannot stat old user quota file: No such file or directory
quotacheck: Cannot stat old group quota file: No such file or directory
quotacheck: Cannot stat old user quota file: No such file or directory
quotacheck: Cannot stat old group quota file: No such file or directory
quotacheck: Checked 2 directories and 0 files
quotacheck: Old file not found.
quotacheck: Old file not found.
[root@bogon ~]# ll /mnt/a*
-rw------- 1 root root 6144 Apr 15 16:37 /mnt/aquota.group
-rw------- 1 root root 6144 Apr 15 16:37 /mnt/aquota.user
[root@bogon ~]#
```

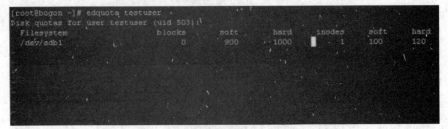

图 7-37　quotacheck 创建配额文件

**4. 启用和禁用磁盘配额**

使用 quotaon/quotaoff 命令来启用或关闭磁盘配额功能。

格式:quotaon [ - avug] [文件系统挂载点]
参数: - a:启用所有文件系统的磁盘配额
　　- v:显示命令执行过程
　　- u:启用用户磁盘配额
　　- g:启用群组磁盘配额

启用/dev/sdb1 文件系统的用户和群组配额，操作如图 7-38 所示。

```
[root@bogon ~]# quotaon -uvg /mnt
/dev/sdb1 [/mnt]: group quotas turned on
/dev/sdb1 [/mnt]: user quotas turned on
[root@bogon ~]#
```

图 7-38　启用磁盘配额

**5. 分配配额**

分配配额使用 edquota 命令，命令格式如下。

格式:edquota [ - putg]用户名/群组名
参数: - u:后面接用户名称,设定用户的限制值
　　- g:后面接群组名;设定群组的限制值
　　- t:修改过渡期时间
　　- p:后面接已经设置好限制值用户名

例如要给用户 testuser 分配配额，操作如图 7-39 所示。

```
[root@bogon ~]# edquota testuser
Disk quotas for user testuser (uid 503):
  Filesystem                   blocks       soft       hard     inodes     soft     hard
  /dev/sdb1                         0        900       1000          1      100      120
```

图 7-39　为用户分配配额

如图 7–39 所示，执行 edquota 后，文件最顶行显示的正在为哪个用户设置配额。接下来文件一共有 7 个字段，意义分别为：

1）文件系统（filesystem）：说明该限制值是针对哪个文件系统。

2）磁盘容量（block）：说明用户已经使用的磁盘容量，单位为 KB，不用更改。

3）soft：磁盘容量的 soft 限制值，单位为 KB。

4）hard：block 的 hard 限制值，单位为 KB。

5）文件数量（inodes）：用户已有的文件数，不用更改。

6）soft：文件数（inode）的 soft 限制值。

7）hard：inode 的 hard 限制值。

当 soft/hard 取值为 0 时，表示没有限制。testuser 用户被限制只能使用 1000 KB 的磁盘空间，且最多只能拥有 120 个文件。

系统默认的过渡期时间是 7 天，使用 edquota –t 命令可以修改此参数，操作如图 7–40 所示。

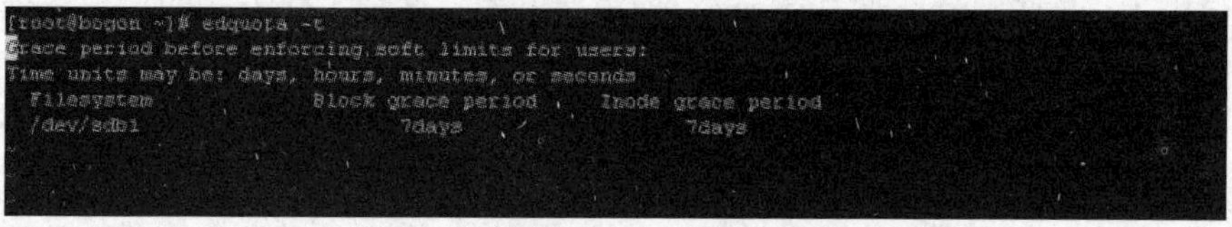

图 7–40　修改 quota 的过渡期时间

## 7.5.4　RAID 管理

RAID（Redundant Array of Inexpensive Disks）的意思是独立磁盘冗余阵列，通常简称为磁盘阵列。RAID 的功能已经突破开发者将几块小硬盘组合成一块大硬盘使用的初衷，转变为追求高安全性、高性能或是两者兼具。

**1. RAID 概述**

RAID 的原理是利用数组方式来作磁盘组，配合数据分散排列的设计，提升数据的安全性。磁盘阵列是由多个便宜、容量较小、速度较慢的磁盘组合而成的一个大型的磁盘组，利用各个磁盘性能加成效果提升整个磁盘系统效能。同时利用这项技术，可以将数据切割成许多区段，分别存放在各个硬盘上。磁盘阵列还能利用保存冗余检验位的方法，在数组中任一块硬盘发生故障时，仍可读出数据，在数据重构时，将数据经计算后重新置入新硬盘中。

**2. RAID 的功能**

（1）扩大了存储能力

可使用多个容量较小的硬盘组成容量巨大的存储空间，充分利用资源。

（2）降低了单位容量的成本

市场上专用的超大容量硬盘每兆容量的价格要大大高于普及型硬盘，因此采用多个普及型硬盘组成的阵列其单位价格要低得多。

（3）提高了存储速度

单个硬盘速度的提高均受到各个时期的技术条件限制，要进一步提升往往是非常困难的。而使用 RAID，则可以让多个硬盘同时分摊数据的读或写操作，因此整体速度会成倍地提高。

（4）获得了高可靠性

RAID 系统可以使用两组硬盘同步完成镜像存储，任何一组硬盘出现故障，都不会导致数据的丢失。这种安全措施对于网络服务器来说是十分重要的。

（5）容错性

RAID 控制器的一个关键功能就是容错处理。容错阵列中如有单块硬盘出错，不会影响到整体的继续使用。高级 RAID 控制器还具有拯救数据功能。

**3. RAID 的级别**

根据 RAID 功能或实现方法的不同，可以将 RAID 技术分为如下几级别。

1）RAID 0：又称为 Stripe 或 Striping，即条件工作方式。它是将要存取的数据以条带状形式尽量平均分配到多个硬盘上，并行读/写于多个磁盘上，从而大大提高了数据传输率。但它没有数据冗余，因此并不能算是真正的 RAID 结构。RAID 0 只是单纯地提高性能，并没有为数据的可靠性提供保证，而且其中的一个磁盘失效将影响到所有数据。因此，RAID 0 主要用于对数据读写要求很高但对数据可靠性不做要求的应用上。

2）RAID 1：又称 Mirror 或 Mirroring，即镜像方式。这种工作方式的出现完全是为了数据安全的考虑，它是把用户写入硬盘的数据百分之百地自动复制到另外一个硬盘上（镜像）。读取数据时，系统先从 RAID 的源盘读取数据，如果读取成功，则系统不去备份盘上的数据。如果读取失败，则系统自动转到备盘上去读取数据，不会靠成用户工作任务的中断。RAID 1 还可以提高读的性能，当原始数据繁忙时，可直接从镜像中读取数据。由于对存储的数据是进行百分百的备份，在所有 RAID 级别中，RAID 1 提供最高的数据安全保障。同样由于是百分百备份，备份数据占用了总存储空间的一半。因而，RAID 1 的磁盘空间利用率很低，存储成本高。

3）RAID 0 + 1：也被称为 RAID 10 标准，实际是将 RAID 0 和 RAID 1 标准结合的产物。在连续地以位或字节为单位分割数据并且并行读/写多个磁盘的同时，为每一块磁盘作磁盘镜像进行冗余。它的优点是同时拥有 RAID 0 的超凡速度和 RAID 1 的数据高可靠性，但同时 CPU 占用率同样也会更高，而且磁盘的利用率比较低。

4）RAID 2：将数据条块化式分布于不同的硬盘上。条块单位为位或字节，并使用被称为"加重平均纠错码（海明码）"的编码技术来提供错误检查及恢复。这种编码技术需要多个磁盘存放检查及恢复信息，使得 RAID 2 技术实施更复杂，因此在商业环境中很少使用。

5）RAID 3：它同 RAID 2 非常类似，都是将数据条块化分布于不同的硬盘上。区别在于 RAID 3 使用简单的奇偶校验，并用单块磁盘存放奇偶校验信息。如果一块磁盘失效，奇偶盘及其他数据盘可以重新产生数据；如果奇偶盘失效则不影响数据使用。RAID 3 对于大量的连续数据可提供很好的传输率，但对于随机数据来说，奇偶盘会成为写操作的瓶颈。

6）RAID 4：RAID 4 同样也将数据条块化，并分布于不同的磁盘上，但条块单位为"块"或"记录"。RAID 4 使用一块磁盘作为奇偶校验盘，每次写操作都需要访问奇偶盘，这时奇偶校验盘会成为写操作的瓶颈，因此 RAID 4 在商业环境中也很少使用。

7）RAID 5：RAID 5 不单独指定的奇偶盘，而是在所有磁盘上交叉存取数据及奇偶校验信息。在 RAID 5 上，读/写指针可同时对阵列设备进行操作，提供了更高的数据流量。RAID 5 更适合于小数据块和随机读写的数据。RAID 3 与 RAID 5 相比，最主要的区别在于 RAID 3 每进行一次数据传输就需涉及所有的阵列盘。而对于 RAID 5，大部分数据传输只对一块磁盘操作，并可进行并行操作。在 RAID 5 中有"写损失"，即每一次写操作将产生 4 个实际的读/写操作，其中两次读旧的数据及奇偶信息，两次写新的数据及奇偶信息。

8）RAID 6：与 RAID 5 相比，RAID 6 增加了第二个独立的奇偶校验信息块。两个独立的奇偶系统使用不同的算法，数据的可靠性非常高，即使两块磁盘同时失效也不会影响数据的使用。但 RAID 6 需要分配给奇偶校验信息更大的磁盘空间，相对于 RAID 5 有更大的"写损失"，因此"写性能"非常差。较差的性能和复杂的实施方式使得 RAID 6 很少得到实际应用。

9）RAID 7：这是一种新的 RAID 标准，其自身带有智能化实时操作系统和用于存储管理的软件工具，不占用主机 CPU 资源，可完全在主机上独立运行。RAID 7 可以看作是一种存储计算机（Storage Computer），它与其他 RAID 标准有明显区别。除了以上的各种标准，可以像 RAID 0 + 1 那样结合多种 RAID 规范来构筑所需的 RAID 阵列，例如 RAID 5 + 3（RAID 53）就是一种应用较为广泛的阵列形式。用户一般可以通过灵活配置磁盘阵列来获得更加符合其要求的磁盘存储系统。

10）RAID 5E（RAID 5 Enhencement）：RAID 5E 是在 RAID 5 级别基础上改进的。与 RAID 5 类似，数据的校验信息均匀分布在各硬盘上，但是，在每个硬盘上都保留了一部分未使用的空间。这部分空间没有进行条带化，最多允许两块物理硬盘出现故障。RAID 5E 和 RAID 5 加一块热备盘好像差不多，但其实由于 RAID 5E 是把数据分布在所有的硬盘上，性能会与 RAID5 加一块热备盘要好。当一块硬盘出现故障时，有故障硬盘上的数据会被压缩到其他硬盘上未使用的空间，逻辑盘保持 RAID 5 级别。

11）RAID 5EE：与 RAID 5E 相比，RAID 5EE 的数据分布更有效率。每个硬盘的一部分空间被用作分布的热备盘，它们是阵列的一部分，当阵列中一个物理硬盘出现故障时，数据重建的速度会更快。

12）RAID 50：RAID 50 是 RAID5 与 RAID 0 的结合。此配置在 RAID 5 的子磁盘组的每个磁盘上进行包括奇偶信息在内的数据的剥离。优势是具有更高的容错能力，更快数据读取速率的潜力。需要注意的是磁盘故障会影响吞吐量。故障后重建信息的时间比镜像配置情况下要长。

**4. RAID 实现与样式**

RAID 的样式有 3 种，分别是外接式磁盘阵列柜、内接式磁盘阵列卡和软件仿真式。

1）外接式磁盘阵列柜常被使用在大型服务器上，具有可热抽换（Hot Swap）的特性，不过这类产品的价格比较贵。

2）内接式磁盘阵列卡，因为价格便宜，但需要较高的安装技术，适合技术人员使用。

3）利用软件仿真的方式，因为软件本身会消耗一定的系统资源，从而影响服务器的性能。

磁盘阵列有两种方式可以实现，即软件阵列与硬件阵列。

1）软件阵列是指通过网络操作系统自身提供的磁盘管理功能将连接的普通 SCSI 卡上的多块硬盘配置成逻辑盘，组成阵列。软件阵列可以提供数据冗余功能，但是磁盘子系统的性能会有所降低，有的降低幅度还比较大，可达 30% 左右。

2）硬件阵列是使用专门的磁盘阵列卡或磁盘控制器来实现的。硬件阵列能够提供在线扩容、动态修改阵列级别、自动数据恢复、驱动器漫游、超高速缓冲等功能。它能提供性能、数据保护、可靠性、可用性和可管理性的解决方案。阵列卡采用专用的处理单元来进行操作，它的性能要远远高于常规非阵列硬盘，并且更安全、更稳定。

**5. RAID 应用**

Linux 可以在系统安装的时候就创建 RAID，或者在系统安装完毕后，使用工具手动创建 RAID。

（1）系统安装时创建 RAID

在进行分区之前，选择"创建自定义布局"选项，创建自定义分区模式。单击"下一步"按钮进入磁盘划分管理界面。在磁盘分区管理界面上，单击"创建"按钮，即创建了一个大小为 100 MB 的 RAID 分区，单击"确定"按钮，如图 7-41 所示。

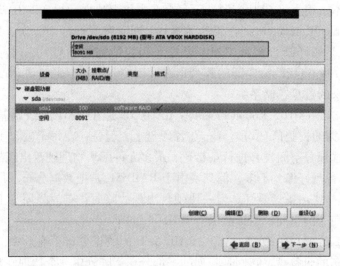

图 7-41　在系统安装时创建 RAID

只有一个分区是无法创建 RAID 的。在 RAID 中，一个 RAID 分区，就相当于一个硬盘。RAID 至少需要两个及两个以上的硬盘。同理，需要创建两个及以上的 RAID 分区，重复执行上述步骤即可。当有两个或以上 RAID 分区后，再次单击"创建"按钮，选择"RAID 设备"选项，单击"生成"按钮即可，如图 7-42 所示。

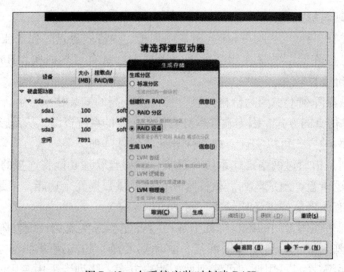

图 7-42　在系统安装时创建 RAID

接下来就可以设置该 RAID 设备的详细信息了。首先选择想要的挂载点，这里选择/boot目录。在 RAID 级别中选择想要创建的 RAID 级别，在 RAID 成员中选择想要添加到这个 RAID 设备里的 RAID 分区，其他按默认设置即可，单击"确定"按钮，这样就创建好了一个 RAID 设备/dev/md0，如图 7-43 所示。

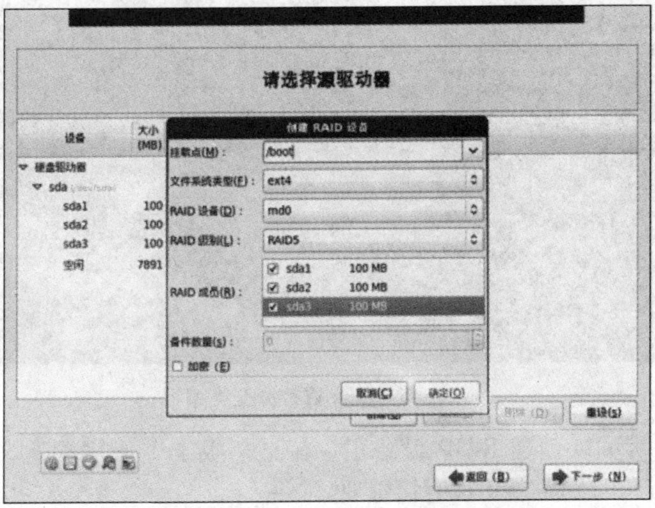

图 7-43　在系统安装时创建 RAID

重复上述方法可以继续创建其他所需的 RAID 分区和 RAID 设备。

（2）系统安装后手动创建 RAID

现在以手动创建 RAID 的方法，完成 7.5.3 节 RAID 设备/dev/md0 的操作。

使用 fdisk 工具创建 RAID 分区，先创建 3 个 100MB 空间的普通分区，操作如图 7-44 所示。

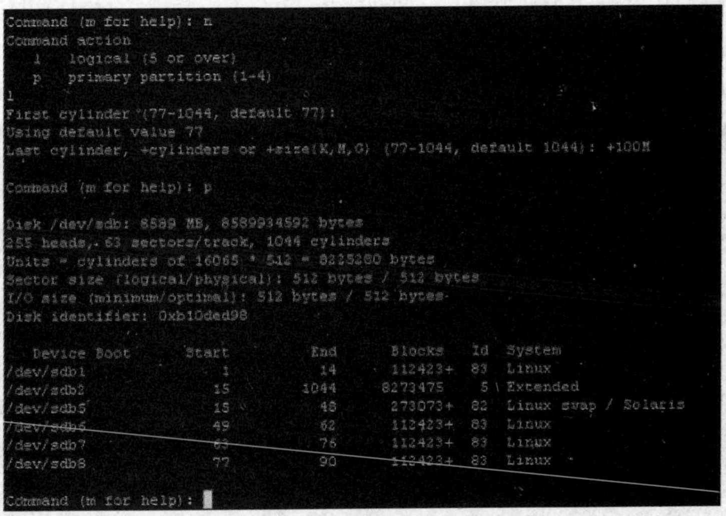

图 7-44　fdisk 创建磁盘分区

如图 7-44 所示，3 个 Linux 普通分区（"/dev/sdb6""/dev/sdb7""/dev/sdb8"）已经创立。RAID 分区和普通分区的唯一区别就是将分区类型改为 fd 类型。通过前面的学习我们知道，fdisk 的 t 命令可以修改分区类型。现在修改以上分区的类型，操作如图 7-45 所示。

```
Command (m for help): t
Partition number (1-8): 8
Hex code (type L to list codes): fd
Changed system type of partition 8 to fd (Linux raid autodetect)

Command (m for help): p

Disk /dev/sdb: 8589 MB, 8589934592 bytes
255 heads, 63 sectors/track, 1044 cylinders
Units = cylinders of 16065 * 512 = 8225280 bytes
Sector size (logical/physical): 512 bytes / 512 bytes
I/O size (minimum/optimal): 512 bytes / 512 bytes
Disk identifier: 0xb10ded98

   Device Boot      Start         End      Blocks   Id  System
/dev/sdb1               1          14      112423+  83  Linux
/dev/sdb2              15        1044     8273475    5  Extended
/dev/sdb5              15          48      273073+  82  Linux swap / Solaris
/dev/sdb6              49          62      112423+  fd  Linux raid autodetect
/dev/sdb7              63          76      112423+  fd  Linux raid autodetect
/dev/sdb8              77          90      112423+  fd  Linux raid autodetect

Command (m for help): 
```

图 7-45　fdisk 修改分区类型

分区建立以后就可以创建 RAID 设备了。在早期版本中使用配置文件的方式来管理 RAID，目前使用 mdadm 命令就可以直接管理。

创建 RAID 设备使用 mdadm 的“—create”参数，操作如图 7-46 所示。

```
[root@bogon ~]# mdadm --create /dev/md0 -l 5 -n 3 /dev/sdb[678]
mdadm: Defaulting to version 1.2 metadata
mdadm: array /dev/md0 started.
[root@bogon ~]# 
```

图 7-46　mdadm 创建 RAID 设备

其中，参数“-l”是字母 L 的小写，它表示 level，即指定 RAID 级别。参数“-n”表示创建 RAID 设备使用几块 RAID 分区。“/dev/sdb［678］”表示“/dev/sdb6”“/dev/sdb7”“/dev/sdb8”。

在“/dev/md0”上创建文件系统，即格式化“/dev/md0”设备，操作如图 7-47 所示。

```
[root@bogon ~]# mke2fs -i 4096 -b 2048 -t ext4 /dev/md0
mke2fs 1.41.12 (17-May-2010)
Filesystem label=
OS type: Linux
Block size=2048 (log=1)
Fragment size=2048 (log=1)
Stride=256 blocks, Stripe width=512 blocks
56112 inodes, 112128 blocks
5606 blocks (5.00%) reserved for the super user
First data block=0
Maximum filesystem blocks=115343360
7 block groups
16384 blocks per group, 16384 fragments per group
8016 inodes per group
Superblock backups stored on blocks:
        16384, 49152, 81920

Writing inode tables: done
Creating journal (4096 blocks): done
Writing superblocks and filesystem accounting information: done

This filesystem will be automatically checked every 37 mounts or
180 days, whichever comes first.  Use tune2fs -c or -i to override.
[root@bogon ~]# 
```

图 7-47　格式化 RAID 设备

将格式化好的"/dev/md0"挂载到"/mnt"上,这样就可以开始使用 RAID 设备/dev/md0 了,操作如图 7-48 所示。

```
[root@bogon ~]# mount -t ext4 /dev/md0 /mnt/
[root@bogon ~]# df -h
Filesystem            Size  Used Avail Use% Mounted on
/dev/mapper/vg-root   7.3G  3.2G  3.8G  46% /
tmpfs                 376M     0  376M   0% /dev/shm
/dev/sda1              97M   34M   59M  37% /boot
/dev/md0             213M  8.9M  193M   5% /mnt
[root@bogon ~]# echo "TEST RAID">/mnt/test
[root@bogon ~]# cat /mnt/test
TEST RAID
[root@bogon ~]#
```

图 7-48    挂载 RAID 设备

（3）管理 RAID

1）查看 RAID 的状态。

通过查看"/proc/mdstat"文件内容,可以快速查看 RAID 设备的当前状态。"/proc/mdstat"内容包括 RAID 设备当前使用的 RAID 分区,RAID 级别等信息,操作如图 7-49 所示。

```
[root@bogon ~]# cat /proc/mdstat
Personalities : [raid6] [raid5] [raid4]
md0 : active raid5 sdb8[3] sdb7[1] sdb6[0]
      224256 blocks super 1.2 level 5, 512k chunk, algorithm 2 [3/3] [UUU]

unused devices: <none>
[root@bogon ~]#
```

图 7-49    查看系统中 RAID 的状态

也可以使用 mdadm 命令来详细地查看 RAID 的相关信息,操作如图 7-50 所示。

```
[root@bogon ~]# mdadm --detail /dev/md0
/dev/md0:
        Version : 1.2
  Creation Time : Mon Apr 16 20:01:52 2012
     Raid Level : raid5
     Array Size : 224256 (219.04 MiB 229.64 MB)
  Used Dev Size : 112128 (109.52 MiB 114.82 MB)
   Raid Devices : 3
  Total Devices : 3
    Persistence : Superblock is persistent

    Update Time : Mon Apr 16 20:26:20 2012
          State : clean
 Active Devices : 3
Working Devices : 3
 Failed Devices : 0
  Spare Devices : 0

         Layout : left-symmetric
     Chunk Size : 512K

           Name : bogon:0  (local to host bogon)
           UUID : 98b100c1:a3259fbc:dd445004:adba405f
         Events : 13

    Number   Major   Minor   RaidDevice State
       0       8       22        0      active sync   /dev/sdb6
       1       8       23        1      active sync   /dev/sdb7
       3       8       24        2      active sync   /dev/sdb8
[root@bogon ~]#
```

图 7-50    查看 RAID 的详细信息

2）移除故障硬盘。

当某个硬盘出现故障时，需要将其从 RAID 阵列中移除，可以使用 mdadm 的 "remove" 参数，操作如图 7-51 所示。

```
[root@bogon ~]# mdadm /dev/md0 -f /dev/sdb8
mdadm: set /dev/sdb8 faulty in /dev/md0
[root@bogon ~]# mdadm /dev/md0 -r /dev/sdb8
mdadm: hot removed /dev/sdb8 from /dev/md0
[root@bogon ~]#
```

图 7-51　从 RAID 设备中删除 RAID 分区

3）添加新硬盘。

将硬盘从 RAID 阵列删除后，应当尽快使用新硬盘替换它，重构 RAID，以保障数据的安全性。例如，"/dev/sdb8" 经过修复后，再次添加到 RAID 设备中，操作如图 7-52 所示。

```
[root@bogon ~]# mdadm /dev/md0 -a /dev/sdb8
mdadm: re-added /dev/sdb8
[root@bogon ~]#
```

图 7-52　将 RAID 分区添加到 RAID 设备

### 7.5.5　LVM 管理

LVM（Logical Volume Manager）的意思是逻辑卷管理。与传统的磁盘分区不同，LVM 提供了更高级的磁盘管理功能。它允许在不停机的情况下，随时按需要动态的调整各个逻辑卷及卷组的容量大小。

**1. LVM 的优势**

传统的文件系统是按分区进行管理的，一个文件系统对应一个分区。这种方式比较直观，但不易改变，存在着以下不足。

1）不同的分区相对独立，无相互联系，各分区空间很容易利用不平衡，空间不能充分利用。

2）当一个文件系统/分区已满时，无法对其扩充，只能采用重新分区/建立文件系统，非常麻烦。或把分区中的数据移到另一个更大的分区中。或采用符号连接的方式使用其他分区的空间。

3）如果要把硬盘上的多个分区合并在一起使用，只能采用再分区的方式，这个过程需要数据的备份与恢复。

4）对硬盘的分区管理必须先卸载或者停机才能进行。

而采用 LVM 时，情况完全不同。

1）硬盘的多个分区由 LVM 统一为卷组管理，可以方便地加入或移走分区以扩大或减小卷组的可用容量，充分利用硬盘空间。

2）文件系统建立在逻辑卷上，而逻辑卷可根据需要在卷组容量范围内改变大小，以满足要求。

3）文件系统建立在逻辑卷上，可以跨多个硬盘物理分区，方便使用。

4）LVM 对磁盘的管理，都可以动态完成，不影响系统正常使用。

在使用很多硬盘的大系统中，使用 LVM 主要是为了方便管理、增加系统的扩展性。在一个有很多不同容量硬盘的大型系统中，用户、用户组的空间建立在 LVM 上，可以随时按要求增大，或根据使用情况对各逻辑卷进行调整。同样，使用 LVM 可以在不停止服务的情况下，把用户数据从旧硬盘转移到新硬盘空间中。

**2. LVM 的构成**

（1）逻辑卷组

逻辑卷组（Logical Volume Group，LVG）是 LVM 中最高抽象层，是由一个或多个物理卷（Physical Volume，PV）所组成的存储器池。相当于传统概念上的硬盘，逻辑卷组可以被分成多个逻辑卷（Logical Volume，LV）。当某个新的硬盘驱动器被添加到系统上，它可以被添加到逻辑卷组中，因为逻辑卷组的容量是可扩展的。

（2）物理卷

一个硬盘驱动器可以分配给一个或多个物理卷，典型的物理卷是硬盘分区，但也可以是整个硬盘或 RAID 设备。物理卷无法跨越一个以上的驱动器。

需要特别注意的是，/boot 分区不能位于逻辑卷组，因为引导程序无法识别逻辑卷。因此如果根分区"/"位于逻辑卷上，则必须是一个独立的/boot 硬盘分区。

（3）逻辑卷

逻辑卷相当于传统意义中的磁盘分区，它在逻辑卷组上建立，是一个标准的块设备，可以在其上建立文件系统。可以动态地扩展或缩小空间。

（4）物理区块

物理区块（Physical Extent，PE）是物理卷中可用于分配的最小存储单元。

（5）逻辑区块

逻辑区块（Logical Extent，LE）是逻辑卷中可用于分配的最小存储单元。

**3. LVM 应用**

创建逻辑卷有多种方法，可以在系统安装时创建，也可以在系统安装好后用指令创建与管理。或者在桌面环境中，用图形化工具创建与管理。

（1）系统安装时创建逻辑卷

在进行到分区步骤之前，选择"创建自定义布局"选项，进入到分区界面。如果是安装系统，则先创建一个普通的/boot 分区，如图 7-53 所示。

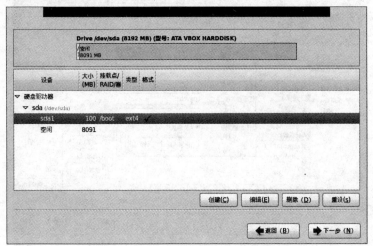

图 7-53　创建/boot 分区

在硬盘分区管理界面，选择"创建"命令，在生成存储中选择生成"LVM 物理卷"，在"文件系统类型"选项中选择"physical volume（LVM）"，在其他大小选项选择"使用全部可用空间"，单击"确定"按钮。再次选择"创建"命令，在生成存储中选择生成"LVM 卷组"选项，设定管理卷组名称和物理区块大小，卷组名称和物理区块大小可以根据具体需要设定。这里选取默认值，如图 7-54 所示。

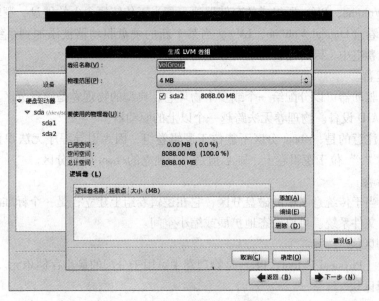

图 7-54　系统安装时创建卷组

创建好卷组以后，就可以开始创建逻辑卷了。选择"新建"命令，在生成存储中选择"LVM 逻辑卷"，并选中要创建逻辑卷的卷组名称。设定好挂载点、文件系统类型、逻辑卷名称和逻辑卷大小，单击"确定"按钮，一个逻辑卷就创建成功了，如图 7-55 所示。

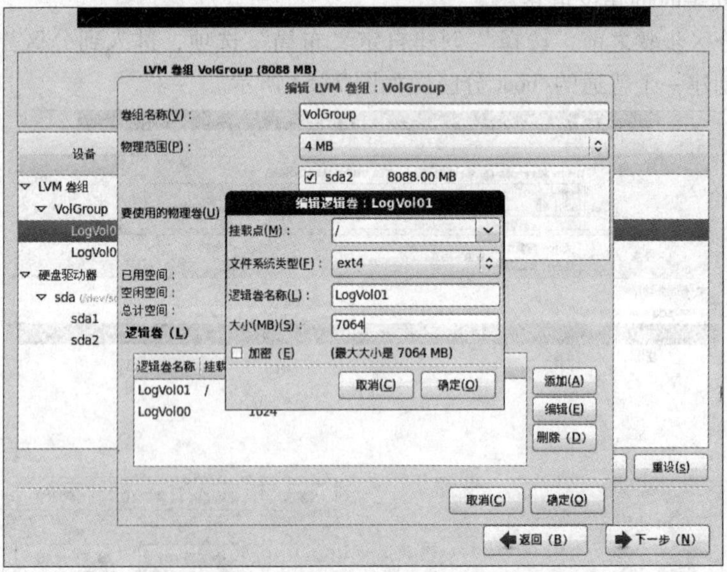

图 7-55　系统安装时创建逻辑卷

如果需要多个逻辑卷，可以重复执行以上操作。

（2）系统安装后创建逻辑卷

首先使用 fdisk 命令，新建一个或多个 LVM 类型分区。同样先创建普通分区，然后使用 t 命令修改分区类型。"8e" 表示 LVM 类型，操作如图 7-56 所示。

```
Command (m for help): t
Partition number (1-6): 6
Hex code (type L to list codes): 8e
Changed system type of partition 6 to 8e (Linux LVM)

Command (m for help): p

Disk /dev/sdb: 8589 MB, 8589934592 bytes
255 heads, 63 sectors/track, 1044 cylinders
Units = cylinders of 16065 * 512 = 8225280 bytes
Sector size (logical/physical): 512 bytes / 512 bytes
I/O size (minimum/optimal): 512 bytes / 512 bytes
Disk identifier: 0xb10ded98

   Device Boot      Start         End      Blocks   Id  System
/dev/sdb1               1          14      112423+  83  Linux
/dev/sdb2              15        1044     8273475    5  Extended
/dev/sdb5              15          79      522081   8e  Linux LVM
/dev/sdb6              80         144      522081   8e  Linux LVM

Command (m for help):
```

图 7-56　fdisk 建立 LVM 类型分区

创建完分区后，现在就可以创建物理卷了。使用 pvcreate 命令可以创建物理卷，操作如图 7-57 所示。

```
[root@bogon ~]# pvcreate /dev/sdb5
  Physical volume "/dev/sdb5" successfully created
[root@bogon ~]# pvdisplay /dev/sdb5
  "/dev/sdb5" is a new physical volume of "509.84 MiB"
  --- NEW Physical volume ---
  PV Name               /dev/sdb5
  VG Name
  PV Size               509.84 MiB
  Allocatable           NO
  PE Size               0
  Total PE              0
  Free PE               0
  Allocated PE          0
  PV UUID               618707-H3FD-Pito-A4SD-d50c-hlaA-wUhn4Q

[root@bogon ~]#
```

图 7-57　创建物理卷

使用图 7-57 中建立的物理卷创建逻辑卷组。创建卷组的命令是 vgcreate，以后可以向卷组中继续添加其他的物理卷，如图 7-58 所示。

在刚建立好的卷组上创建逻辑卷，并分配相应的空间。例如在卷组 "testVG" 上创建一个分配有 100 M 容量空间，命名为 "testLV1" 的逻辑卷，操作如图 7-59 所示。

```
[root@bogon ~]# vgcreate testVG /dev/sdb5
 Volume group "testVG" successfully created
[root@bogon ~]# vgscan
 Reading all physical volumes.  This may take a while...
 Found volume group "testVG" using metadata type lvm2
 Found volume group "vg" using metadata type lvm2
[root@bogon ~]#
```

图 7-58　创建逻辑卷组

```
[root@bogon ~]# lvcreate -L 100M -n testLV1 testVG
 Logical volume "testLV1" created
You have new mail in /var/spool/mail/root
[root@bogon ~]# lvdisplay /dev/testVG/testLV1
 --- Logical volume ---
 LV Name                /dev/testVG/testLV1
 VG Name                testVG
 LV UUID                cEQAYW-ijLS-RZ64-EOfk-G56R-a7TT-zyomes
 LV Write Access        read/write
 LV Status              available
 # open                 0
 LV Size                100.00 MiB
 Current LE             25
 Segments               1
 Allocation             inherit
 Read ahead sectors     auto
 - currently set to     256
 Block device           253:1

[root@bogon ~]#
```

图 7-59　创建逻辑卷

逻辑卷相当于硬盘的一个分区，需要在逻辑卷上建立文件系统，才能真正用来存储数据。将逻辑卷挂载到 Linux 目录中，就可以开始使用该逻辑卷了。

在 CentOS 安装中，还提供了桌面环境的 LVM 管理工具。喜欢使用桌面工具的用户可以在登录系统桌面后，在"系统"菜单下找到相应的工具。操作界面也十分简单。

综上所述，要想在一个新磁盘或磁盘分区中，使用 LVM 技术存储数据，需要执行以下几个步骤：

1）在磁盘或者磁盘分区上创建物理卷。

2）把物理卷添加到逻辑卷组，如果没有则创建。

3）在逻辑卷组上创建逻辑卷，并分配需要的存储空间。

4）在逻辑卷上创建文件系统，并挂载到系统中的相应目录。

**4. LVM 管理**

通过 LVM 可将若干个磁盘分区连接为一个整块的卷组（Volume Group），形成一个存储池。可以在卷组上创建逻辑卷，并进一步在逻辑卷上创建文件系统。

（1）物理卷管理命令如表 7-7 所示。

表 7-7　物理卷管理

| 命　　令 | 功　　能 | 格　　式 |
|---|---|---|
| pvscan | 在系统中查找所有已经存在的 PV 物理卷 | pvscan |

| 命　令 | 功　能 | 格　式 |
|---|---|---|
| pvdisplay | 显示所有物理卷的属性，也可以物理卷所在磁盘名称 | pvdisplay［磁盘名称］ |
| pvcreate | 创建 PV 物理卷命令，直接给定需要创建物理卷的磁盘分区名称 | pvcreate［磁盘分区］ |
| pvremove | 在系统中删除已经存在的物理卷 | 格式同 pvcreate |

1）直接运行 pvscan 命令或命令后面给定磁盘驱动器名称，操作如图 7-60 所示。

```
[root@bogon ~]# pvscan
  PV /dev/sdb5   VG testVG   lvm2 [508.00 MiB / 408.00 MiB free]
  PV /dev/sda3   VG vg       lvm2 [7.40 GiB / 0    free]
  Total: 2 [7.89 GiB] / in use: 2 [7.89 GiB] / in no VG: 0 [0   ]
[root@bogon ~]# pvscan /dev/sdb
  PV /dev/sdb5   VG testVG   lvm2 [508.00 MiB / 408.00 MiB free]
  PV /dev/sda3   VG vg       lvm2 [7.40 GiB / 0    free]
  Total: 2 [7.89 GiB] / in use: 2 [7.89 GiB] / in no VG: 0 [0   ]
[root@bogon ~]#
```

图 7-60　扫描系统物理卷

2）将 "/dev/sdb6" 制作成物理卷，操作如图 7-61 所示。

```
[root@bogon ~]# pvcreate /dev/sdb6
  Physical volume "/dev/sdb6" successfully created
[root@bogon ~]#
```

图 7-61　创建物理卷

3）将已经存在的 "/dev/sdb6" 物理卷从系统中删除，操作如图 7-62 所示。

```
[root@bogon ~]# pvscan
  PV /dev/sdb5   VG testVG        lvm2 [508.00 MiB / 408.00 MiB free]
  PV /dev/sda3   VG vg            lvm2 [7.40 GiB / 0    free]
  PV /dev/sdb6                    lvm2 [509.84 MiB]
  Total: 3 [8.39 GiB] / in use: 2 [7.89 GiB] / in no VG: 1 [509.84 MiB]
[root@bogon ~]# pvremove /dev/sdb6
  Labels on physical volume "/dev/sdb6" successfully wiped
[root@bogon ~]# pvscan
  PV /dev/sdb5   VG testVG   lvm2 [508.00 MiB / 408.00 MiB free]
  PV /dev/sda3   VG vg       lvm2 [7.40 GiB / 0    free]
  Total: 2 [7.89 GiB] / in use: 2 [7.89 GiB] / in no VG: 0 [0   ]
[root@bogon ~]#
```

图 7-62　删除物理卷

（2）逻辑卷组管理

与物理卷的管理类似，逻辑卷组的管理命令如表 7-8 所示。

表 7-8　逻辑卷组管理命令

| 命　令 | 功　能 | 格　式 |
|---|---|---|
| vgscan | 扫描系统上已经存在的逻辑卷组 | vgscan |
| vgrename | 对已经存在的逻辑卷组进行重命名 | vgrename［卷组名］［卷名］ |
| vgdisplay | 显示所有逻辑卷组的信息，如果给定卷组名称，则只是显示该卷组信息 | vgdisplay［卷组名］ |

| 命　令 | 功　　能 | 格　式 |
|---|---|---|
| vgcreate | 创建逻辑卷组 | vgcreate 逻辑卷组名称物理卷所在磁盘 |
| vgremove | 删除卷组，命令后面直接给定需要删除的卷组名称 | vgremove ［卷组名］ |
| vgextend | 将一个或多个已经初始化的物理卷添加到指定的逻辑卷组中，扩展逻辑卷组的容量 | vgextend 逻辑卷组名物理卷所在磁盘 |
| vgreduce | 从逻辑卷组中除去一个或多个物理卷，即减小卷组的容量 | vgreduce ［卷组名］［卷名］ |

（3）逻辑卷管理

逻辑卷的管理命令如表7-9所示。

**表7-9　逻辑卷的管理**

| 命　令 | 功　　能 | 格　式 |
|---|---|---|
| lvscan | 扫描系统，查找系统中已经存在的逻辑卷 | lvscan |
| lvremove | 删除某个逻辑卷 | vgremove ［卷组名］ |
| lvrename | 重命名逻辑卷 | lvrename 逻辑卷旧名完整路径逻辑卷新名完整路径 |
| lvdisplay | 显示所有逻辑卷信息，如果给定逻辑卷，则显示指定逻辑卷的信息 | lvdisplay ［卷组名］ |
| lvcreate | 在系统的逻辑卷组中创建逻辑卷，可以指定逻辑卷名和逻辑卷大小 | lvcreate 卷组大小 卷组名称 |
| lvextend | 增加逻辑卷的容量 | lvextend –L＋增加的容量逻辑卷完整路径 |
| lvreduce | 减小逻辑卷的容量 | 命令格式与 lvextend 相似。 |

本章小结

本章主要介绍了 Linux 硬盘管理与文件系统技术，包括硬盘的接口类型、硬盘的性能指标、硬盘分区管理、文件系统管理文件系统管理磁盘高级管理。其中重点介绍了文件系统特性、文件系统布局、建立文件系统、磁盘检验、磁盘的挂载与卸载、磁盘应用工具等知识点。本章还对 swap 空间管理、quota 磁盘配额、RAID 管理和 LVM 管理等知识进行了全面详细的介绍。

通过本章的学习，可以全面掌握 Linux 硬盘盘管理与文件系统技术。

课后习题

**一、填空题**

1. 硬盘接口主要有（　　　）、（　　　）、（　　　）、光纤通道和 SAS。

2. 硬盘的性能指标有（　　　）、（　　　）、（　　　）、高速缓存容量、单碟容量。

3. 硬盘分区有 3 种类型：（　　　）、（　　　）和（　　　　），一个硬盘最多只能有（　　　）个主分区，最多只能有（　　　　）扩展分区。

4. 文件系统是操作系统用于明确硬盘分区上的文件的（　　　　）和（　　　　），即文件在磁盘上的组织方法。

5. 通常来说一个文件（　　　）拥有（　　　）、（　　　）和（　　　）3 部分。

6. 建立文件系统就是对硬盘分区进行格式化。通常使用（　　　）和（　　　）指令对硬盘分区进行格式化。

7. 在 Linux 系统中，操作系统首先使用的是物理内存，只有当物理内存不够时才会使用（　　　）。交换空间越多，进程能分配到的虚拟内存就越多，通常在几个硬盘之间分摊交换分区，就能获得更好的交换性能。

8. Linux 是一个真正的（　　　）操作系统，通常一台服务器可以同时有多个用户在上面工作而互不干扰。

9. RAID 的样式有 3 种，分别是（　　　）、（　　　）和（　　　）。

10. 创建逻辑卷有多种方法，可以在系统安装时创建；也可以在系统安装好后用指令创建与管理，或者在桌面环境中，用（　　　）创建与管理。

二、选择题

1. 安装 Linux 至少需要（　　　）个分区。
 A. 2 　　　　　　 B. 3 　　　　　　 C. 4 　　　　　　 D. 5

2. /dev/hda5 在 Linux 中表示（　　　）。
 A. IDE0 接口上从盘 　　　　　　　　 B. IDE0 接口上主盘的逻辑分区
 C. IDE0 接口上主盘的第五个分区 　　 D. IDE0 接口上从盘的扩展分区

3. 在硬盘空间已完全使用的 Windows XP 计算机上加装 RHEL Server5 时，将采用（　　　）的分区方式。
 A. 在选定磁盘上删除所有分区并创建默认分区结构
 B. 在选定驱动上删除 Linux 分区并创建默认的分区结构
 C. 使用选定驱动器中的空余空间并创建默认的分区结构
 D. 建立自定义分区

4. 要安全删除 Linux 必须进行哪两个步骤。（　　　）1）删除引导装载程序；2）删除超级用户；3）删除 Linux 的磁盘分区；4）删除安装日志文件。
 A. 1）2） 　　　　 B. 3）4） 　　　　 C. 1）4） 　　　　 D. 1）3）

5. Linux 交换分区的格式为（　　　）。
 A. ext2 　　　　 B. ext3 　　　　 C. FAT 　　　　 D. swap

6. 查看当前硬盘分区的使用情况，使用的命令是（　　　）。
 A. df－h 　　　　 B. su－I 　　　　 C. du－I 　　　　 D. free－i

7. 下列设备属于块设备的是（　　　）。
 A. 键盘 　　　　 B. 终端 　　　　 C. 游戏杆 　　　　 D. 硬盘

8. 统计磁盘空间或文件系统使用情况的命令是（　　　）。
 A. df 　　　　 B. Dd 　　　　 C. du 　　　　 D. fdisk

9. 用于文件系统直接修改文件权限管理命令为（　　　）。

A. chown       B. chgrp       C. chmod       D. umask

10. 卸载文件系统的命令是（　　　）。

    A. umount       B. mount       C. chmod       D. mask

### 三、问答题

1. 磁盘配额具有以下特点。

2. 新建一个分区大小为 4 GB，然后格式化文件系统为"ext3"，同时需要指定文件系统的标签为"movie"，块的大小为 8192。然后修改"/etc/fstab"文件，实现自动挂载新建的分区，挂载点为"/movie"，要求挂载后用户只能读取里面的文件。重新启动机器验证，是否自动挂载上。重新挂载文件系统，要求能够读写该文件系统，如何实现？

# 第8章　Linux 网络基础

Linux 操作系统因网络而生，它只有在网络的世界里才能大显身手。进行正确的网络配置是 Linux 在网络里发挥作用的前提条件，也是学习 Linux 网络技术的基础。本章将从 Linux 在局域网中的应用拉开 Linux 网络学习的帷幕。

## 8.1　Linux 局域网概述

Linux 网络设置有图形方式和非图形方式两种，初学者多采用图形方式，以最便捷的方式进入 Linux 的网络世界。但决不可轻视非图形方式网络的配置与管理，非图形方式将是实际工作中的常用方法。

### 8.1.1　图形化方式

在 Linux 中既可以在终端里以命令方式启动图形界面的网络配置，也可以用桌面系统菜单的方式启动图形界面的网络配置。

**1. 命令方式**

用命令方式启动网络配置。以超级用户 root 登录并启动终端后，输入"system – config – network"命令即可启动网络配置，如图 8-1 所示。

图 8-1　图形界面网络配置

**2. 在菜单中启动**

使用主菜单打开网络配置窗口。在图形界面（GNOME）依次选择"系统"→"首选项"→"网络连接"命令，也可打开如图 8-1 所示的"网络配置"窗口。

**知识拓展：**上述两种方式打开的界面的不同之处在哪呢？以命令方式启动的称为伪图形界面，该界面既可以在字符模式下使用，也可以在图形界面下使用。

### 8.1.2 非图形化方式

非图形化方式，指使用命令的方式进行网络配置。在 Linux 系统中，网卡的信息以文件方式保存在系统中。命令方式，即以编辑文件的方式，或直接使用命令临时设置，将信息保存在缓存中，重启后，配置信息失效。例如，临时设置 eth0 网卡的 IP 地址为 192.168.1.11，子网掩码为 255.255.255.0，操作如图 8-2 所示。

```
[root@localhost ~]# ifconfig eth0 192.168.1.11 netmask 255.255.255.0 up
```

图 8-2 命令方式配置网卡

## 8.2 Linux 网络配置常用命令

Linux 与生俱来就拥有强大的网络功能和丰富的网络应用软件。Linux 的网络命令比较多，其中一些命令像 ping、ftp、telnet、route、netstat 等在其他操作系统上也能看到。但也有一些是 UNIX/Linux 系统独有的命令，如 ifconfig、finger、mail 等。Linux 网络操作命令的一个特点是，命令参数选项和功能很多，一个命令往往还可以实现其他命令的功能。

### 8.2.1 ifconfig

ifconfig 命令可用于禁用或启用一个网络接口、设置网络接口的 IP 地址和子网掩码以及其他相关选项。ifconfig 对网络接口参数的修改是即时生效，同时，它也是短暂性生效的。当服务器重启后，它修改的参数将恢复原样。

> 命令：ifconfig interface　IP 地址　[其他选项]
>
> 参数：Interface：网卡名称，eth0 或 eth1，eth0 表示服务器的第一块网卡，eth1 表示第二块网卡，依此类推
>
> Netmask：设置接口的子网掩码，如果 IP 地址不是按地址类别（A 类、B 类或 C 类）划分的子网，则需要使用该选项指定掩码
>
> Broadcast：指定接口的 IP 地址广播地址
>
> up：启用网卡
>
> down：禁用网卡
>
> [ - ]Promisc：将网卡设为混杂模式或者取消混杂模式
>
> IP 地址：指定网卡的 IP 地址

**【操作实例 8-1】**使用 ifconfig 命令更新网卡地址为 192.168.0.101，子网掩码设为

255.255.255.0,并启用它,操作如图8-3所示。

图8-3  ifconfig设置网卡IP地址

如图8-3所示,ifconfig如果不给定其他参数,默认显示的网卡配置信息。

## 8.2.2  route

route命令可以配置主机静态路由,通常用来设置默认网关或添加特定路由。

> 命令:route〔add/del〕〔-type〕目的地址 gw 网关地址〔dev interface〕
> 参数:add/del:add 增加路由,del 删除路由。没有给定 add 或 del 参数,则显示路由表
>     type:表示添加的目的地址的类型,host 一个主机地址,net 一个网络地址,也可以是 default。
>     目的地址:如果目的地址是一个网络地址,则还要指定子网掩码
>     网关地址:网关的 IP 地址
>     dev interface 指定使用该路由网络接口

【操作实例8-2】设定主机的默认网关为192.168.0.1,操作如图8-4所示。

图8-4  添加默认网关

## 8.2.3  ip

ip是iproute2软件包里面一个功能强大的网络配置管理工具,它是ifconfig命令和route的集合,但能够完成的任务远远超出它们。

> 命令:ip〔options〕OBJECT〔command〔arguments〕〕

1）options 改变 ip 输出内容的普通选项，常见的选项有。

参数：-s 输出信息更详细
    -f 该选项后接协议类型,协议类型种类有, inet、inet6、link.
    -4 是 -f inet 的简写
    -6 是 -f inet6 的简写
    -0 是 -f link 的简写
    -r 查询 DNS,使用主机名代替 IP 地址

2）OBJECTip 命令操作的对象，目前所支持的对象有以下几种。

参数：Link    网络接口
  Address   设备的地址
  Neighbour  arp 或 NDISC 缓冲的记录
  Route    路由表记录
  Rule     路由策略表中的规则
  Tunnel    IP 通道
  Maddress   多播地址
  Mroute    多播路由缓冲记录

3）command：对指定对象执行的操作，与对象类型有关。通常来说对象支持 add、del、show 或 list 操作。有些对象并不支持以上所有操作或者有其他的额外操作，所有的对象都支持使用 help 操作来获取帮助。

4）arguments：arguments 是 command 的参数列表。主要有两种参数类型，一种是只有一个单独的关键字，另一种是由一个关键字和对应的值组成。

【操作实例8-3】设定网卡 eth0 的 IP 地址为 192.168.1.100，并启用它，操作如图 8-5 所示。

```
[root@bogon ~]# ip link set eth0 down
[root@bogon ~]# ip link show eth0
2: eth0: <BROADCAST,MULTICAST> mtu 1500 qdisc pfifo_fast state DOWN qlen 1000
    link/ether 08:00:27:9a:5c:07 brd ff:ff:ff:ff:ff:ff
[root@bogon ~]# ip address add 192.168.0.100/24 dev eth0
[root@bogon ~]# ip link set eth0 up
[root@bogon ~]# ip link show eth0
2: eth0: <BROADCAST,MULTICAST,UP,LOWER_UP> mtu 1500 qdisc pfifo_fast state UP ql
en 1000
    link/ether 08:00:27:9a:5c:07 brd ff:ff:ff:ff:ff:ff
[root@bogon ~]# ip addr list eth0
2: eth0: <BROADCAST,MULTICAST,UP,LOWER_UP> mtu 1500 qdisc pfifo_fast state UP ql
en 1000
    link/ether 08:00:27:9a:5c:07 brd ff:ff:ff:ff:ff:ff
    inet 192.168.0.101/24 brd 192.168.0.255 scope global eth0
    inet 192.168.0.102/32 scope global eth0
    inet 192.168.0.100/24 scope global secondary eth0
    inet6 fe80::a00:27ff:fe9a:5c07/64 scope link
       valid_lft forever preferred_lft forever
[root@bogon ~]#
```

图 8-5　ip 命令设定网卡 IP 地址

【操作实例8-4】使用 ip 命令设置默认路由为 192.168.0.1，操作如图 8-6 所示。

```
[root@bogon ~]# ip route chg default via 192.168.0.1 dev eth0
[root@bogon ~]# ip route show
192.168.1.0/24 dev eth1  proto kernel  scope link  src 192.168.1.237
192.168.0.0/24 dev eth0  proto kernel  scope link  src 192.168.0.101
5.5.0.0/21 dev as0t0  proto kernel  scope link  src 5.5.0.1
5.5.8.0/21 dev as0t1  proto kernel  scope link  src 5.5.8.1
169.254.0.0/16 dev eth1  scope link  metric 1003
default via 192.168.0.1 dev eth0
[root@bogon ~]#
```

图 8-6　ip 命令修改默认路由

## 8.2.4　mii－tool

mii－tool 主要用来设置网卡的工作模式，有些时候网卡需要在 100 M 或 1000 M 的半双工和全双工模式下工作。使用 mii－tool 的 －F 选项即可以将网卡限定在指定的模式下工作。例如，将网卡 eth0 限定在 100 M 全双工模式下工作，操作如图 8-7 所示。

```
[root@bogon ~]# mii-tool -v eth0
eth0: no autonegotiation, 100baseTx-FD, link ok
  product info: vendor 00:50:43, model 2 rev 4
  basic mode:   autonegotiation enabled
  basic status: autonegotiation complete, link ok
  capabilities: 100baseTx-FD 100baseTx-HD 10baseT-FD 10baseT-HD
  advertising:  100baseTx-FD 100baseTx-HD 10baseT-FD 10baseT-HD flow-control
  link partner: 100baseTx-FD 100baseTx-HD 10baseT-FD 10baseT-HD
[root@bogon ~]# mii-tool -F 100BaseTx-FD eth0
[root@bogon ~]# mii-tool -v eth0
eth0: 100 Mbit, full duplex, link ok
  product info: vendor 00:50:43, model 2 rev 4
  basic mode:   100 Mbit, full duplex
  basic status: autonegotiation complete, link ok
  capabilities: 100baseTx-FD 100baseTx-HD 10baseT-FD 10baseT-HD
  advertising:  100baseTx-FD 100baseTx-HD 10baseT-FD 10baseT-HD flow-control
  link partner: 100baseTx-FD 100baseTx-HD 10baseT-FD 10baseT-HD
[root@bogon ~]#
```

图 8-7　mii－tool 修改网卡工作模式

## 8.2.5　ping

ping 命令通常用来检测网络的连通性。在 Linux 系统中，ping 命令与在 Windows 中略有区别。

格式:ping IP 地址［选项］

参数: － c counts　　发送 ping 包的个数

　　　 － f　　　　　Flood ping,发送大量的 ping 包

　　　 － i interval　每个包之间的间隔时间

　　　 － s size　　　指定 ping 包的大小

　　　 － t TTL　　　设定 TTL 的值

【操作实例 8-5】向默认网关 192.168.1.1 发送 2 个大小为 8 字节的 ping 包，操作如图 8-8 所示。

*197*

```
[root@bogon ~]# ping 192.168.1.1 -c 2 -s 8
PING 192.168.1.1 (192.168.1.1) 8(36) bytes of data.
16 bytes from 192.168.1.1: icmp_seq=1 ttl=30 time=2.08 ms
16 bytes from 192.168.1.1: icmp_seq=2 ttl=30 time=1.18 ms

--- 192.168.1.1 ping statistics ---
2 packets transmitted, 2 received, 0% packet loss, time 1003ms
rtt min/avg/max/mdev = 1.184/1.632/2.081/0.450 ms
[root@bogon ~]#
```

图 8-8　ping 命令检测网络连通性

## 8.2.6　traceroute

该命令用来查看数据包从本机到目的地址所走的路径。

格式:traceroute［选项］hostname

参数:Hostname　　　　目的主机名或者 IP 地址

　-I　　　　　　检测过程使用 icmp 包

　-T　　　　　　检测过程使用 TCP 包

【操作实例8-6】探测到 www. google. com 的路径,操作如图 8-9 所示。

```
[root@bogon ~]# traceroute www.google.com.hk
traceroute to www.google.com.hk (74.125.71.103), 30 hops max, 60 byte packets
 1  * * *
 2  * * *
 3  * * *
 4  * * *
 5  * * *
 6  *^C
[root@bogon ~]#
```

图 8-9　traceroute 目的地址

## 8.2.7　netstat

netstat 命令用来查看本地的网络连接状况和接口信息。

格式:netstat［选项］

参数:-r　　显示本地路由表信息,相当于不带参数的 route

　-I　　指定显示网卡的信息

　-s　　显示各协议的统计信息

　-n　　以数字形式显示信息

　-c　　每隔多长时间刷新一次数据

# 8.3　网络相关的配置文件

在开始使用 Linux 网络之前,需了解 Linux 网络相关配置文件的放置的目录与文件名。将这些网络配置文件名记下来,在进行网络的测试与修改时就会事半功倍。

## 8.3.1 网卡配置文件：/etc/sysconfig/network－script/ifcfg－eth *

网卡的主要参数配置文件是和 ifconfig 显示的网卡名称对应的。eth0 表示主机的第一块网卡，eth1 表示主机的第二块网卡。该文件每行包含一个参数，以"#"为注解，每个关键字后面使用"＝"进行赋值。例如，查看本机的 ifcfg－eth0 文件，如图 8-10 所示。

```
[root@bogon network-scripts]# cat ifcfg-eth0
DEVICE="eth0"
NM_CONTROLLED="yes"
ONBOOT="yes"
IPADDR=10.0.0.11
NETMASK=255.255.255.0
[root@bogon network-scripts]#
```

图 8-10　ifcfg－eth0 文件内容

文件可使用的关键字和参数值如下：

参数：DEVICE = name　　网卡名称

ONBOOT = [yes|no]　　是否激活网卡随系统自动启用

BOOTPROTO = [static|dhcp|bootp|none]　　引导时使用的协议

IPADDR = IP 地址　　网卡的 IP 地址

HWADDR = MAC 地址　　网卡的物理地址

BROADCAST = 广播地址

NETWORK = 网络地址

NETMASK = 子网掩码

GATEWAY = 默认网关

USERCTL = [yes|no]　　是否允许非 root 用户控制该网卡

## 8.3.2 DNS 配置文件：/etc/resolv. conf

该文件是 DNS 域名解析的配置文件，它的格式很简单，每行以一个关键字开头，后接配置参数值，关键字与值之间使用空格分隔。例如，查看本机的 resolv. conf 文件，如图 8-11 所示。

```
[root@bogon etc]# more /etc/resolv.conf
nameserver 210.21.196.6
nameserver 221.5.88.88
search bogon
[root@bogon etc]#
```

图 8-11　resolv. conf 文件内容

Resolv. conf 文件中可使用的关键字，目前共有几种，分别是：

参数：Nameserver　　指定 DNS 服务器的 IP 地址

Search　　定义域名的搜索列表

Domain　　定义本地域名

### 8.3.3　主机名与IP对应关系：/etc/hosts

该文件主要用来设置主机名与IP地址的对应关系。在网络发展初期，当时还没有出现DNS服务器，都是通过维护hosts文件来完成主机名与IP地址的对应关系。该文件以空格或者使用〈Tab〉键分隔成3段，分别是IP地址、主机名和主机别名，文件中以"#"开始的，则为注释。例如，查看本机的/etc/hosts文件，内容如图8-12所示。

```
[root@bogon etc]# more /etc/hosts
127.0.0.1     localhost.localdomain localhost
192.168.1.10    foo.mydomain.org  foo
192.168.1.13    bar.mydomain.org  bar
[root@bogon etc]#
```

图8-12　hosts文件内容

当系统中同时存在DNS域名解析记录和/etc/hosts主机表记录时，系统该如何确定该主机的主机名的呢？这时就牵涉到了/etc/host.conf文件。该文件定义了确定主机名的解析顺序。文件内容如图8-13所示。

```
[root@bogon etc]# more /etc/host.conf
multi on
order hosts,bind
[root@bogon etc]#
```

图8-13　host.conf文件内容

multi表示是否允许主机有多个IP地址，order关键字定义主机名解析确定顺序，hosts表示通过/etc/hosts文件获取，如果/etc/hosts文件中找不到对应记录，则再搜索bind（DNS域名解释服务器）。

### 8.3.4　主机名与网关：/etc/sysconfig/network

该文件主要用来定义主机名和默认网关，文件内容如图8-14所示。

```
[root@bogon etc]# more /etc/sysconfig/network
NETWORKING=yes
HOSTNAME=localhost.localdomain
GATEWAY=192.168.1.1
[root@bogon etc]#
```

图8-14　network文件内容

## 8.4　资源共享

NFS（Network File System）即网络文件系统，是分布式计算系统的一个组成部分，可实现在异种网络上共享和装配远程文件系统。NFS由Sun公司开发，目前已经成为文件服务的一种标准（RFC1904，RFC1813）。其最大的功能就是可以通过网络，让不同操作系统的计算机可以共享数据，所以也可以将它看做是一个文件服务器。NFS文件服务器是Linux最常见的网络服务之一。尽管它规则简单，却有着丰富的内涵。NFS服务器可以让PC通过网络将远端的NFS服务器共享出来的文件挂载到用户的系统中。在客户端中浏览使用NFS的远端文件就像是在使用本地文件一样。

**1. 启动 NFS**

系统默认已经安装好了 NFS 及相关的组件，执行命令

```
service NFS start
```

即可启动 NFS。可以执行 rpcinfo 命令来查看 NFS 是否已经启动，如图 8-15 所示。

```
[root@bogon etc]# rpcinfo -p
   program vers proto   port  service
    100000    4   tcp    111  portmapper
    100000    3   tcp    111  portmapper
    100000    2   tcp    111  portmapper
    100000    4   udp    111  portmapper
    100000    3   udp    111  portmapper
    100000    2   udp    111  portmapper
    100024    1   udp  43977  status
    100024    1   tcp  35843  status
    100011    1   udp    875  rquotad
    100011    2   udp    875  rquotad
    100011    1   tcp    875  rquotad
    100011    2   tcp    875  rquotad
    100003    2   tcp   2049  nfs
    100003    3   tcp   2049  nfs
    100003    4   tcp   2049  nfs
    100227    2   tcp   2049  nfs_acl
    100227    3   tcp   2049  nfs_acl
    100003    2   udp   2049  nfs
```

图 8-15　rpcinfo 查看 NFS 运行状态

rpcinfo 的输出内容至少应当包含 portmapper、NFS 和 mountd，否则应该重新启动 NFS。

**2. 设置共享内容**

设置 NFS 共享内容的配置文件是/etc/exports，文件的每一行记录都包含一个共享目录。每行记录由共享目录、允许访问的客户端和权限组成。客户端可以是主机名、主机 IP 地址或 CIDR 风格的网络。共享目录与客户端之间使用空格分隔。例如，查看本机的 exports 文件，内容如图 8-16 所示。

```
[root@bogon etc]# cat /etc/exports
/mnt/iso *(ro)
/var/www/html *(ro)
[root@bogon etc]#
```

图 8-16　exports 文件内容

**3. exports 文件**

1）文件格式。

```
/mnt/iso     指定需要共享的绝对路径
*(ro)        允许所有主机以只读方式访问该目录
```

2）常见的权限选项说明。

| | |
|---|---|
| Ro | 以只读方式共享 |
| Rw | 以读写方式共享(默认方式) |
| Noaccess | 排除目录中不共享的子目录 |

每次修改完/etc/exports 文件后，需要执行 exportfs – a 使修改生效。

### 4. 挂载 NFS 服务器共享的目录

1）可以执行 showmount 命令查看 NFS 服务器可挂载的目录。例如，显示本机共享的目录，操作如图 8-17 所示。

```
[root@bogon etc]# showmount -e localhost
Export list for localhost:
/var/www/html *
/mnt/iso      *
[root@bogon etc]#
```

图 8-17    showmount 命令显示共享

2）挂载 NFS 的共享目录和挂载本地磁盘文件系统一样，使用 mount 命令。例如，挂载图 8-17 中的/var/www/html 目录，操作如图 8-18 所示。

```
[root@bogon etc]# mount -t nfs -o rw,soft,bg 127.0.0.1:/var/www/html /mnt/media/
[root@bogon etc]# df -h
Filesystem          Size  Used Avail Use% Mounted on
/dev/mapper/vg-root 7.3G  3.2G 3.8G  46% /
tmpfs               122M    0  122M   0% /dev/shm
/dev/sda1            97M   34M  59M  37% /boot
192.168.1.237:/var/www/html/
                    7.3G  3.2G 3.8G  46% /mnt/media
127.0.0.1:/var/www/html
                    7.3G  3.2G 3.8G  46% /mnt/media
[root@bogon etc]#
```

图 8-18    mount 挂载 NFS 文件系统

3）" – o"之后的选项指出了以什么方式挂载文件系统。本例中以读写的方式来挂载，而且如果挂载失败则在后台不断生试。常见的标志有：

| | |
|---|---|
| Rw | 以读写方式挂载文件系统 |
| Ro | 以只读方式来挂载文件系统 |
| Bg | 如果挂载失败,在后台继续发送其他的挂载请求 |
| Hard | 如果服务器无响应,让试图访问它的操作被阻塞,直到服务器恢复 |
| Soft | 如果服务器无响应,让试图访问它的操作失败,并返回一条出错信息 |
| Tcp | 以 tcp 方式来传输数据,默认是 udp |

同样文件系统的挂载也可以在系统启动时完成，只需要编辑/etc/fstab 文件即可。例如，在 fstab 文件中添加一条记录，自动完成/var/www/html 的挂载，操作如图 8-19 所示。

```
127.0.0.1:/var/www/html /mnt/media          nfs     rw,soft,bg,nodev,nosuid 0 0
```

图 8-19    自动挂载 NFS 文件系统

### 5. NFS 转储统计

nfsstat 命令显示 NFS 系统保留的各种统计信息。通过 nfsstat 命令的输出可以对 NFS 服务器的健康状态进行检查。例如，查看服务器端进程的统计信息，操作如图 8-20 所示。

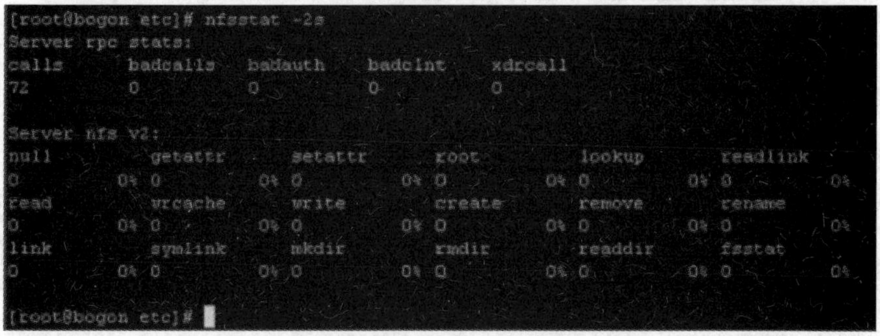

图 8-20  nfsstat 输出统计信息

## 8.5  Samba 服务的应用

samba 是一套使用 SMB（Server Message Block）协议的应用程序，通过这个协议，samba 允许 Linux 服务器与 Windows 系统之间进行通信，使跨平台的互访成为可能。samba 采用 C/S 模式，其工作机制是让 NetBIOS（Windows 网上邻居的通信协议）和 SMB 两个协议运行于 TCP/IP 通信协议之上，并且用 NetBEUI 协议让 Windows 在"网上邻居"中能浏览 Linux 服务器。

### 8.5.1  Samba 概述

Linux 在局域网中的应用主要由 Samba 服务器完成。samba 是 1987 年 Microsoft 和 Intel 共同制定的网络通信协议，其主要功能是让用户能够通过网络来共享文件系统。samba 使 Windows 和 Linux 可以集成并且相互通信。

samba 的核心是两个守护进程 smbd 和 nmbd，服务器会在停止期间持续运行。smbd 和 nmbd 使用的全部配置信息保存在 smb. conf 文件中。该文件向 smbd 和 nmbd 两个守护进程说明共享哪些资源以及如何进行共享。smbd 守护进程的作用是处理到来的 SMB 数据包、建立会话、验证客户、提供文件系统服务及打印服务等。nmbd 守护进程使得其他主机能够浏览 Linux 服务器。

### 8.5.2  Samba 服务器的安装

#### 1. 检测是否已经安装

检测计算机中是否安装了 Samba 软件，只需要输入命令：

```
rpm – q samba;
```

如未安装则如图 8-21a 所示，如已经安装了该软件则会显示如图 8-21b 所示的信息。

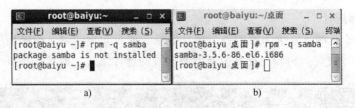

图 8-21　检测是否安装 samba 文件

a）未安装 samba　b）已经安装 samba

### 2. 取得 Samba 软件

用户可以在 Linux 的安装盘中找到 samba 软件包。与其他 Linux 中的软件类似，samba 软件也有源代码和执行文件两种，执行文件以 RPM 软件包的形式提供。习惯上使用 RPM 软件包安装 samba 软件。samba 共有 3 种文件，如图 8-22 所示。

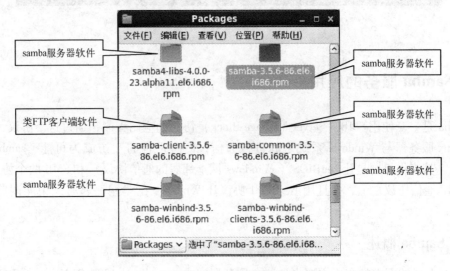

图 8-22　samba 软件包

### 3. 安装 samba 软件

将取得的 samba 软件安装包准备好后，在 RHEL 6 中直接双击安装包进行安装或者执行下列命令进入安装程序。

```
#rpm  – ivh  samba – 3. 5. 6 – 86. el6. i686. rpm
```

## 8.5.3　samba 服务器的启动与停止

### 1. 启动与停止

安装 samba 之后，就可以使用 samba 的默认配置启动服务器了。启动、停止 samba 的命令如下，操作如图 8-23 所示。

```
启动域名服务器:service  smb  start
停止域名服务器:service  smb  stop
```

```
[root@localhost ~]#service smb start
Starting SMB services:                                    [  OK  ]
[root@localhost ~]#service smb stop
Shutting down SMB services:                               [  OK  ]
[root@localhost ~]#
```

图 8-23　启动与停止 samba 服务

## 2. 重启

在终端输入 service smb restart 命令将重新启动服务器，操作如图 8-24 所示。

```
[root@localhost ~]#service smb restart
Shutting down SMB services:                               [  OK  ]
Starting SMB services:                                    [  OK  ]
[root@localhost ~]#
```

图 8-24　重启 samba 服务

## 3. 状态检测

如果想检测 samba 服务器是否在运行，可以在控制台输入 service smb status 命令。如果该服务器正在运行，则会显示如图 8-25 所示的界面。

```
[root@localhost ~]#service smb status
smbd (pid  4946) is running...
[root@localhost ~]#
```

图 8-25　samba 状态检测

## 4. 测试

如果想测试 samba 服务器运行情况，可以使用 smbclient 命令，显示 samba 共享的目录列表，格式如下：

[root@localhost ~]#smbclient −L 主机 IP 地址

【操作实例 8-7】查看本地主机的共享目录，操作如图 8-26 所示。

```
[root@localhost ~]#smbclient -L localhost
Enter root's password:
Domain=[MYGROUP] OS=[Unix] Server=[Samba 3.5.4-68.el6]

        Sharename       Type        Comment
        ---------       ----        -------
        homes           Disk        Home Directories
        IPC$            IPC         IPC Service (Samba Server Version 3.5.4
)
        root            Disk        Home Directories
Domain=[MYGROUP] OS=[Unix] Server=[Samba 3.5.4-68.el6]

        Server              Comment
        ---------           -------

        Workgroup           Master
        ---------           -------
```

图 8-26　samba 服务器测试

### 8.5.4 运行 samba

安装好 samba 服务器之后，就可以直接执行 service 命令启动它了，操作如图 8-27 所示。默认的 samba 配置共享了用户的 home 目录和 IPC 打印共享，操作如图 8-28 所示。

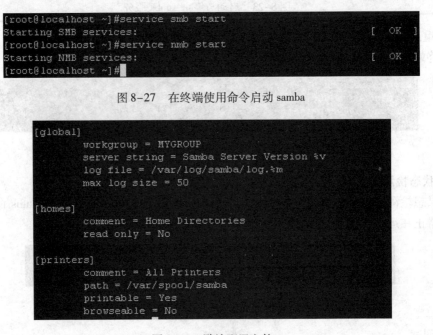

图 8-27 在终端使用命令启动 samba

```
[global]
        workgroup = MYGROUP
        server string = Samba Server Version %v
        log file = /var/log/samba/log.%m
        max log size = 50

[homes]
        comment = Home Directories
        read only = No

[printers]
        comment = All Printers
        path = /var/spool/samba
        printable = Yes
        browseable = No
```

图 8-28 默认配置文件

若希望 samba 服务器在计算机下次启动时自动启动，则可以执行 ntsys 命令，然后选中 smb 和 nmb 服务确认即可，如图 8-29 所示。

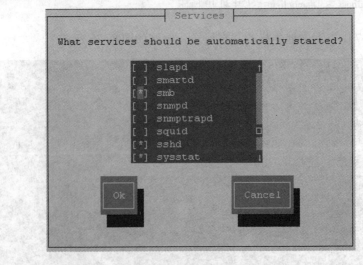

图 8-29 执行 ntsys 命令配置 samba 随系统自动启动

或执行 chkconfig 命令，指定 samba 在哪些运行级别随系统自动启动，操作如图 8-30 所示。

```
[root@localhost ~]#chkconfig --level 35 smb on
[root@localhost ~]#chkconfig --level 35 nmb on
```

图 8-30　执行 chkconfig 命令配置 samba 随系统自动启动

## 8.5.5　配置 samba

samba 的主配置文件是 smb. conf，默认位于/etc/samba/目录下。

smb. conf 的配置文件分为多个段，每个段由段名开始，直到下个段名。每个段名放在方括号中间。每段的参数的格式是：参数名称 = 参数值。配置文件中每个段名和参数各占一行，能够识别以"#"号和";"号开始的注释。

第一段为 global 段，是全局参数设置段，各有配置项对所有共享段生效。其他所有的段都可以看作是一个共享资源。段名是该共享资源的名字，段里的参数是该共享资源的属性。

samba 安装好后，使用 testparm 命令可以测试 smb. conf 配置是否正确。使用 testparm – v 命令可以详细地列出 smb. conf 支持的配置参数。global 段常见配置参数如表 8-1 所示。

表 8-1　smb. conf 的 global 段常见配置参数

| 名　　称 | 说　　明 |
| --- | --- |
| workgroup | 设置 samba 服务服务器所属的工作组 |
| server string | Samba 服务器描述 |
| hosts allow | 设置允许访问 samba 服务器的客户端 |
| printcap name | 设置 samba 服务器打印机的配置文件 |
| load prints | 是否在开启 samba 服务时开启打印机共享 |
| printing | 设置 samba 服务器的打印机类型 |
| guest account | 设置 samba 服务器的匿名访问账号 |
| log file | 设置 samba 服务器日志文件在存储位置和文件名 |
| max log size | 设置日志文件最大容量 |
| security | 设置 samba 服务器的安全级别 |
| password level | 设置 samba 账户密码长度 |
| encrypt passwords | 设置是否对 samba 账户的密码进行加密 |
| smb passwd file | 设置保存 samba 账户的密码文件 |

smb. conf 共享段常见的配置参数如表 8-2 所示。

表 8-2　smb. conf 共享段常见的配置参数

| 名　　称 | 说　　明 |
| --- | --- |
| comment | 共享资源描述 |
| path | 共享资源的完整路径名称 |
| browseable | 在浏览资源时是否显示该资源 |
| printable | 是否允许打印 |
| hide dot files | 是否隐藏以"."开始的隐藏文件 |
| public | 是否公开共享 |
| guest ok | 是否允许匿名访问 |

| 名　称 | 说　明 |
|---|---|
| read only | 是否以只读方式共享资源 |
| writable | 是否以读写方式共享资源 |
| valid users | 设置可以访问该资源的用户或用户组 |
| invalid users | 设置不允许访问的用户或用户组 |
| read list | 只读的用户列表 |
| write list | 可读写的用户列表 |
| create mask | 设置新建文件的默认权限 |
| directory mask | 设置新建目录的默认权限 |
| allow hosts | 设置可以访问该资源的主机 IP |
| deny hosts | 设定不允许访问该资源的主机 IP |

根据以上配置，添加一个只允许内部网段的有效用户才可以访问的共享资源。内部网段 IP 地址为 192.168.1.0/24，该资源对于内部网段用户全部可写，不允许匿名用户访问，并隐藏系统中的隐藏文件，设置共享名称为 public。完成后配置文件如图 8-31 所示。

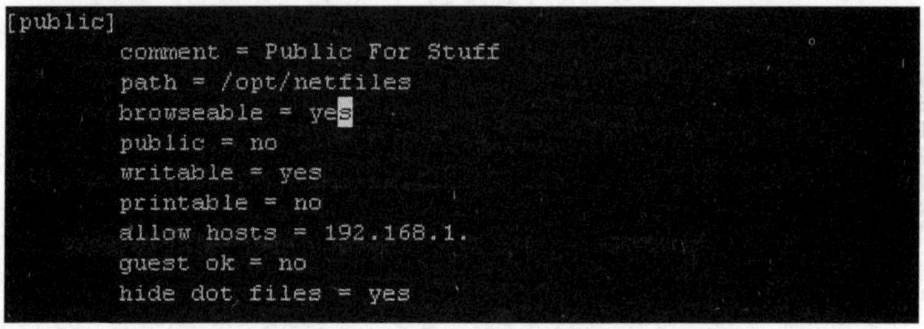

```
[public]
        comment = Public For Stuff
        path = /opt/netfiles
        browseable = yes
        public = no
        writable = yes
        printable = no
        allow hosts = 192.168.1.
        guest ok = no
        hide dot files = yes
```

图 8-31　添加一个共享资源

# 8.6　实例应用

现以一个企业实例全面了解 Linux 下局域网技术在企业中的应用。

## 8.6.1　实例环境

某公司有 Linux 平台的主机，也有 Windows 主机。根据业务需要，公司计划搭建一台共享服务器，共享资源必须方便不同平台的员工共同访问。共享资源只允许管理员组的员工修改和上传文件。并且为了公司资料的保密，共享资源不对外公开。

## 8.6.2　需求分析

1）需要让不同平台的员工访问。这里选择 samba 来配置共享服务，因为 NFS 只能满足 Linux 平台之间的文件共享。

2）共享资源只允许内部员工访问，需要使用到 allow hosts 进行主机限定。

3）为防止外来接入电脑访问共享资源，需要设置访问共享资源需要进行账号验证。

4）只允许管理员组的成员修改和上传文件，所以需要先将共享资源设为只读，然后添加给管理组，再添加读写权限。

## 8.6.3 解决方案

1）检查系统是否已经安装 samba 软件，操作如图 8-32 所示。

```
[root@localhost ~]#rpm -qa |grep samba
samba-client-3.5.4-68.el6.i686
samba-winbind-clients-3.5.4-68.el6.i686
samba-3.5.4-68.el6.i686
samba-common-3.5.4-68.el6.i686
[root@localhost ~]#
```

图 8-32　检查 samba 安装情况

2）编辑配置文件。首先配置 global 段的相关信息，操作如图 8-33 所示。

```
[global]

        workgroup = workgroup
        server string = Samba Server Version %v,For qqhre.com Stuff

        hosts allow = 127. 192.168.1.

        log file = /var/log/samba/log.%m
        max log size = 50

        security = user
        passdb backend = tdbsam
```

图 8-33　配置 global 全局段

3）编辑共享资源段，根据需要分析配置相关参数，操作如图 8-34 所示。

```
[homes]
        comment = Home Directories
        browseable = yes
        writable = yes
        valid users = %S

[public]
        comment = Public For Stuff
        path = /opt/netfiles
        browseable = yes
        public = no
        writeable = no
        write list = @wheel
        printable = no
        guest ok = no
        hide dot files = yes
```

图 8-34　配置共享资源段

4）使用命令 testparm 校验配置文件是否有语法错误，操作如图 8-35 所示。

```
[root@localhost ~]#testparm
Load smb config files from /etc/samba/smb.conf
rlimit_max: rlimit_max (1024) below minimum Windows limit (16384)
Processing section "[homes]"
Processing section "[public]"
Loaded services file OK.
Server role: ROLE_STANDALONE
Press enter to see a dump of your service definitions
```

图 8-35　检测配置文件

5）重新启动 samba 服务，使配置文件生效，操作如图 8-36 所示。

```
[root@localhost ~]#service smb restart
Shutting down SMB services:                           [   OK   ]
Starting SMB services:                                [   OK   ]
[root@localhost ~]#service nmb restart
Shutting down NMB services:                           [   OK   ]
Starting NMB services:                                [   OK   ]
[root@localhost ~]#
```

图 8-36　重新启动 samba 服务

6）添加 samba 访问账号，并设置管理员账号，将其添加到管理员 wheel 组，操作如图 8-37 所示。

```
[root@localhost ~]#useradd smbtest
[root@localhost ~]#smbpasswd -a smbtest
New SMB password:
Retype new SMB password:
Added user smbtest.
[root@localhost ~]#useradd smbadmin
[root@localhost ~]#usermod -G wheel smbadmin
[root@localhost ~]#smbpasswd -a smbadmin
New SMB password:
Retype new SMB password:
Added user smbadmin.
[root@localhost ~]#
```

图 8-37　添加 samba 访问账号

7）使用 Linux 客户端访问共享资源，测试是否能正常访问，相关权限是否正确，操作如图 8-38 所示。

```
[root@localhost /]#mount -t cifs -o username=smbadmin,\
> password=123456 //192.168.1.100/public /mnt
[root@localhost /]#cd /mnt/
[root@localhost mnt]#ls
[root@localhost mnt]#echo "Just testing">file1
[root@localhost mnt]#ls
file1
[root@localhost mnt]#more file1
Just testing
[root@localhost mnt]#
```

图 8-38　Linux 客户端访问测试

8）使用 Windows 客户端访问共享资源，测试是否能正常访问，及相关权限是否正确。

使用 smbadmin 用户访问共享资源，界面显示要求输入用户名和密码，即实现了账户验证访问，如图 8-39 所示。

图 8-39　samba 账户验证

在 public 目录下，新建一个名为"newfile"的文件夹，如图 8-40 所示。

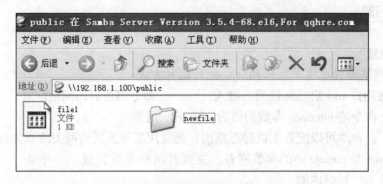

图 8-40　测试新建目录

换 smbtest 用户访问 samba 主机共享的资源，尝试新建文件夹时报错，如图 8-41 所示。

图 8-41　普通用户测试

9）设置 samba 服务下次随系统的启动而自动启动。使用 chkconfig 命令进行设置，操作如图 8-42 所示。

```
[root@localhost mnt]#chkconfig --level 35 smb on
[root@localhost mnt]#chkconfig --level 35 nmb on
```

图 8-42　设置 samba 随系统自启动

 本章小结

本章主要介绍了 Linux 在局域网中的应用，以及对 Linux 网络配置常用的 ifconfig、Route、ip、mii－tool、ping、traceroute、netstat 命令的功能、用法进行了举例说明。详细讲解了网络相关的配置文件及其参数、用法。本章重点介绍了 Linux 在局域网中的应用软件 Samba 服务器的安装、使用、管理。最后以一个应用实例全面总结了 Linux 下局域网技术在企业中的应用。

课后习题

## 一、填空题

1. Linux 网络设置有（　　）和（　　）两种方式。

2. 以超级用户 root 启动终端后，输入（　　）命令即可启动网络配置。

3. ifconfig 命令的 interface 参数的值为 eth0 表示的是（　　）。

4. （　　）命令可以配置主机静态路由，通常用来设置默认网关或添加特定路由。

5. arguments 是 command 的参数列表。主要有两种参数类型，一种是（　　）组成的，另一种是由（　　）组成的。

6. mii – tool 主要用来设置网卡的工作模式，使用 mii – tool 的（　　）选项即可以将网卡限定的指定的模式下工作。

7. 网卡的参数配置文件每行包含（　　）个参数，以（　　）为注解，每个关键字后面使用（　　）进行赋值。

8. （　　）是网络文件系统的简称，是分布式计算系统的一个组成部分，可实现在异种网络上共享和装配远程文件系统。

9. 设置 nfs 共享内容的配置文件是（　　），文件的每一行记录包含一个（　　），每行记录由（　　）、（　　）和（　　）组成。

10. 执行（　　）命令查看 nfs 服务器可挂载的目录。

## 二、选择题

1. 可用于禁用或启用一个网络接口、设置网络接口的 IP 地址和子网掩码以及其他相关选项的命令是（　　）。

    A. ifconfig      B. netstat      C. mii – tool      D. command

2. 用来查看数据包从本机到目的地址所走的路径的命令是（　　）。

    A. traceroute      B. msConfig      C. ifconfig      D. ifconfig

3. ping 命令的（　　）参数是设定发送 ping 包的个数。

    A. – c counts      B. – f      C. – i interval      D. – s size

4. netstat 命令的（　　）参数用于显示本地路由表信息。

    A. – n      B. – I      C. – r      D. – s

5. ：/etc/resolv. conf 文件是（　　）的配置文件，

    A. DNS 域名解析            B. 主机名与 IP 对应关系

    C. 主机名与网关            D. 网卡的参数配置文件

6. 可以执行（　　）命令来查看 nfs 是否已经启动。

    A. mii – tool      B. ifconfig      C. netstat      D. rpcinfo

7. 以下对 Samba 的描述不正确的是（　　）。

    A. 可以使 Windows 和 Linux 集成

    B. 是一种网络通信协议。

    C. Samba 的核心是一个守护进程 smbd。

    D. Samba 简称 SMB

8. 以下不是 smbd 守护进程的作用的是（　　　　）。

A. 处理到来的 SMB 数据包　　　B. 建立会话

C. 验证客户　　　　　　　　　　D. 处理远程系统访问

9. samba 的主配置文件是（　　　），默认位于/etc/samba/目录下。

A. smb. conf　　　B. samba. conf　　C. smb. con　　　　D. samba. con

10. 使用 testparm（　　　）命令可以详细地列出 smb. conf 支持的配置参数。

A. – f　　　　　　　B. – v　　　　　　C. – d　　　　　　D. – e

### 三、判断题

1. 在 Linux 中可以在终端里以命令方式启动图形界面的网络配置。（　　　）

2. 在 Linux 系统中，网卡的信息以文件方式保存在系统中。（　　　）

3. ip 命令是 ifconfig 命令和 route 的集合。（　　　）

4. ping 命令通常用来检测网络的连通性。（　　　）

5. NFS 是网络文件系统，可以将它看做是一个文件服务器。（　　　）

6. rpcinfo 的输出内容至少应当包含 portmapper、nfs 和 mountd，否则应该重新启动 NFS。（　　　）

7. 如果想检测 samba 服务器是否已经安装，可以在控制台输入 service smb status 命令。（　　　）

8. smb. conf 的配置文件中每个段名和参数各占一行，能够识别以"?"号和"!"号开始的注释。（　　　）

9. samba 安装好后，使用 testparm 命令可以测试 smb. conf 配置是否正确。（　　　）

10. smb. conf 的配置文件第一段为 global 段，是私有参数设置段。（　　　）

### 四、问答题

1. traceroute 命令的功能是什么？请列举其参数。

2. Samba 的主配置文件位置在哪？简述其组成。

# 第9章 Linux Web 服务器

Web 服务器是 Linux 的最重要一项的应用，也是 Linux 网络操作系统的重要组成部分。目前在 Linux 中广泛使用 Apache 软件作为服务器，它提供稳定、高速的 Web 服务。学习 Linux Web 服务器使用首先要了解 Web 服务器以及 Apache 知识，然后学会安装 Apache 软件并对其进行配置，以实现 Web 服务功能。本章将以 Apache 服务器软件为核心，对 Linux Web 服务器的架设管理进行详细讲解。

## 9.1 Linux Web 服务器概述

服务器只有安装了 Web 服务器软件才能提供网页浏览服务。最常用的 Web 服务器软件是 Apache，只有全面了解服务器和 Apache 的知识，才能对 Web 服务器管理驾轻就熟。

### 9.1.1 Web 服务器概述

用户上网最多的应用是浏览网站。网上有数量众多、功能各异的网站，这些网站由不同的人开发设计并上传到被称为服务器的计算机上。那么，一台普通的计算机，如何能成为提供网站浏览的服务器呢？其方法很简单，就是在计算机上安装 Web 服务器程序。Web 服务器程序很多，在 UNIX 和 Linux 平台下使用最广泛的免费 http 服务器是 W3C、NCSA 和 Apache 服务器，而 Windows 平台的 Windows NT、Windows 2000、Windows 2003 使用的是 IIS 的 Web 服务器。

Web 服务器软件安装在网络服务器上，当用户输入网址时，服务器就会处理该请求并将页面发送到用户浏览器上。服务器使用 http 超文本传输协议进行信息交流，这就是人们常把它们称为 http 服务器的原因，也是上网输入网址的前辍是 http:// 的原因。服务器示意如图 9-1 所示。

图 9-1　服务器示意图

### 9.1.2 Apache 服务器

在 Web 服务器应用中，世界上超过百分之五十的服务器都在使用 Apache。Apache 服务器是世界排名第一的 Web 服务器。它源于 NCSAhttpd 服务器，经过多次修改，目前成为世界上流行的 Web 服务器软件之一。Apache 的意思是充满补丁的服务器。因为它是自由软件，所以不断有人来为它开发新的功能、新的特性、修改原来的缺陷。

Apache 的特点是简单、速度快、性能稳定，并可作为代理服务器来使用。它有开放的源代码和开发队伍，并支持跨平台的应用，可以运行在几乎所有的 UNIX、Windows、Linux 系统平台上。

## 9.2 Linux Web 服务器的基本操作

首先应该在计算机中安装 Apache 服务器程序。完成安装后，对该程序进行配置，才能使该计算机真正成为一台拥有 Web 服务功能的服务器。

### 9.2.1 Apache 服务器的安装

Apache 的安装十分简单，其配置也不复杂。

#### 1. 系统需求

运行 Apache 只需要（6~10）MB 硬盘空间和 8 MB 的内存。但作为服务器，需要一年 365 天、每天 24 小时运转，而且访问者众多。所以若想提供流畅高效的 WWW 服务，则必须配置多核高速 CPU、大容易硬盘、大容量内存。

#### 2. 取得 Apache 软件

用户可以通过两个渠道获得 Apache 软件，一是在 http://www.apache.org 网站下载 Apache 的最新版本；二是，在 Linux 的安装盘中包含有 Apache 软件包，可以直接进行安装。

与 Linux 下的其他软件类似，Apache 软件也有源代码和执行文件两种，执行文件以 RPM 软件包的形式提供。习惯上使用 RPM 软件包安装 Apache 软件。

#### 3. 检测计算机是否安装了 Apache 软件

检测计算机中是否安装了 Apache 软件，只需要输入命令：

```
rpm - q httpd；
```

如已经安装了该软件则会显示：

```
[root@ localhost  ~ ]#rpm - q httpd
httpd - 2.2.15 - 5. el6. centos. i686
[root@ localhost  ~ ]#
```

如未安装则显示：

```
[root@ localhost  ~ ]#rpm - q httpd
package httpd is not installed
[root@ localhost  ~ ]#
```

#### 4. 安装 Apache 软件

准备好 Apache 软件包后，直接双击或者通过执行 rpm 命令，完成软件的安装，如图 9-2 所示。

```
[root@localhost Packages]# rpm -Uvh httpd-2.2.15-5.el6.centos.i686.rpm
Preparing...              ########################################### [100%]
   1:httpd               ########################################### [100%]
[root@localhost Packages]#
```

图 9-2  安装 Apache 软件

## 9.2.2  Apache 服务器的启动和停止

安装 Apache 之后，就可以使用 Apache 的默认配置启动服务器了。启动 Apache 服务器有两种方法，使用 service 命令启动或者直接执行 Apache 的可执行程序 httpd。现以手动启动和停止为例来进行讲解。

### 1. 手动启动服务器

在 Linux 终端启动 Apache 的命令为

〔root@ localhost  ~〕#service httpd start

### 2. 重新启动 Apache

在 Linux 终端重启 Apache 的命令为

〔root@ localhost  ~〕#service httpd restart

### 3. 停止 Apache

在 Linux 终端停止 Apache 的命令为

〔root@ localhost  ~〕#service httpd stop

## 9.2.3  Apache 服务器的测试

启动 Apache 服务器后，在 Mozilla 下输入本机地址，例如"http://127.0.0.1"或"http://localhost"。正常情况下，将显示 Apache 服务器的初始页面，如图 9-3 所示。如果用户看不到该初始页面，则应检查 Apache 是否正确安装和启动。

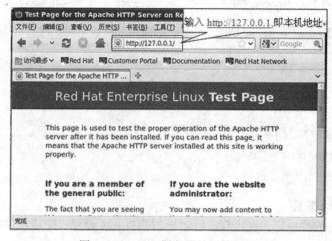

图 9-3  Apache 服务器的初始页面

## 9.3 Apache 配置文件详解

Apache 服务器只有经过配置后，才能发挥功效。Apache 服务器的核心配置文件是 httpd. conf，掌握这一文件的各个配置项后，才能对 Apache 服务器的使用得心应手。Apache 中的常见配置主要是通过修改该文件来实现的，该文件更改后需要重启 Apache 服务器使更改的配置生效。

进入 Linux 终端，选择 "/etc/httpd. conf/"，打开 "httpd. conf" 文件，如图 9-4 所示。

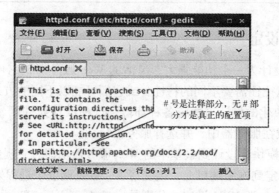

图 9-4　httpd. conf 文件

"httpd. conf" 文件包含影响服务器运行的配置指令。这些配置指令被分为以下 3 部分。

1）控制整个 Apache 服务器行为的部分，即全局环境变量设置。

2）定义主要或者默认服务参数的指令，也为所有虚拟主机提供默认的设置参数，这一部分可以具体划分为 13 个设置项。

3）虚拟主机的设置参数。

### 9.3.1 全局变量配置

全局变量设置的参数将影响整个 Apache 服务器的行为。例如 Apache 能够处理的并发请求的数量等。在设置时要注意路径的结尾不要添加斜线。全局变量配置项如图 9-5 所示，其配置项说明如表 9-1 所示。

图 9-5　全局变量配置项

表9-1　全局变量配置项说明

| 编号 | 配 置 项 | 说　　明 |
|---|---|---|
| 1 | ServerRoot "/etc/httpd" | 指定包含 httpd 服务器文件的目录 |
| 2 | PidFile run/httpd. pid | 记录服务器启动进程号的文件 |
| 3 | Timeout 60 | 响应超时量，单位为秒 |
| 4 | KeepAlive Off | 是否允许稳固的连接，设为"Off"则停用 |
| 5 | MaxKeepAliveRequests 100 | 在稳固连接期间允许的最大请求数，设为 0 表示无限制接入 |
| 6 | KeepAliveTimeout 15 | 在同一个连接从同一台客户接收请求的秒数 |

## 9.3.2　多处理模块设定

Apache 服务器被设计为一个功能强大、灵活的 Web 服务器，它可以在很多平台环境中工作。不同平台和环境往往需要不同的特性，或它们可能以不同的方式实现相同的特性最有效率。Apache 通过模块化的设计来适应各种环境。这种设计允许网站管理员在编译或运行时，选择哪些模块加载在服务器中，并选择服务器特性。

Apache2.0 扩展此模块化设计到最基本的 Web 服务器功能。它提供了可以选择的多处理模块（MPM），用来绑定到网络端口上，接受请求，以及调度子进程处理请求。

Apache 目前共支持 3 类 MPM 设定，分别是 prefork、worker 和 event。

**1. prefork MPM 使用多个子进程，每个子进程只有一个线程**

每个进程在某个确定的时间只能维持一个连接。在大多数平台上，Prefork MPM 在效率上要比 worker MPM 要高，但是内存使用大得多。prefork MPM 的配置如下。

```
< IfModule mpm_prefork_module >
    ServerLimit 256
    StartServers 5
    MinSpareServers 5
    MaxSpareServers 10
    MaxClients 256
    MaxRequestsPerChild 4000
</IfModule >
```

prefork MPM 配置项说明如表 9-2 所示。

表9-2　prefork MPM 的配置项说明

| 配 置 项 | 说　　明 |
|---|---|
| ServerLimit 20000 | 默认的 MaxClient 最大是 256 个线程，如果想设置更大的值，就需要加上 ServerLimit 参数，这个参数的最大值为 20 000。如果需要更大，则必须编译 Apache。此前都是不需要重新编译 Apache。该指令必须放在其他指令的前面才能生效 |
| StartServers 5 | 指定服务器启动时建立的子进程数量，prefork 默认为 5 |
| MinSpareServers 5 | 指定空闲子进程的最小数量，默认为 5。如果当前空闲子进程数少于 MinSpareServers，那么 Apache 将以最大每秒一个的速度产生新的子进程。此参数不要设的太大 |

| 配 置 项 | 说 明 |
|---|---|
| MaxSpareServers 10 | 设置空闲子进程的最大数量，默认为 10。如果当前有超过 MaxSpareServers 数量的空闲子进程，那么父进程将杀死多余的子进程。此参数不要设太大。如果将该指令的值设置为比 MinSpareServers 小，Apache 将会自动将其修改成"MinSpareServers + 1" |
| MaxClients 256 | 限定同一时间客户端最大接入请求的数量（单个进程并发线程数），默认为 256。任何超过 MaxClients 限制的请求都将进入等候队列，一旦一个链接被释放，队列中的请求将得到服务。要增大这个值，必须同时增大 ServerLimit |
| MaxRequestsPerChild 10000 | 每个子进程在其生存期内允许伺服的最大请求数量，默认为 10 000。到达 MaxRequestsPerChild 的限制后，子进程将会结束。如值为 0，子进程将永远不会结束 |

## 2. worker MPM 使用多个子进程，每个子进程有多个线程

每个线程在某个确定的时间只能维持一个连接。通常来说，在一个高流量的 HTTP 服务器上，worker MPM 是个比较好的选择，因为其内存使用比 prefork MPM 要低得多。但 worker MPM 也有不完善的地方，如果一个线程崩溃，整个进程就会连同其所有线程一起"崩溃"。worker MPM 的配置如下。

```
< IfModule mpm_worker_module >
    ServerLimit      50
    ThreadLimit      200
    StartServers 2
    MaxClients 150
    MinSpareThreads 25
    MaxSpareThreads 75
    ThreadsPerChild 25
    MaxRequestsPerChild 0
</IfModule >
```

worker MPM 配置项说明如表 9-3 所示。

表 9-3　worker MPM 配置项说明

| 配 置 项 | 说 明 |
|---|---|
| ServerLimit 50 | 服务器允许配置的进程数上限。这个指令和 ThreadLimit 结合使用设置了 MaxClients 最大允许配置的数值。任何在重启期间对这个指令的改变都将被忽略，但对 MaxClients 的修改却会生效 |
| ThreadLimit 64 | 每个子进程可配置的线程数上限。这个指令设置了每个子进程可配置的线程数 ThreadsPerChild 上限。任何在重启期间对这个指令的改变都将被忽略，但对 ThreadsPerChild 的修改却会生效。默认值是 64 |
| StartServers 3 | 服务器启动时建立的子进程数，默认值是 3 |
| MaxClients 75 | 允许同时伺服的最大接入请求数量（最大线程数量）。任何超过 MaxClients 限制的请求都将进入等候队列。默认值是 400，即 50（ServerLimit）乘以 25（ThreadsPer Child）的结果。因此增加 MaxClients 的时候，必须同时增加 ServerLimit 的值 |

| 配 置 项 | 说 明 |
|---|---|
| MinSpareThreads 75 | 最小空闲线程数，默认值是 75。这个 MPM 将基于整个服务器监视空闲线程数。如果服务器中总的空闲线程数太少，子进程将产生新的空闲线程 |
| MaxSpareThreads 250 | 设置最大空闲线程数。默认值是 250。这个 MPM 将基于整个服务器监视空闲线程数。如果服务器中总的空闲线程数太多，子进程将杀死多余的空闲线程。其取值范围是有限制的。Apache 将按照如下限制自动修正设置的值：worker 要求其大于等于 MinSpareThreads 加上 ThreadsPerChild 的和 |
| ThreadsPerChild 25 | 每个子进程建立的常驻执行线程数。默认值是 25。子进程在启动时建立这些线程后不再建立新的线程 |
| MaxRequestsPerChild 0 | 设置每个子进程在其生存期内允许处理的最大请求数量。到达限制后，子进程将会结束。如果值为 0，子进程将永远不会结束 |

### 3. event MPM 是 worker MPM 的一个变种

MPM 被设计成面向需要处理大量并发连接的场合，特别是在开启 KeepAlive 的场合。它基于 worker 开发，并且配置指令与 worker 完全相同。

### 9.3.3 多处理模块配置

端口及服务器配置是服务器应用中比较重要的配置项，其配置项说明如表 9-4 所示。

表 9-4　多处理模块配置项说明

| 配 置 项 | 说 明 |
|---|---|
| Listen 80 | 定义服务器所使用的 TCP 端口号 |
| LoadModule XXXX | 装载模块 |
| User apache Group apache | httpd 以什么样的角色在后台执行 |
| ServerAdmin root@ localhost | 设置 Web 管理员的邮件地址 |
| DocumentRoot "/var/www/html" | 设置所有 Apache 文档的根目录 |

### 9.3.4 权限设定

Apache 服务器可以针对目录进行文档的访问控制。访问控制可以通过两种方式来实现，一个是在设置文件 httpd. conf 中针对每个目录进行设置，另一个方法是在每个目录下设置访问控制文件，通常访问控制文件名为 ". htaccess"。虽然使用这两个方式都能用于控制浏览器的访问，然而使用设置文件的方法要求每次改动后重新启动 httpd 守护进程，非常不灵活。因此主要用于配置服务器系统的整体安全控制策略，而使用每个目录下的 ". htaccess" 文件设置具体目录的访问控制更为灵活方便。其配置项说明如表 9-5 所示。

表 9-5　权限设定配置项说明

| 配 置 项 | 说 明 |
|---|---|
| < Directory / ><br>　Options FollowSymLinks<br>　AllowOverride None<br>< /Directory > | 针对目录进行文档的访问控制，Apache 在目录的访问控制中提供了 FollowSymLinks 选项来打开或关闭支持符号连接的特性 |

| 配 置 项 | 说　明 |
|---|---|
| < Directory "/var/www/html" ><br>　　OptionsIndexes FollowSymLinks<br>　　AllowOverride None<br>　　Order allow,deny<br>　　Allow from all<br></Directory > | 用来定义目录的访问限制 |
| AccessFileName . htaccess | 定义每个目录下的访问控制文件文件名 |
| < Files ~ "^\. ht" ><br>　　Order allow,deny<br>　　Deny from all<br>　　Satisfy All<br></Files > | 目录权限和信息文件,可用于给予目录添加验证密码等工作 |

## 9.3.5　其他选项设定

除了上述选项之外，Apache 中 httpd. conf 还包括 MIME 类型关联、日志文件设置、文件图标显示等功能，其配置项说明如表 9-6 所示。

表 9-6　其他选项设定配置项说明

| 配 置 项 | 说　明 |
|---|---|
| TypesConfig /etc/mime. types | 关联文件类型 |
| DefaultType text/plain | 在没有设定关联的情况下，默认显示为文本 |
| ErrorLog logs/error_log | Apach 的错误记录文件 |
| LogLevel warn | 控制记录在错误日志文件中的日志信息数量 |
| ServerSignature On | 当客户请求的网页不存在时，服务器将产生错误文档，缺省情况下由于打开了 ServerSignature 选项，错误文档的最后一行将包含服务器版本和虚拟主机名的信息 |
| AddIconByType( IMG,/icons/image2. gif) image/ * | 文件图标显示 |
| DefaultIcon /icons/unknown. gif | 当找不到对应类型的图标时，显示默认图标 |
| Include conf. d/ * . conf | 加载 conf. d 里面配置文件 |
| AddDefaultCharset | 默认语言设置 |
| AddType application | Application 设置 |
| AddType | 其他输入输出设置 |
| AddLanguage | 支持语言设置 |

## 9.4　综合实例

本节按 9.3 节介绍的理论，分步骤地配置 Apache 服务器。通过这一节的学习，并辅以实践练习，读者可独立完成 Apache 服务器的配置和管理。本实例使用的服务器 IP 地址为

192. 169. 1. 100，其操作步骤如下。

（1）检测并安装服务器

检测是否安装 Apache 服务器，如未安装，则安装。

1）检测是否安装，输入命令"rpm －q httpd"，出现图 9-6 表示系统已安装 Apache 服务器。

图 9-6　检测是否已安装 Apache 服务器

2）如检测到未安装 Apache 服务器，则打开终端，并输入命令"rpm －ivh apache_1. 2. 4. rpm"，也可双击该文件直接安装。

（2）编写一个用于测试的页面

1）查看/etc/httpd/conf 下的 httpd. conf 文件，可以得知其默认的发布目录是/var/www/html，发布的主索引文件名为 index. html。

2）编写一个简单的主页，名称为 index. html，保存在目录/var/www/html 下，以下是主页的具体代码。

```
< html >
< body >
    < p align = "center" >这是一个测试主页 </p >
    < p align = "center" >如果看到这个页面的话,说明 Apache 已经启动而且正在工作中了 </p >
</body >
</html >
```

（3）测试服务器是否配置成功

1）在终端中输入"service httpd start"启动服务器，如图 9-7 所示。

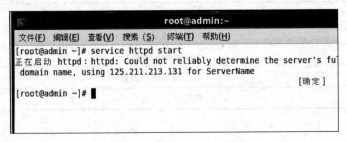

图 9-7　启动 Apache 服务器

2）以 Windows 为客户端，在网页浏览器地址栏中输入"www. 192. 168. 1. 100/"，出现如图 9-8 所示的界面，则表明 Web 服务器已经配置成功。

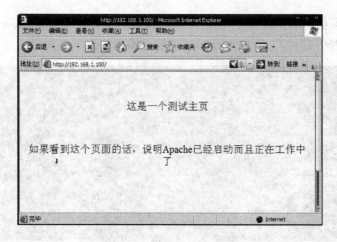

图 9-8　测试 Web 服务器

经过以上的操作，就安装了一个最简单的 Web 服务器，这个实例可以简明地引导用户掌握 Apache 服务器的最基本的操作。但在实际应用中仍然要对 Apache 服务器进行各种配置，才能更好地发挥服务器的功能。

# 9.5　Web 企业服务器实例应用

现通过一个企业实例全面了解 Linux 下 Web 服务器在企业中的应用。

## 9.5.1　实例环境

公司域名为 www.qqhre.com，IP 地址为 192.169.1.100。根据公司业务需要，现决定添加一个站点 bbs.qqhre.com，要求服务器可以满足 500 人同时在线访问，且服务器上有一个非常重要的目录/private，里面的内容只允许公司内部成员访问。管理员的邮箱为 postmaster @qqhre.com。首页为 index.php。

## 9.5.2　需求分析

1）一台服务器管理多个域名需要使用到 Apache 的虚拟主机功能。本案例中将 www.qqhre.com 设为默认的域名服务。

2）由于要求同时满足 500 人在线，需要调整 Apache 的工作模式，为了节省内存的开销，这里选用 worker MPM 模式。

3）服务器中存在非共享目录，需要对目录进行保护，本例只允许内部网络成员访问，即只允许 192.169.1.0/24 网段访问。为了安全起见，访问该目录要求输入账号与密码，防止外来成员访问该目录。

4）服务器主页为 index.php，即需要支持 PHP 语言。

## 9.5.3　解决方案

首先编辑配置文件/etc/httpd/httpd.conf。

1）设置服务器侦听端口为 80，设置管理邮箱为 postmaster@ qqhre. com，设定服务器侦听 IP 地址为 192.169.1.100，开启 keepalive 功能，操作如图 9-9 所示。

```
ServerTokens OS
ServerRoot "/etc/httpd"
PidFile run/httpd.pid
Timeout 60
KeepAlive On
MaxKeepAliveRequests 100
KeepAliveTimeout 15
User apache
Group apache
ServerAdmin postmaster@qqhre.com
Listen 80
ServerName 192.168.1.100
UseCanonicalName Off
```

图 9-9　设置全局参数

2）配置 Apache 工作模式为 worker MPM，设定 serverlimit 为 50 和 maxclient 为 500，以满足同时 500 人在线。需要注意的是，ServerLimit $*$ ThreadPerChild 的值必须大于或等于 MaxClients 的值，操作如图 9-10 所示。

```
<IfModule worker.c>
ServerLimit          50
ThreadLimit         200
StartServers          4
MaxClients          500
MinSpareThreads      25
MaxSpareThreads      75
ThreadsPerChild      25
MaxRequestsPerChild   0
</IfModule>
```

图 9-10　设定最大并发连接数

3）设定目录/private 的访问权限，允许 192.169.1.0/24 网段内的客户访问。客户访问该目录时，需要进行身份验证，操作如图 9-11 所示。

```
Alias /private/ "/opt/internal/"
<Directory "/var/internal">
    Options -Indexes
    AllowOverride None
    Order Allow,Deny
    Allow from 192.168.1.0/24
    AuthName "private Access".
    AuthType Basic
    AuthUserFile /etc/httpd/htpasswd.users
    Require valid-user
</Directory>
```

图 9-11　配置目录访问权限

4）由于服务器需要支持 PHP，使用 RPM 包管理工具，安装 PHP 软件，操作如图 9-12 所示。

224

```
[root@localhost Packages]# rpm -Uvh php-5.3.2-6.el6.i686.rpm
Preparing...                ########################################### [100%]
   1:php                    ########################################### [100%]
[root@localhost Packages]#
```

图 9-12　安装 PHP 软件

5）配置 Apache，添加 PHP 模块，使 Apahce 支持 PHP 语言，操作如图 9-13 所示。

```
<IfModule worker.c>
  LoadModule php5_module modules/libphp5-zts.so
</IfModule>

#
# Cause the PHP interpreter to handle files with a .php extension.
#
AddHandler php5-script .php
AddType text/html .php
```

图 9-13　配置 apache 支持 php

6）配置 Apache，修改服务器的默认主面为 index. php，操作如图 9-14 所示。

```
DirectoryIndex index.php index.html
```

图 9-14　修改默认主面

7）设置虚拟主机，添加站点 bbs. qqhre. com。并对该站点进行常规配置，操作如图 9-15 所示。

```
<VirtualHost *:80>
    ServerAdmin postmaster@qqhre.com
    DocumentRoot "/var/www/bbs/"
    ServerName bbs.qqhre.com
    <Directory "/var/www/bbs">
        Options FollowSymLinks -Index
        DirectoryIndex index.php index.html index.shtml
        AllowOverride None
        Order Allow,Deny
        Allow from all
    </Directory>
    ErrorLog "/var/www/log/bbs.qqhre.com/error_log"
    CustomLog "/var/www/log/bbs.qqhre.com/access_log" combined
</VirtualHost>
```

图 9-15　添加虚拟主机站点

8）添加测试网页。

添加主站点 www. qqhre. com 的测试页面，操作如图 9-16 所示。

```
[root@bogon httpd]# vi /var/www/html/index.php
<html>
   <head>
        <title>www.qqhre.com--test for qqhre.com</title>
   </head>
   <body>
        <?php echo '<p>Hello,This is a TEST page for www.qqhre.com</p>'; ?>
   </body>
</html>
```

图 9-16　添加主站点的测试页面

添加虚拟站点 bbs. qqhre. com 的测试页面，操作如图 9-17 所示。

```
[root@bogon httpd]# vi /var/www/bbs/index.php
<html>
    <head>
        <title>bbs.qqhre.com--test for bbs</title>
    </head>
    <body>
        <?php echo '<p>Hello,This is a TEST page for bbs.qqhre.com</p>'; ?>
    </body>
</html>
```

图 9-17　添加虚拟站点的测试页面

9）重新启动 Apache 服务器，使配置文件生效，操作如图 9-18 所示。

```
[root@bogon httpd]# service httpd restart
Stopping httpd:                                          [  OK  ]
Starting httpd:                                          [  OK  ]
[root@bogon httpd]#
```

图 9-18　重新启动 Apache 服务器

10）访问服务器进行测试。

访问主站点 www. qqhre. com 的测试页面，操作如图 9-19 所示。

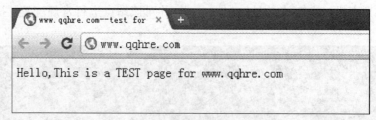

图 9-19　测试 www. qqhre. com

访问虚拟站点 bbs. qqhre. com 的测试页面，操作如图 9-20 所示。

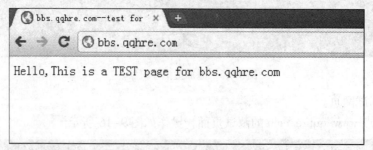

图 9-20　测试 bbs. qqhre. com

 本章小结

　　Web 服务器是 Linux 的一项最重要的应用，也是 Linux 网络操作系统的重要部分。本章从 Web 服务器的理论开始介绍，具体讲解了 Apache 服务器的安装、Apache 服务器的启动和

停止、Apache 服务器的测试、Apache 配置文件 5 部分内容。同时也具体讲解了全局变量配置、多处理模块设定、端口及服务器相关参数设定、权限设定 4 部分内容。最后通过一个实例，模拟企业需求进行配置，让读者对 Apache 的各项配置加深理解，熟练掌握 Apache 的配置与管理。

 课后习题

## 一、填空题

1. Linux 环境下而最常用的 Web 服务器软件是（　　　）。

2. 检测计算机中是否安装了 Apache 软件的命令是（　　　）。

3. 在 Linux 终端停止 Apache 的命令为（　　　）。

4. httpd. conf 文件中 KeepAlive Off 表示是否允许稳固的连接，设为 Off 则表示（　　　）。

5. Apache 通过（　　　）的设计来适应各种环境。

6. Apache 目前共支持 3 类 MPM 设定分别是（　　　）、（　　　）和（　　　）。

7. httpd. conf 文件中 StartServers 指定服务器启动时建立的子进程数量，默认为（　　　）。

8. httpd. conf 文件中 MaxRequestsPerChild 设定每个子进程在其生存期内允许伺服的（　　　），默认为（　　　）。到达 MaxRequestsPerChild 的限制后，子进程将会结束。如值为（　　　），子进程将永远不会结束。

9. httpd. conf 文件中 MinSpareThreads 表示最小空闲线程数，默认值是（　　　）。这个 MPM 将基于整个服务器监视空闲线程数。如果服务器中总的空闲线程数太少，子进程将产生新的（　　　）线程。

10. httpd. conf 文件中（　　　）用来定义服务器所使用的 TCP 端口号。

## 二、选择题

1. 以下不是在 UNIX 和 Linux 平台下使用的 Web 服务器的是（　　　）。
   A. W3C　　　　　　B. NCSA　　　　　　C. APACHE　　　　　D. IIS

2. 在 Linux 终端启动 Apache 的命令为（　　　）。
   A. service httpd start　　B. service start　　C. httpd start　　D. start

3. Apache 服务器的核心配置文件是（　　　）。
   A. httpd. conf　　　　B. web. conf　　　　C. apache. conf　　　D. http. conf

4. httpd. conf 文件中 MaxKeepAliveRequests 100 在稳固连接期间允许的最大请求数设为 0 表示（　　　）。
   A. 无限制接入　　　B. 没有接入　　　　C. 数量不确定　　　D. 以上都不对

5. httpd. conf 文件中在同一个连接从同一台客户接收请求的秒数 KeepAliveTimeout 默认值为（　　　）。
   A. 10　　　　　　　B. 0　　　　　　　　C. 15　　　　　　　D. 100

6. httpd. conf 文件中 prefork MPM 使用多个子进程，每个子进程有（　　　）个线程。
   A. 1　　　　　　　B. 0　　　　　　　　C. 若干　　　　　　D. 10

7. httpd. conf 文件中默认的 MaxClient 最大支持（　　　）个线程
   A. 1　　　　　　　B. 0　　　　　　　　C. 若干　　　　　　D. 256

8. （　　）用于设置每个子进程在其生存期内允许处理的最大请求数量的是（　　）。

    A. MaxRequestsPerChild                B. MaxRequestsPer

    C. MaxSpareThreads                    D. MaxSpare

9. httpd. conf 文件中 StartServers 表示服务器启动时建立的子进程数，默认值是（　　）。

    A. 1              B. 2              C. 3              D. 10

10. httpd. conf 文件中 MaxClients 表示允许同时伺服的最大接入请求数量，其值是（　　）。

    A. ServerLimit 乘以 ThreadsPerChild        B. MaxClients 乘以 StartServers

    C. ServerLimit 乘以 StartServers            D. MaxClients 乘以 ThreadsPerChild

### 三、判断题

1. 服务器只有安装了 Web 服务器软件才能提供网页浏览服务。（　　）

2. 服务器使用 HTTP 超文本传输协议进行信息交流。（　　）

3. Apache 的源代码是开放的。（　　）

4. Apache 中的常见配置主要都是通过修改 httpd. conf 文件来实现的。（　　）

5. httpd. conf 文件更改后需要重启 Apache 服务器，配置才能生效。（　　）

6. 全局变量设置的参数将影响整个 Apache 服务器的行为。（　　）

7. ServerLimit 指令必须放在其他指令的前面才能生效。（　　）

8. MaxSpareServers 指令的值设置为比 MinSpareServers 小，Apache 将会自动将其修改成 MinSpareServers 的值。（　　）

9. worker MPM 的内存使用比 prefork MPM 要高得多。（　　）

10. MPM 将基于整个服务器监视空闲线程数。如果服务器中总的空闲线程数太多，子进程将杀死多余的空闲线程。（　　）

### 四、问答题

1. httpd. conf 文件的指令分为哪 3 部分？

2. Apache 服务器对目录进行文档的访问控制可以通过哪两种方式实现？简述它们在使用上的优劣。

# 第10章 Linux DNS 域名服务

## 10.1 Linux DNS 域名服务概述

当用户在浏览器中输入网址时，互联网通过域名解析系统找到相对应的 IP 地址，这样才能在网络中找到对应的资源。实质上域名的最终指向是 IP 地址。全面了解域名的基础知识，进而了解域名服务的概念，才能为进一步学习安装、配置域名服务器奠定良好的基础。

### 10.1.1 DNS 的含义

DNS（Domain Name System）即域名系统，作用就是把域名和 IP 地址联系在一起。

**1. 域名**

域名（Domain Name，DN）是由用点分隔的名字组成的主机名称。域名最普遍的应用就是网址，在浏览器的地址栏输入的任一可访问的网址都可称为域名。例如，qqhre.com 就是齐齐哈尔信息工程学校的域名。在互联网中，域名是唯一的，谁先注册，谁就拥有使用权。

**2. 域名系统（DNS）**

DNS 最早于 1983 年由保罗·莫卡派乔斯（Paul Mockapetris）发明。它能够把如 baidu.com 这样的域名转换为 61.135.169.105 这样的 IP 地址，如图 10-1 所示。如果没有 DNS，浏览 baidu.com 这个网站时，就必须用 61.135.169.105 这么难记的数字来访问。通常将提供 DNS 解析服务的服务器称为 DNS 服务器。

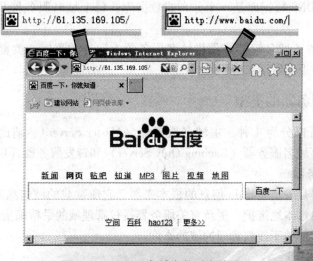

图 10-1 IP 地址与域名的对应关系

## 10.1.2　DNS 的组成

当用户在浏览器中输入网址，然后按〈Enter〉键时，用户就提交了一个 DNS 解析请求。DNS 服务器在接收到该请求后，查询自己的 DNS 数据库或递归查询，然后将解析结果（IP 地址）返回给用户。浏览器根据该 IP 地址即可完成访问。由该过程可知，DNS 由 3 部分组成，即 DNS 域名、DNS 数据库和域名解析器。

1）DNS 域名：指定用于组织名称的域的层次结构。它如同一棵倒立的树，层次结构非常清晰，如图 10-2 所示。根域位于顶部，紧接着在根域的下面是几个顶级域。每个顶级域又可以进一步划分为不同的二级域，二级域再划分出子域。子域下面可以是主机也可以是再划分的子域，直到最后的主机。

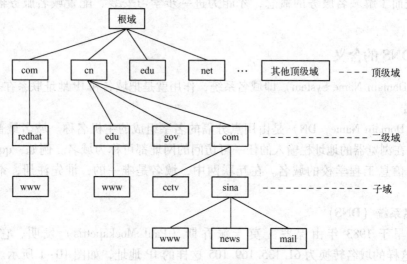

图 10-2　域的层次结构

2）DNS 数据库：DNS 数据库是保存域名与 IP 地址对应关系的文件集合，又称为区文件（Zone File）。DNS 数据库是一个分布式数据库，每个域名服务器只保存与自己相关的数据。

3）域名解析器：域名解析器是指域名服务器上运行的程序。负责提取 DNS 数据库信息，并将解析结果返回给请求客户端。

## 10.1.3　域名服务器的类型

DNS 服务器可以分为 4 种，主域名服务器（Master Server）、辅助域名服务器（Slave Server）、高速缓存域名服务器（Caching Only Server）和转发服务器（Forwarding Server）。

### 1. 主域名服务器

主域名服务器是一个 domain 信息的根本来源，它所装载的域信息来源于域管理员所创建的磁盘文件。通过本地维护，更新有关服务器授权管理域的最精确信息。它具有最权威的回答，可以完成任何关于授权管理的域的查询。

### 2. 辅助域名服务器

辅助域名服务器从主域名服务器上获得域信息的完整集合。域文件是从主域名服务器传过来并以本地文件形式存储在辅助域名服务器的磁盘上的。辅助域名服务器保留了一份本域信息的完整副本，也能以授权的方式回答用户的查询。因而，辅助域名服务器具有主域名服务器的部分功能。

**3. 高速缓存域名服务器**

高速缓存域名服务器可以将它收到的信息存储下来，并将其提供给其他的用户进行查询，直到这些信息过期。它的配置中没有任何本地授权域的配置信息。它可以响应用户的请求，并询问其他授权的域名服务器，从而得到回答用户请求的信息。这个服务器通常也被称为递归查询服务器（Recursive Name Server），它为本地客户执行递归查询。为了提高性能，递归查询服务器会保存查询到的结果。

**4. 转发服务器**

所有非本域的和在缓存中无法找到的域名查询都将转发到指定的外部 DNS 服务器上，由这台外部 DNS 服务器来完成解析工作并返回给转发服务器缓存，因此转发服务器的缓存中记录了丰富的域名信息。对非本域的查询，很可能转发器就可以在缓存中找到答案，从而避免了再次向外部发送查询，减少了流量。

## 10.1.4　域名的层次结构

DNS 是一个分层次的分布式域名系统，与 IP 相对应。这与计算机的目录树结构相似。如图 10-3 所示在最顶端的是一个根"root"，其下面分为几个基本类别，如：com、org、edu 等。再下面是组织名称，如：ibm、microsoft、intel 等。继而是主机名称，如：www、mail、ftp 等。因为 Internet 是从美国发展起来的，所以当时并没有国域名称。但随着后来 Internet 的蓬勃发展，DNS 也加进了诸如 uk、jp、cn 等国域名称。所以一个完整的 DNS 名称类似于这样：www. qqhre. com. cn，而整个名称对应的就是一个或多个 IP 地址了。

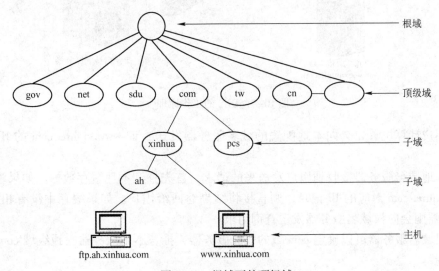

图 10-3　根域下的顶级域

DNS 域名空间最顶端的根域，可以用圆点"."表示。它由因特网网络信息中心（InterNIC）管理。根域下定义了许多顶级域，如表 10-1 所示。

表 10-1　顶级域

| 名　　称 | 说　　明 |
|---|---|
| com | 商业机构 |
| edu | 教育，学术研究单位 |
| net | 网络服务机构 |
| org | 非营利机构 |
| gov | 政府机构 |
| mil | 国防军事单位 |
| 其他的国码 | 如 cn 表示中国 |

### 10.1.5　DNS 的工作原理

DNS 的工作原理看似很复杂，其实十分简单，如图 10-4 所示。现以查找 www.qqhre.com 的 IP 地址为例进行说明。

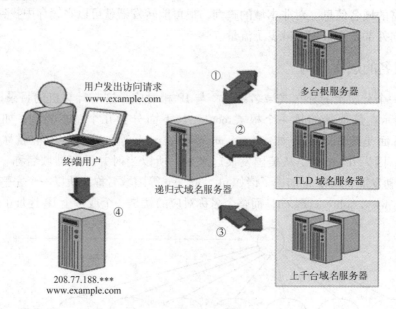

图 10-4　DNS 的工作原理

1）用户计算机首先会向本地配置的域名服务器发送查询 www.qqhre.com 的 IP 地址的请求。

2）本地域名服务器接收到用户发送来的请求，首先查询本地缓存数据。如果缓存中存在 www.qqhre.com 对应的 IP 记录，则直接将结果返回给用户。如果缓存中没有相关数据，本地服务器则会向根域名服务器发送查询请求。

3）根域名服务器可以确定 com 域的权威服务器，推荐本地服务器去顶级域 com 的权威服务器查找。

4）本地域名服务器向 com 的权威服务器发送查询 www.qqhre.com 的请求。

5）com 的权威服务器查找本地记录，获得 qqhre.com 的授权权威服务器，推荐本地服务器去 qqhre.com 的权威服务器查找。

6）qqhre.com 查找本地记录，找到 www.qqhre.com 对应的 IP 地址，并将结果返回给本地服务器。

7）本地服务器将查询的最终结果，返回给提交查询请求的用户。

## 10.2 DNS 基本操作

Linux 系统中应用最为广泛的 DNS 软件是 bind。目前多数 Linux 版本都随系统盘带有预编译的 bind 软件包。安装 bind 软件包，并进行简单的配置后，该 Linux 系统就成为了一台 DNS 服务器。本节具体介绍 DNS 服务器的安装与启动。

### 10.2.1 DNS 服务器的安装

要想成功设置 DNS 服务，就需要安装 bind 软件包。

**1. 检测是否已经安装**

检测计算机中是否安装了 bind 软件，只需要输入命令：

```
rpm  – q bind
```

如已经安装了该软件则会显示如图 10-5 所示的信息，如未安装则显示如图 10-6 所示的信息。

图 10-5　已经安装 bind　　　　　　　　　图 10-6　未安装 bind

**2. 取得 bind 软件**

用户可以在 Linux 的安装盘中找到 bind 软件包。与其他 Linux 下的软件类似，bind 软件也有源代码和执行文件两种，执行文件以 RPM 软件包的形式提供。为了方便，本例使用 RPM 软件包安装 bind 软件。bind 共有 3 个文件，如图 10-7 所示。

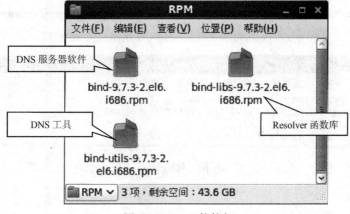

图 10-7　bind 软件包

**3. 安装 bind 软件**

将取得的 bind 软件安装包准备好后，在 RHEL6 中直接双击安装包进行安装，或者执行下列命令进入安装程序。

```
#rpm  – ivh  bind – 10. 7. 3 – 2. el6. i686. rpm
```

## 10.2.2  DNS 服务器的启动与停止

安装 bind 之后，可以使用 bind 的默认配置启动服务器。

**1. 启动**

在 Linux 终端启动 DNS 的命令为"service named start"，停止 DNS 服务的命令为"service named stop"，如图 10-8 所示。

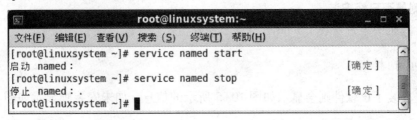

图 10-8　启动与停止 DNS 服务

**2. 重启**

在终端输入"service named restart"命令将重新启动服务器，如图 10-9 所示。

图 10-9　重启 DNS 服务器

**3. 状态检测**

如果想检测 DNS 服务器是否在运行，可以在控制台输入"service named status"命令。如果该服务器正在运行，则会显示如图 10-10 所示的界面。

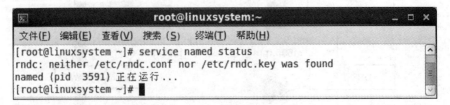

图 10-10　检测 DNS 状态

**4. DNS 测试**

如果想测试 DNS 服务器运行情况，可以使用 nslookup 命令，操作如图 10-11 所示。

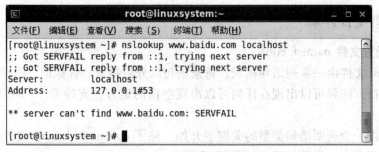

图 10-11　DNS 服务器测试

## 10.3　Bind 配置文件

完成了 bind 的安装，还需要进行一些额外的配置，才能真正发挥 DNS 的作用。

### 10.3.1　概述

一个简易的 DNS 服务器设定主要分以下 3 步。

1）建立主配置文件 named. conf。该文件是 bind 的核心配置文件，它包含了 bind 的基本配置，但并不包括区域数据。named. conf 文件定义了 DNS 服务器工作目录所在的位置。该文件还定义了 DNS 服务器能够管理哪些区域，以及所有的区域对应的区文件和存放路径。

2）建立区文件。根据 named. conf 文件中指定的路径和文件名建立区文件，该文件主要记录该区内的资源记录。例如设定 SOA 记录，A 记录等。

3）重新加载配置文件或重新启动 named 服务，使配置文件生效。

查看 named. conf 配置实例，如图 10-12 所示。

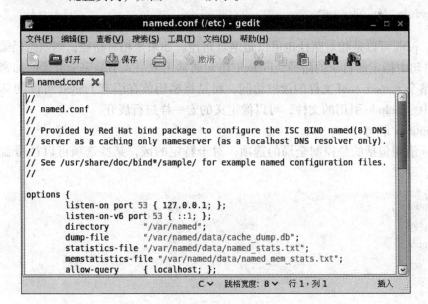

图 10-12　bind 的核心配置文件 named. conf

### 10.3.2　配置文件详解

**1. 主要配置文件 named. conf**

named. conf 文件由一系列语句构成，每条语句以分号结束。各标记之间以空白分隔，空白可以包括换行。注释可以出现在任何可以出现空白的地方，支持 C、C ++ 及 shell 风格的注释。

每条语句以一个表明语句类型的关键字开始。除了 options 和 logging 之外，每种类型的语句都可以出现多次。常见的语句如表 10-2 所示。

表 10-2　named. conf 常见语句

| 语　　句 | 功 能 描 述 |
| --- | --- |
| include | 插入一个文件（例如，仅 named 可读的可信密钥） |
| options | 设置 DNS 服务器的全局配置选项 |
| acl | 定义访问控制列表 |
| masters | 定义一个主服务器列表 |
| logging | 指定日志类型与存放位置 |
| zone | 定义一个区 |
| controls | 用 ndc 来定义用于控制 DNS 服务器的渠道 |
| view | 定义域名空间的一个 view（视图） |

（1）include 语句

为了更好地组织配置文件，可以将配置文件的不同部分放在不同文件中，然后使用 include 语句引入到 named. conf 文件中。

```
include " path/filename " ;
```

其中，path 可以是相对路径也可以是绝对路径。如果是相对路径，则该路径就是相对于 directory 语句中指定的目录的路径。include 语句通常用来引入不是完全可读的加密密钥。不必禁止对整个 named. conf 文件的读取访问，而是将密钥放在引有 named 可读的具有严格权限的文件中。include 引用的文件，可以像定义的宏一样进行展开。

（2）options 语句

options 语句包括的是控制全局的选项，对于特定的区，某些选项可以被覆盖，其一般格式如下。

```
options {
    option;
    option;
       …
};
```

在最新的 bind9 中，有超过 100 个可配置的选项。named. conf 中没有出现的选项将使用默认值。通常来说，大多数的 DNS 服务器只需要配置常见的几个选项，其他的使用默认值即可。

```
directory "/path/name";
```

directory 指定了 named 的工作目录，该目录主要用来存放区文件。配置文件中所有出现的相对路径都是相对于该目录的路径。这里的"/path/name"必须是一个绝对路径，通常被设为/var/named。

1）notify yes|no：配置有变动时是否向从服务器发送通知消息。

2）recursion yes|no：是否允许 named 进行递归查询。

3）listen-on port：默认侦听的端口为本地服务器中所有的网络接口上的 53 端口。

4）allow-query：设定哪个主机可以进行普通的查询。allow-query 也能在 zone 语句中设定，这样全局 options 中的 allow-query 选项在这里就不起作用了。默认的是允许所有主机进行查询。

（3）acl 语句

acl 语句定义访问控制列表，访问控制列表是一个名字的地址匹配列表，格式如下。

```
acl acl_name {
地址列表清单
};
```

几乎可以在任何需要设置地址匹配列表的地方使用访问控制列表。acl 有 4 个预定义的关键字，any 对应所有的主机，localnets 对应本地网络上的所有主机，localhost 对应机器本身，none 不包含任何主机。

（4）zone 语句

zone 语句是 named.conf 文件的核心部分。它定义了 named 具有权威性的区，并为该区设定适当的选项。前面介绍的选项都可以成为 zone 的一部分并覆盖先前定义的值。zone 语句格式如下：

```
zone "domain_name" {
type master|slave|hint|forward;
file "filename";
…
};
```

type 选项设定该区的服务器类型，master 为主服务器，slave 为从服务器，hint 为根服务器的索引，forward 为转发服务器。file 指定区的配置文件名。

如果 type 是 slave，还应该增加 masters 选项，指定主服务器地址。如果 type 是 forward，应该增加 forwards 选项，指定作为转发器的服务器地址。

（5）view 语句

view 语句的功能是创建视图，通过 match_clients 选项来匹配客户，为不同的客户提供不同的 DNS 服务。需要注意的是，所有的 zone 语句都应该在 view 中出现。

**2. 区文件**

区文件是 DNS 服务器的数据库，维护着域名与 IP 地址的映射关系。每个区文件都是资源记录的集合。资源记录的基本格式如下。

> [name] [ttl] [class] type data

各字段间使用空格或按〈Tab〉键分隔。各字段含义如下。

name（名字）段表示记录所描述的对象（通常指主机名或域），如果几个连续的记录涉及的是同一个对象，除第一条记录外，后续的记录可以省略这个名字。名字可以是相对名或全名，全名是以英文字符点（.）结尾的完整域名。没有以点结尾的名字则为相对名，相对名使得记录的输入更简洁方便，但更容易出错。在软件内部只处理全名，它会把当前域名及一个点追加到任何相对名之后。

- ttl（存活时间）段以秒为单位指定数据项可被缓存并且仍然有效的时间长度。该字段常被忽略，它默认取文件开头的分析器命令 $ ttl 设置的值。如果将 ttl 的值增加到大约一周将明显减少网络流量和 DNS 负载。不过一旦记录已经缓存了本地网络之外，就无法迫使它们丢弃。如果需要对网络进行大规模的调整，可以降低 $ ttl 的值，以使缓存在 Internet 上的历史记录过期。

class（类）段指定网络类型，最常用的取值是 IN。

type（类型）段指定记录的类型，常用的记录类型如表 10-3 所示。

data（数据）段的内容取决于记录的类型。

表 10-3　记录的类型

| 类　　型 | 含　　义 |
|---|---|
| SOA | 定义一个 DNS 区的起始授权记录 |
| NS | 标识区的权威服务器或者授权子域 |
| A | 名字到 IP 地址的转换 |
| PTR | IP 地址到名字的转换 |
| MX | 控制邮件的路由 |
| CNAME | 主机别名 |

1）SOA 记录。每个区仅有一个 SOA 记录。SOA 记录包括区的名字、该区的技术联系人和各种不同的超时值。如图 10-13 所示的是一个区记录实例。

图 10-13　SOA 资源记录

如图 10-13 所示，name 字段只包含了一个@符号，这是当前区名的简写。@ 的值是在 named. conf 文件中的 zone 语句指定的名字，它也可以在这个区文件中用 $ ORIGIN 分析器指令进行更改。

本例中 ttl 段为空，记录类型是 SOA，剩下的内容构成了 data 段。

"ns. example. com. "是该区的主名字服务器，"root. ns. example. com. "是技术联系人的邮件地址，它使用"user. domain. "格式代替了标准的"user@ domain"格式。因为@ 在区文件中有其特殊的含义。

在区文件中，每行代表一条资源记录，为了便于理解和阅读，有时一条资源记录需要占用多行，例如 SOA 记录的 data 段，引入了小括号。小括号能使资源记录跨越多行。

本例中小括号后的第一个数值表示的是该区配置数据的序列号，这个序列号帮助服务器判断何时需要更新数据。它可以是 32 位的任何整数，每当更改了区的数据文件时，都应适当增加这个序列号的值，以提示从其他的服务器更新同步数据。

2）NS 记录。用于指定一个区的权威 DNS 服务器。通过在 NS 资源记录中列出服务器的名字，其他主机就认为它是该区的权威服务器。这意味着 NS 记录中指定的任何服务器都将被其他服务器当做权威的来源，并且能应答区内所有名称的查询。

一个 NS 资源记录的例子如图 10-14 所示。

3）A 记录。A 记录是区文件中使用最为频繁的一种，用于将主机名映射到对应的 IP 地址。一个 A 资源记录的例子如图 10-15 所示。

图 10-14　NS 资源记录　　　　　　　图 10-15　A 资源记录

4）PTR 记录。PTR 记录与 A 记录相反，用于将 IP 地址映射成对应的主机名。一个 PTR 资源记录的例子如图 10-16 所示。

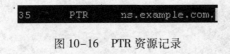

图 10-16　PTR 资源记录

5）MX 记录。MX 资源记录提供邮件传递路由，该记录会指定区域内的邮件服务器名称。一个 MX 资源记录的例子如图 10-17 所示。

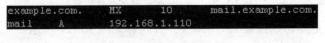

图 10-17　MX 资源记录

6）CNAME 记录。CNAME 资源记录用于为某个主机指定一个别名。一个 CNAME 资源记录的例子如图 10-18 所示。

图 10-18　CNAME 资源记录

## 10.4　DNS 域名服务配置实例

熟悉了 DNS 的配置文件的配置选项，具体应用还要在实践中操练。本节将通过企业实例对之前介绍的知识进行强化。

### 10.4.1 Localhost 区配置

Localhost 表示的是主机本身，对应的 IP 地址是 127.0.0.1。如果 DNS 服务器没有配置 localhost 区，服务器将向根服务器查询本地主机的信息。每台 DNS 服务器都是自己的主服务器。

下面查看一下本例中 localhost 的配置内容。Localhost 在 named.conf 中的配置行如图 10-19 所示。

```
zone "localhost" IN {
        type master;
        file "forward/localhost";
        allow-update { none; };
};

zone "0.0.127.in-addr.arpa" IN {
        type master;
        file "loopback/127.0.0.1";
        allow-update { none; };
};
```

图 10-19　localhost 配置内容

如图 10-19 所示，localhost 对应的正向区文件是 forward/localhost，其内容如图 10-20 所示。

```
$TTL 1D
@       IN SOA  localhost. root.localhost. (
                                        0       ; serial
                                        1D      ; refresh
                                        1H      ; retry
                                        1W      ; expire
                                        3H )    ; minimum
        NS      localhost.
        A       127.0.0.1
```

图 10-20　localhost 正向区文件内容

对应的反向区文件 loopback/127.0.0.1，其内容如图 10-21 所示。

```
$TTL 1D
@       IN SOA  localhost. root.localhost. (
                                        0       ; serial
                                        1D      ; refresh
                                        1H      ; retry
                                        1W      ; expire
                                        3H )    ; minimum
        NS      localhost.
1       PTR     localhost.
```

图 10-21　localhost 反向区文件内容

### 10.4.2 DNS 的一个完全实例

利用 bind 软件为某公司搭建一个 DNS 服务器，公司域名为 example.com，服务器主机名设为 ns.example.com，IP 地址为 192.168.1.250。具体要求如下。

1）将公司的 WEB 服务器指向 192.168.1.100。

2）将公司的 FTP 服务器指向 192.168.1.101。

3）将公司的 MAIL 服务器指向 192.168.1.110。

4）只允许公司内部网络进行 DNS 查询。

具体操作步骤如下。

1）建立主配置文件 named.conf。

使用 touch 命令创建 named.conf，如图 10-22 所示。

```
[root@localhost named]touch /etc/named.conf
[root@localhost named]
```

图 10-22　创建 named.conf 文件

2）设置 named.conf 文件，如图 10-23 所示。

```
options {
        listen-on port 53 { 127.0.0.1;192.168.1.250; };
        directory        "/var/named";
        recursion yes;
        allow-query { 192.168.1.0/24; };
};

logging {
        channel default_debug {
                file "data/named.run";
                severity dynamic;
        };
};

zone "." IN {
        type hint;
        file "named.ca";
};

include "/etc/named.localhost.zones";
include "/etc/named.example.com.zones";
```

图 10-23　编辑 named.conf 文件

为了便于管理，可以将不同域的配置信息放在不同的文件中，然后使用 include 语句将文件包含到 named.conf 中。编辑 example.com 域的配置信息，操作如图 10-24 所示。

```
[root@localhost named]vi /etc/named.example.com.zones
zone "example.com" IN {
        type master;
        file "forward/example.com";
};
zone "1.168.192.in-addr.arpa" IN {
        type master;
        file "loopback/192.168.1.250";
};
```

图 10-24　编辑 example.com 域的配置信息

3）根据如图 10-24 所示的内容建立区文件。此例中需要创建 5 个区文件，如图 10-25 所示。

```
[root@localhost named]touch named.ca
[root@localhost named]touch forward/localhost
[root@localhost named]touch forward/example.com
[root@localhost named]touch loopback/127.0.0.1
[root@localhost named]touch loopback/192.168.1.250
[root@localhost named]
```

图 10-25　创建必要的区文件

4）分别配置区文件，设置正确的资源记录。

- 配置根区文件，named.ca 的文件内容可以使用 dig 命令查询根域导入，如图 10-26 所示。

```
[root@localhost named]dig . ns >named.ca
[root@localhost named]
```

图 10-26　创建 named.ca 文件内容

- 配置 localhost 区的正向解析文件，内容如图 10-27 所示。

```
[root@localhost named]vi forward/localhost
$TTL 1D
@       IN SOA   localhost. root.localhost. (
                                    0        ; serial
                                    1D       ; refresh
                                    1H       ; retry
                                    1W       ; expire
                                    3H )     ; minimum

        NS      localhost.
        A       127.0.0.1
```

图 10-27　编辑 localhost 正向区解析文件

- 配置 example.com 区的正向解析文件，内容如图 10-28 所示。

```
[root@localhost named]vi forward/example.com
$TTL 1D
@     IN      SOA     ns.example.com. root.ns.example.com. (
      20120620  ;serial
      1D        ;refresh
      1H        ;retry
      1W        ;expire
      3H )      ;mininum
              NS      ns.example.com.
              MX  10  mail.example.com.
ns            A       192.168.1.250
mail          A       192.168.1.110
www           A       192.168.1.100
ftp           A       192.168.1.101
```

图 10-28　编辑 example.com 区正向解析文件

- 配置 localhost 区的反射解析文件，内容如图 10-29 所示。

```
[root@localhost named]vi loopback/127.0.0.1
$TTL 1D
@       IN SOA   localhost. root.localhost. (
                                    0        ; serial
                                    1D       ; refresh
                                    1H       ; retry
                                    1W       ; expire
                                    3H )     ; minimum

        NS      localhost.
1       PTR     localhost.
```

图 10-29　编辑 localhost 区的反向解析文件

242

● 配置 example. com 区的向解析文件，内容如图 10-30 所示。

```
[root@localhost named]vi loopback/192.168.1.250
$TTL 1D
@         IN        SOA      ns.example.com. root.ns.example.com. (
                             20120620    ;serial
                             1D          ;refresh
                             1H          ;retry
                             1W          ;expire
                             3H )        ;minimum
          IN        NS       ns.example.com.
250       IN        PTR      ns.example.com.
110       IN        PTR      mail.example.com.
100       IN        PTR      www.example.com.
101       IN        PTR      ftp.example.com.
```

图 10-30　编辑 example. com 区反向解析文件

5）检测 named. conf 和区文件的正确性，操作如图 10-31 所示。

```
[root@localhost named]named-checkconf
/etc/named.conf:8: missing ';' before 'logging'
[root@localhost named]
```

图 10-31　检测配置文件的正确性

bind9 包含有两个用于检测配置文件语法的命令，分别是 named – checkconf 和 named – checkzone。这两个命令对于配置文件的语法检测是很有效的，根据提示可以很容易地定位错误。如图 10-31 所示，由提示可知，配置文件 named. conf 在第 8 行"logging"之前缺少了一个"；"。

6）当配置文件检测通过后，为了让配置文件生效，需要重新启动 named 服务或者使用 rndc 命令重新加载配置文件，操作如图 10-32 所示。

```
[root@localhost named]named-checkconf
[root@localhost named]named-checkzone example.com /var/named/forward/example.com

zone example.com/IN: loaded serial 20120620
OK
[root@localhost named]service named restart
Stopping named:                                           [  OK  ]
Starting named:                                           [  OK  ]
[root@localhost named]
```

图 10-32　重新启动 named 服务

7）设置客户端 DNS，操作如图 10-33。在 Windows 下设置客户端，操作如图 10-34 所示。

```
[root@localhost named]vi /etc/resolv.conf
nameserver 127.0.0.1
```

图 10-33　设置客户端 DNS

8）使用 dig 或者 nslookup 命令进行 DNS 域名查询测试，检验 DNS 服务器是否能正常工作，操作如图 10-35 和图 10-36 所示。

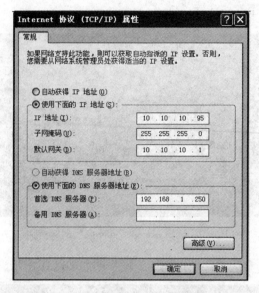

图 10-34　Windows 中设置客户端

```
[root@localhost named]dig www.example.com

; <<>> DiG 9.7.0-P2-RedHat-9.7.0-5.P2.el6 <<>> www.example.com
;; global options: +cmd
;; Got answer:
;; ->>HEADER<<- opcode: QUERY, status: NOERROR, id: 5977
;; flags: qr aa rd ra; QUERY: 1, ANSWER: 1, AUTHORITY: 1, ADDITIONAL: 1

;; QUESTION SECTION:
;www.example.com.                IN      A

;; ANSWER SECTION:
www.example.com.        86400   IN      A       192.168.1.100

;; AUTHORITY SECTION:
example.com.            86400   IN      NS      ns.example.com.

;; ADDITIONAL SECTION:
ns.example.com.         86400   IN      A       192.168.1.250

;; Query time: 42 msec
;; SERVER: 127.0.0.1#53(127.0.0.1)
;; WHEN: Wed Jun 20 18:03:47 2012
;; MSG SIZE  rcvd: 82

[root@localhost named]
```

图 10-35　dig 命令测试 DNS 服务器

```
C:\>ping www.example.com

Pinging www.example.com [192.168.1.100] with 32 bytes of data:

Reply from 192.168.1.100: bytes=32 time<1ms TTL=64
Reply from 192.168.1.100: bytes=32 time<1ms TTL=64
Reply from 192.168.1.100: bytes=32 time<1ms TTL=64
Reply from 192.168.1.100: bytes=32 time<1ms TTL=64

Ping statistics for 192.168.1.100:
    Packets: Sent = 4, Received = 4, Lost = 0 (0% loss),
Approximate round trip times in milli-seconds:
    Minimum = 0ms, Maximum = 0ms, Average = 0ms

C:\>
```

图 10-36　Windows 客户端测试 DNS 服务器

## 10.4.3　测试与调试

named 服务提供了几种内置的辅助调试手段，其中最重要的是可配置灵活的日志功能。用户还可以在命令行指定调试级别或者使用 rndc 设置它们。同时可以将 named 的运行统计结果转储到一个文件中。也可以使用 dig 或 nslookup 命令验证域名的查询。

**1. 日志功能**

日志是 named 的主要手段，通过分析日志，可以更容易排查故障。通过在 named.conf 文件中添加 logging 语句，可以控制日志的输出类型和存储位置等信息。

在 bind9 中，默认的 logging 语句是：

```
logging {
category default { default_syslog;default_debug};
};
```

Category 后面是日志类别。常见的日志类别如表 10-4 所示。

表 10-4　bind 常见日志类别

| 类　别 | 说　　明 |
| --- | --- |
| default | 没有明确分配通道的日志类别 |
| client | 客户请求 |
| config | 配置文件分析和处理 |
| database | 有关数据库操作的日志 |
| notify | 有关"区文件已更改"通知协议的日志消息 |

在 logging 语句中还可以定义日志通道（channel），即日志存放的具体位置，可以是 syslog、文件或者/dev/null。目前默认的日志通道主要有 default_syslog、default_debug、default_stderr 和 null。通道的定义如下：

```
channel channel_name {
file path [versions number|unlimited] [size maxsize]
};
```

**2. 调试级别**

named 调试级别用 0 ~ 100 的整数来表示，数字越大，表示输出信息越详细。级别 0 关闭调试，级别 1 和 2 适用于调试配置和数据库，大于 4 的级别适合代码维护人员使用。用户可以在 named 命令行用 - d 标记调用调试，例如：

```
named - d2
```

调试级别 2 启动 named，调试信息将写入到 named 当前工作目录下的 named.run 文件。严重性级别越高，则日志记录的信息越多。该文件内容增长速度很快，调试完毕应当重新启动 named，以关闭调试功能。

### 3. rndc 调试

rndc 命令是管理 named 的利器。不带参数执行 rndc 会列出一份可用的选项清单。rndc 产生的文件会被存放在 named. conf 文件中 directory 指定的目录中。常见的 rndc 选项如表 10-5 所示，操作如图 10-37 所示。

表 10-5　rndc 命令常用选项

| 选　　项 | 说　　明 |
| --- | --- |
| status | 显示当前运行的 named 的状态 |
| reload | 重新载入 named. conf 和区文件 |
| dumpdb | 把 DNS 数据库转储到 named_dump. db |
| flush | 清空所有缓存 |
| stats | 把统计信息转储到 named. stats |
| trace | 增加或改变调试级别 |

```
[root@localhost ~]rndc status
version: 9.7.0-P2-RedHat-9.7.0-5.P2.el6
CPUs found: 1
worker threads: 1
number of zones: 17
debug level: 0
xfers running: 0
xfers deferred: 0
soa queries in progress: 0
query logging is OFF
recursive clients: 0/0/1000
tcp clients: 0/100
server is up and running
[root@localhost ~]
```

图 10-37　查看 named 的运行状态

### 4. 命令测试

在安装了 bind 的系统中有 4 个命令可以用来测试域名。分别是 ping、host、nslookup、dig。在使用命令测试 DNS 之前，需要对主机的 DNS 服务器进行配置。在 Linux 系统中，使用/etc/resolv. conf 配置 DNS。设置 Linux 服务器的 DNS，如图 10-38 所示。

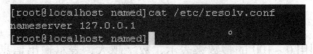

图 10-38　Linux 服务器 DNS 配置

Windows 系统通过网卡属性进行配置。设置 Windows 客户端的 DNS，如图 10-39 所示。

1）ping。ping 命令最常用的功能是检测主机的联通性。当 ping 命令后面跟域名的时候，会进行一次域名到 IP 地址的转换。通过 ping 命令的结果可以看出域名是否被正确解析。例如，使用 ping 查询 www. example. com 的 IP 地址，操作如图 10-40 所示。

2）host。host 命令是最基础的 DNS 查询指令，后面可以接 IP 地址或者域名，分别完成反向或正向解析工作。例如，使用 host 查询 DNS，操作如图 10-41 所示。

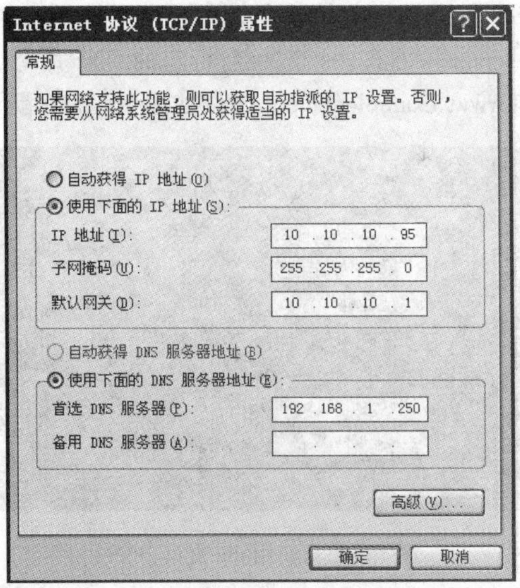


图 10-39　Windows 客户端 DNS 配置

```
[root@bogon ~]# ping www.example.com
PING www.example.com (192.168.1.100) 56(84) bytes of data.
64 bytes from www.example.com (192.168.1.100): icmp_seq=1 ttl=64 time=1.34 ms
64 bytes from www.example.com (192.168.1.100): icmp_seq=2 ttl=64 time=0.682 ms
64 bytes from www.example.com (192.168.1.100): icmp_seq=3 ttl=64 time=0.689 ms
^C
--- www.example.com ping statistics ---
3 packets transmitted, 3 received, 0% packet loss, time 2557ms
rtt min/avg/max/mdev = 0.682/0.903/1.340/0.310 ms
You have new mail in /var/spool/mail/root
[root@bogon ~]#
```

图 10-40　使用 ping 命令查询 DNS

```
[root@localhost ~]host www.example.com
www.example.com has address 192.168.1.100
[root@localhost ~]host 192.168.1.100
100.1.168.192.in-addr.arpa domain name pointer www.example.com.
[root@localhost ~]
```

图 10-41　使用 host 查询 DNS

3）nslookup。nslookup 命令是最早的 DNS 查询命令，它总是随 Bind 一同发布。和 host 命令一样，它也可以进行正向和反向解析工作。nslookup 是一个交互式工具，以“ > ”为提示符。例如，使用 nslookup 查询 DNS，操作如图 10-42 所示。

```
[root@localhost named]nslookup
> www.example.com
Server:         192.168.1.250
Address:        192.168.1.250#53

Name:   www.example.com
Address: 192.168.1.100
> 192.168.1.100
Server:         192.168.1.250
Address:        192.168.1.250#53

100.1.168.192.in-addr.arpa      name = www.example.com.
>
```

图 10-42　使用 nslookup 查询 DNS

4）dig。dig 是功能较齐全的 DNS 查询工具，不仅可以使用本地域名服务器进行 DNS 查询，还可以使用 "@ nameserver" 方式，指定一台特定的 DNS 服务器用来做查询。例如，指定不同的 DNS 服务器查询 www. example. com，操作如图 10-43 所示。

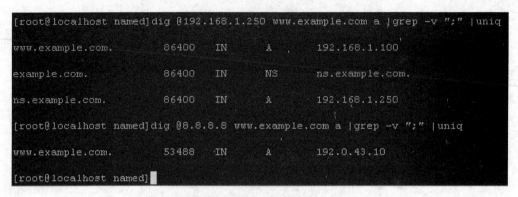

```
[root@localhost named]dig @192.168.1.250 www.example.com a |grep -v ";" |uniq
www.example.com.        86400    IN      A       192.168.1.100
example.com.            86400    IN      NS      ns.example.com.
ns.example.com.         86400    IN      A       192.168.1.250
[root@localhost named]dig @8.8.8.8 www.example.com a |grep -v ";" |uniq
www.example.com.        53488    IN      A       192.0.43.10
[root@localhost named]
```

图 10-43　使用 dig 查询 DNS

 本章小结

本章主要介绍了 Linux DNS 域名服务概述、DNS 基本操作、Bind 配置文件、DNS 域名服务配置实例等内容。从 DNS 的含义介绍了域名，域名管理系统的概念，DNS 的组成部分域名服务器、域名解析器。详细讲述了域名服务器的类型、域名的层次结构等，重点讲述了 DNS 的工作原理和配置过程。最后以一个实例对全章知识进行了进一步的深化。

 课后习题

**一、填空题**

1. 域名即 Domain Name，是由用 "." 分隔的名字组成的（　　　）。

2. DNS 即（　　　），它能够把类似 baidu. com 这样的域名转换为 61. 135. 1610. 105 这样的 IP 地址。

3. 提供 DNS 解析服务的服务器称为（　　　）。

4. DNS 由（　　　）、（　　　）和（　　　）3 部分组成。

5. DNS 服务器可以分为 4 种，即（　　　）、（　　　）、（　　　）和（　　　）。

6. 缓存服务器通常也被称为（　　　）。

7. 在 Linux 终端启动 DNS 的命令为（　　　），停止 DNS 服务的命令为（　　　）。

8. 在 named. conf 文件中（　　　）指定了 named 的工作目录。

9. 在 named. conf 文件中（　　　）语句定义访问控制列表，访问控制列表是一个名字的地址匹配列表。

10. 区文件是 DNS 服务器的（　　　），维护着域名与 IP 地址的映射关系。

**二、选择题**

1. DNS 数据库是保存域名与（　　　）对应关系的文件集合，又称为区文件。

    A. 网址　　　　　　　　B. 子网掩码　　　　　　　　C. 备用 DNS　　　　　　　　D. IP 地址

2. 负责提取 DNS 数据库信息，并将解析结果返回给请求客户端的是（　　　）。

    A. DNS 数据库　　　　B. 域名解析器　　　　C. 主域名服务器　　　　D. DNS 域名

3. 所有非本域的和在缓存中无法找到的域名查询都将转发到指定的（　　　）。

    A. 域名解析器　　　　　　　　　　　　B. 主域名服务器

    C. 缓存服务器　　　　　　　　　　　　D. 外部 DNS 服务器上

4. DNS 域名空间最顶端的根域，可以用（　　　）表示。

    A. "."　　　　　　　　B. ";"　　　　　　　　C. "——"　　　　　　　　D. 以上都不对

5. Linux 中的 bind 是（　　　）软件。

    A. Web　　　　　　　　B. FTP　　　　　　　　C. Email　　　　　　　　D. DNS

6. 检测计算机中是否安装了 bind 软件的命令是（　　　）。

    A. rpm – q bind　　　　B. rpm – b bind　　　　C. rpm – a bind　　　　D. rpm – d bind

7. 在终端输入 service named restart 命令将（　　　）服务器。

    A. 启动　　　　　　　　B. 停止　　　　　　　　C. 重启　　　　　　　　D. 配置

8. 测试 DNS 服务器运行情况使用（　　　）命令。

    A. nslookup　　　　　　B. rpm　　　　　　　　C. restart　　　　　　　　D. nslook

9. （　　　）配置文件是 Bind 的核心配置文件。

    A. 区文件　　　　　　　B. bind. conf　　　　　C. named. conf　　　　　D. 以上都不对

10. 在 named. conf 文件中（　　　）是控制全局的选项。

    A. options　　　　　　B. logging　　　　　　C. acl　　　　　　　　D. zone

## 三、判断题

1. 在互联网中，域名是唯一的，谁先注册，谁就拥有使用权。（　　　）

2. 子域下面可以是主机也可以是再划分的子域，直到最后的主机。（　　　）

3. master server 是一个 domain 信息的最根本的来源，它所装载的域信息来源于域管理员所创建的磁盘文件。（　　　）

4. 辅助域名服务器具有主域名服务器的全部功能。（　　　）

5. 缓存服务器可以将它收到的信息存储，并将其提供给其他用户进行查询。（　　　）

6. 为了提高性能，递归查询服务器不保存查询到的结果。（　　　）

7. named. conf 文件由一系列语句构成，每条语句以句号结束。（　　　）

8. 在 named. conf 文件中除了 options 和 logging 之外，每种类型的语句都可以出现多次。（　　　）

9. 区文件中各字段间使用空格或 TAB 分隔。（　　　）

10. 每个区仅有一个 SOA 记录。（　　　）

## 四、问答题

1. 简述 DNS 的工作原理。

2. 简述 DNS 服务器设定的步骤。

# 第11章　Linux Email 服务器

Linux 能够实现网络服务器的全部功能，当然邮件服务器功能也不例外。邮件服务器是 Linux 的一个重要服务，配置与管理邮件服务器是 Linux 网络管理员必须掌握的一项技术。本章将从电子邮件、邮件服务器讲起，系统、全面地介绍 Linux 邮件服务器的工作原理、邮件服务器的架设、邮件服务器的配置，最后将通过一个简单的邮件服务器配置实例进行系统概括。

## 11.1　Linux Email 服务器概述

电子邮件即 Email，是一种利用计算机网络交换电子信件的通信方式，是目前互联网提供的使用最多同时也是最基本、最广泛的应用之一。

### 11.1.1　电子邮件概述

如图 11-1 所示，通过网络电子邮件系统，用户可以低廉的价格和快速的方式，与世界上任何一个角落的网络用户联络。这些电子邮件可以是文字、图像、声音或其他多媒体信息。传统的邮政系统中，邮件传递需要邮局的支持，而电子邮件系统的"邮局"就是邮件服务器。与传统的邮政系统相比，电子邮件更加快捷易用，经济实惠，内容丰富。

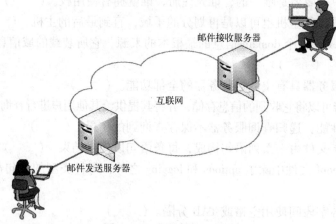

图 11-1　电子邮件示意图

**1. Email 地址的组成**

Email 地址由两部分组成，前一部分表示用户名，即用户在邮件中注册的账号。后一部分表示的是域名，即用户所在的域。两部分之间使用分隔符"@"连接，如 admin@ qqhre. com。admin 为用户注册的邮箱账号，而 qqhre. com 为邮箱所属的域名，用于定位邮件服务器的位置。

**2. Email 的优点**

在通信软件盛行的当前，与之相比，Email 仍然有它独特的优点，保持着不可动摇的地位。其优点主要有：

1）通用性。电子邮件虽然拥有众多的客户端软件的支持，但用户可以在不安装任何客户端软件的情况，只需要接入互联网，通过浏览器，就可以轻松完成邮件的发送和接收。而即时通信软件，必须安装相应的工具，而且只有使用相同的即时通信软件的用户之间才可以通信。因此，电子邮件减少了用户之间交流的障碍。

2）权威性。电子邮件相对即时通信软件而言，在很多应用环境下，显得更加正式、权威。如在很多正式场合，人们使用信件代替电话作为交流方式一样。

## 11.1.2 邮件服务器

收发邮件已经成为日常频繁使用的网络应用之一，每台联入互联网的计算机通过操作系统自带的浏览器都可以实现收邮件、发邮件的操作。这就好比每个人都可以写信、收信一样，但传统的纸质信件需要一个邮局来负责收发之外的所有工作。同样道理，互联网上也需要一个类似邮局的机构进行邮件处理，这个机构就是邮件服务器，完成邮件从收到发整个过程中除了发和收之外的所有工作。

### 1. 系统组成

邮件服务器为用户提供了邮件系统的基本结构，包括邮件传输、邮件分发、邮件存储等功能。它可以确保用户的邮件能够发送到整个 Internet 的任意角落。邮件的功能组件由邮件用户代理（Mail User Agent，MUA）、邮件递送代理（Mail Delievery Agent，MDA）和邮件传输代理（Mail Transfer Agent，MTA）组成，常见的 MDA 通常与 MUA 合二为一。

（1）MUA

MUA 是一种客户端软件，它提供用户读取、编辑、回复及处理电子邮件等功能。一般常用的 MUA 程序包括 Linux 下的 mailx、elm 和 mh 等，Windows 下常用的 Outlook Express、Foxmail 等。

（2）MDA

邮件递送代理是一种服务器端运行的软件，用来把 MTA 所接收的邮件传递到指定用户邮箱。

（3）MTA

邮件传输代理是一种服务器端运行的软件，邮件传输代理主要工作是接收从用户代理那里传来的邮件，根据邮件的收件人地址，把邮件传输给正确的主机进行投递。传输代理使用的是简单邮件传输协议（Simple Mail Transport Protocol，SMTP）。在 Linux 中应用最广泛的 MTA 程序有 Sendmail、Qmail 和 Postfix 等。

关于 MUA 和 MTA 的邮件传送流程图如图 11-2 所示。

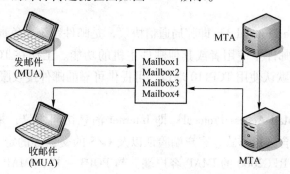

图 11-2　邮件传送流程图

**2. 工作原理**

Internet 用户可以使用互联网，自由收发电子邮件。在用户完成发送与接收邮件的过程中，实际上邮件系统需要处理一系列烦琐的工作。

发件人使用 MUA 撰写邮件，完成邮件编辑后进行提交。提交后 MUA 使用 SMTP，将邮件传给发件人所在域的 MTA。MTA 收到邮件后，分析邮件信头信息，判断邮件是发往本域用户还是外域用户。如果是发往本域，则直接投递给用户。如果收件人不属于本域，则 MTA 查询 DNS，以获取目的邮件服务器的 IP 地址，然后连接目的邮件服务器，使用 SMTP 将邮件传给办理目的邮件服务器。目的邮件服务器分析邮件信头信息，将邮件投递到真实用户的信箱中，邮件接收者使用 MUA 连接所在域的 MTA，通过 IMAP 或 POP 下载邮件。邮件收发流程如图 11-3 所示。

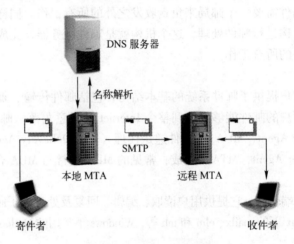

图 11-3　邮件发送流程图

## 11.1.3　邮件协议

当前常用的电子邮件协议有 SMTP、POP3、IMAP4，它们都属于 TCP/IP 协议的子协议。默认状态下，分别通过 25、110、143 端口建立连接。

**1. SMTP**

SMTP 工作在 TCP/IP 层次的应用层，采用 C/S 工作模式，默认使用 TCP25 端口，为用户提供可靠的邮件发送服务。

**2. POP3**

POP3（Post Office Protocal 3）即邮局通信协议，是邮件系统上负责接收电子邮件的通信协议。它不具有传送邮件至使用者或其他邮件主机的功能。工作在 TCP/IP 层次的应用层，采用 C/S 工作模式，默认使用 TCP110 端口，可提供可靠的邮件接收服务。

**3. IMAP**

IMAP（Internet Mail Access Protocal）即 Internet 消息访问协议，是 Internet 上一项常见的通信协议，其中包含连接方式、客户端验证以及 C/S 的交谈等的定义。使用的是 TCP143 端口，支持所有兼容 RFC2060 的 IMAP 客户端。与 POP3 一样，IMAP 主要是用来读取服务器上的电子邮件，但客户端需要先登录服务器，才能进行资源的存取。

IMAP 比 POP3 更具有弹性。IMAP 接收邮件时，只下载邮件主题列表。只有当客户访问邮件时，才真正的下载邮件的内容。但目前仍然有较多人使用 POP3 来作为电子邮件接收的通信协议。

### 11.1.4 邮件服务器程序 SendMail

SendMail 是一种安装在 Linux 操作系统上，使计算机具有收发、传送、处理邮件功能的服务器端程序。在众多邮件服务器软件中 SendMail 是最常用的邮件服务器程序，也是初学者在 Linux 中安装邮件系统的入门选择。

## 11.2 邮件服务器的基本操作

首先应该在计算机中安装 SendMail 服务程序，然后对该程序进行配置，这样才能使该计算机真正成为一台拥有邮件服务功能的服务器。SendMail 的安装极其简单，通常系统默认就已经安装好了。

一台标准的 SendMail 服务器，需要安装包括 SendMail、SendMail – cf 和 m4 等服务器端软件，及 dovecot 或其他 MUA 服务程序。本节将具体介绍 SendMail 邮件服务器的检测、取得、安装、启动及相关配置。

### 11.2.1 SendMail 服务器的安装

Linux 下的 SendMail 软件是通过其安装包自带的 SendMail 系列软件实现的。

**1. 检测是否已经安装**

检测计算机中是否安装了 sendmail 软件，只需要输入命令

```
rpm – qa sendmail;
```

或

```
rpm – qa |grep sendmail;
```

如已经安装了该软件则会显示如图 11–4 所示的信息。

**2. 取得 SendMail 软件**

用户可以在 Linux 的安装盘中找到 SendMail 软件包。与其他 Linux 下的软件类似，SendMail 软件也有源代码和执行文件两种，执行文件以 rpm 软件包的形式提供。习惯上使用 rpm 软件包安装软件。SendMail 共有两个文件，如图 11–5 所示。

图 11-4　已经安装 SendMail 软件

图 11-5　SendMail 软件包

### 3. 安装 SendMail 软件

将取得的 SendMail 软件安装包准备好后，在 RHEL 6 中直接双击安装包进行安装或者执行下列命令进入安装程序。

```
#rpm  – ivh   sendmail – 8. 14. 4 – 8. el6. i686. rpm
```

## 11.2.2 SendMail 服务器的启动与停止

安装 SendMail 之后，可以使用 SendMail 的默认配置启动服务器。

### 1. 启动

在 Linux 终端启动、停止 sendmail 的命令如下，操作如图 11-6 所示。

```
启动邮件服务器:service   sendmail   start
停止邮件服务器:service   sendmail   stop
```

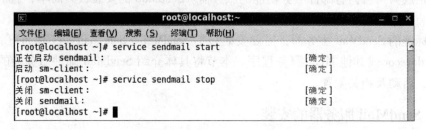

图 11-6　启动与停止 SendMail 服务

### 2. 重启

在终端输入"service sendmail restart"命令将重新启动服务器，如图 11-7 所示。

图 11-7　重启 SendMail 服务器

### 3. 状态检测

如果想检测 SendMail 服务器是否在运行，可以在控制台输入 service sendmail status 命令。如果该服务器正在运行，则会显示如图 11-8 所示的界面。

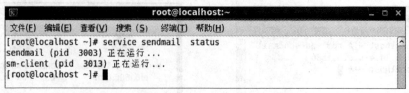

图 11-8　SendMail 状态检测

## 11.3 SendMail 配置与管理

SendMail 的主配置文件是 sendmail. cf，文件位于/etc/mail/sendmail. cf。但 sendmail. cf 的配置语法比较难懂，很容易出错。在日常工作中，因为 sendmail. mc 文件的可读性远大于 sendmail. cf，人们通过修改 sendmail. mc 文件来代替直接修改 sendmail. cf 文件。然后通过 m4 宏处理程序来生成需要的 sendmail. cf，从而大大地降低了 sendmail. cf 文件的设置复杂度。

### 11.3.1 修改 sendmail. cf 配置的步骤

在默认情况下，系统包含了一个 sendmail. mc 的配置模板文件，可以通过编辑该模板，然后使用 m4，生成最终的 sendmail. cf 配置文件。修改 sendmail. cf 的配置可以分为以下几步：

1）根据实际需求编辑模板文件 sendmail. mc；
2）执行 m4 宏处理程序生成新的 sendmail. cf 配置文件；
3）重新启动 sendmail 服务，使修改的配置文件生效。

### 11.3.2 SendMail 配置文件

SendMail 服务器与 DNS、FTP 等服务器的配置文件不同，它是由许多个配置文件共同完成邮件的收发等全部功能。这些配置文件都存于"文件系统"→"/etc/mail"文件夹下。在完成 SendMail 服务器安装后，所有的配置文件如图 11-9 所示。

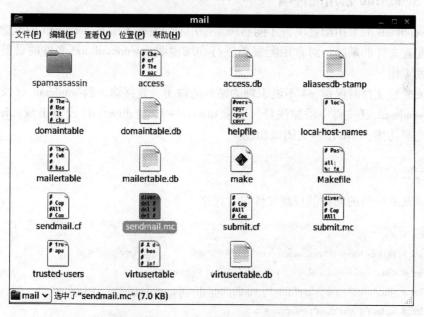

图 11-9　完成 SendMail 服务器安装后

**1. /etc/mail/sendmail. cf 配置文件简介**

它属于 sendmail 的主配置文件，所有与 sendmail 有关的配置都是靠它来完成。不过这个文件很复杂，所以建议不要随意手动修改这个文件。

**2. /etc/mail/sendmail. mc 配置文件简介（由 m4 命令转换）**

利用 m4 命令并通过指定的默认参数文件重建 sendmail. cf 时，就是通过这个文件来设置处理的。

**3. /etc/mail/local – host – names 配置文件简介**

MTA 能否将邮件接收下来与这个配置文件有关。如果邮件服务器有多个名称，那么这些名称都要写入这个文件中才行，否则将会造成例如 aa@ com. cn 地址可以接受邮件，而 aa @ abc. com. cn 地址却不能接收邮件的现象。虽然这两个地址都是传送到同一台邮件服务器上，不过 MTA 能否接收该地址的邮件是需要设置的。

**4. /etc/mail/access. db 配置文件简介**

Linux 提供了从内核到用户空间的高效数据传输技术 replay，通过用户定义的 replay 通道，内核空间的程序能够高效、可靠、便捷地将数据传输到用户空间，该文件用来设置是否可以 relay 或者是否接收邮件的数据库文件。由于这个文件是数据库，所以必须修改/etc/main/access，并使用 makemap 命令来建立 access. db 文件才行。该文件很重要，局域网内部可以使用这个配置文件来设置 relay 的权限。

**5. /etc/aliases**

该文件可以用来创建电子邮箱别名。假设一用户为 aa，如果还想要使用 bb 账号来接收邮件。此时不需要在建立一个 bb 的账号，可直接在这个文件里设置一个别名，让寄给 bb 账号的邮件直接存放到 aa 账号的邮箱中。由于是数据库文件，所以需要修改/etc/aliases 并通过 newaliases 来重新创建文件才行。

## 11.3.3　SendMail 常用配置项

掌握 sendmail 的常用配置项，才能熟练地使用它，并顺利完成 sendmail 的配置工作。下面将按该配置文件的顺序，对常用配置项进行详细说明。sendmail. mc 文件的最前面几行完成一些辅助工作

在生成配置文件时保留 m4 不能识别的额外的输出，直接输入到 sendmail. cf 文件中。一般用来在 sendmail. cf 文件中添加注释。通常 divert( –1) 和 divert(0) 成对出现，divert( –1) 表示打开注释功能，divert(0) 关闭该功能。

```
divert( –1)dnl
```

将 sendmail 所需的额外的规则文件包含进来。

```
dnl #
dnl # This is the sendmail macro config file for m4.  If you make changes to
dnl # /etc/mail/sendmail. mc, you will need to regenerate the
dnl # /etc/mail/sendmail. cf file by confirming that the sendmail – cf package is
dnl # installed and then performing a
dnl #
dnl # make  – C /etc/mail
dnl #
include( '/usr/share/sendmail – cf/m4/cf. m4 ')
```

指出配置文件是针对 Red Hat Linux（可以任意值）。

```
VERSIONID('setup for Red Hat Linux')dnl
```

根据操作系统类别进行设定，必须设置正确 OSTYPE，以获得 sendmail 所需文件的正确位置。在/usr/share/sendmail-cf/ostype 目录可以找到系统支持的 ostypes。

```
OSTYPE('linux')dnl
```

指定邮件服务器中继。

```
dnl #
dnl # Uncomment and edit the following line if your outgoing mail needs to
dnl # be sent out through an external mail server：
dnl #
dnl define('SMART_HOST','smtp. your. provider')
```

指定以 mail 用户（UID：8）和 mail 组（GID：12）的身份运行守护进程。

```
dnl #
define('confDEF_USER_ID','''8：12'')dnl
```

将 smmsp 添加到 sendmail 的可信用户列表中，其他的可信用户是 root，uucp，daemon（smmsp 用户被赋予部分 sendmail 假脱机目录和邮件数据库文件的所有权。

```
Define('confTRUSTED_USER','SMMSP') dnl
```

如果有必要，sendmail 将自动重建别名数据库。

```
dnl define('confAUTO_REBUILD')
```

将 sendmail 等待初始连接完成的时间设置为 1 分钟（1 min）

```
define('confTO_CONNECT', '1m')dnl
```

如果接收服务器是一台主机最佳的 MX，试着直接连接那台主机设为 true。

```
define('confTRY_NULL_MX_LIST',true)dnl
```

sendmai 守护进程将不会把本地网络接口插入到已知等效地址列表中设为 true。

```
define('confDONT_PROBE_INTERFACES',true)dnl
```

设置分发接收邮件的程序（默认是 procmail）。

```
define('PROCMAIL_MAILER_PATH','/usr/bin/procmail')dnl
```

设置分发接收邮件的邮件别名数据库。

```
define('ALIAS_FILE', '/etc/aliases')dnl
```

设置分发接收邮件的邮件统计文件的位置。

```
dnl define('STATUS_FILE', '/etc/mail/statistics')dnl
```

设置 UUCP 邮件程序接收的最大信息（以字节计）

```
define('UUCP_MAILER_MAX', '2000000')dnl
```

设置用户数据库（在该数据库中可替换特定用户的默认邮件服务器）的位置。

```
define('confUSERDB_SPEC', '/etc/mail/userdb. db')dnl
```

强制 sendmail 使用某种邮件协议，例如，authwarnings 表明使用 X – Authentication – Warning 标题，并记录在日志文件中；novrfy 和 noexpn 设置防止请求相应的服务，restrictqrun 选项禁止 sendmail 使用 – q 选项。

```
define('confPRIVACY_FLAGS', 'authwarnings,novrfy,noexpn,restrictqrun')dnl
```

设置由 SMTP 验证。

```
define('confAUTH_OPTIONS', 'A')dnl
```

"TRUST_AUTH_MECH"的作用是使 sendmail 不管 access 文件中如何设置，都能 relay 那些通过 LOGIN。

```
dnl #
dnl # The following allows relaying if the user authenticates, and disallows
dnl # plaintext authentication (PLAIN/LOGIN) on non – TLS links
dnl #
dnl define('confAUTH_OPTIONS', 'A p')dnl 使用明文登入。
dnl #
dnl # PLAIN is the preferred plaintext authentication method and used by
dnl # Mozilla Mail and Evolution, though Outlook Express and other MUAs do
dnl # use LOGIN. Other mechanisms should be used if the connection is not
dnl # guaranteed secure.
dnl #
dnl TRUST_AUTH_MECH('EXTERNAL DIGEST – MD5 CRAM – MD5 LOGIN PLAIN')dnl
```

定义 sendmail 的认证机制。

```
dnl define('confAUTH_MECHANISMS', 'EXTERNAL GSSAPI DIGEST – MD5 CRAM – MD5 LOGIN
PLAIN')dnl
```

设置邮件发送被延期多久之后向发送人发送通知消息，默认为 4 h。

```
dnl define('confTO_QUEUEWARN', '4h')dnl
```

设置多长时间返回一个无法发送消息。

```
dnl define('confTO_QUEUERETURN', '5d')dnl
```

以上二行分别设置排队或拒绝的接收邮件的系统负载平均值。

```
dnl define('confQUEUE_LA', '12')dnl
dnl define('confREFUSE_LA', '18')dnl
```

设置等待接收 IDENT 查询响应的超时值（默认为 0，永不超时）

```
define('confTO_IDENT', '0')dnl
```

Smrsh 定义/usr/sbin/smrsh 作为 sendmail 用来接受命令的简单 shell。

```
FEATURE('mailertable','hash -o /etc/mail/mailertable. db')dnl
```

设置'virtusertable 数据库位置。

```
FEATURE('virtusertable','hash -o /etc/mail/virtusertable. db')dnl
```

允许拒绝接收已移走的用户的邮件并提供其新地址。

```
FEATURE(redirect)dnl
```

always_add_domain 使得在所有发送的邮件上为主机名添加本地域名。

```
FEATURE(always_add_domain)dnl
```

sendmail 使用/etc/mail/local-host-names 文件为该邮件服务器提供另外得主机名。

```
FEATURE(use_cw_file)dnl
```

表明 sendmail 使用/etc/mail/trusted-users 文件提供可信用户名（可信用户可用另一个用户名发送邮件而不会收到警告消息）。

```
FEATURE(use_ct_file)dnl
```

设置用于递送本地邮件得命令（procmail）及其选项（$h：hostname，$u：user name）。

```
dnl #
dnl # The -t option will retry delivery if e. g. the user runs over his quota.
dnl #
FEATURE(local_procmail,'','procmail -t -Y -a $h -d $u')dnl
```

设置访问数据库的位置，该数据库指出允许哪些主机通过此服务器中继邮件。

```
FEATURE('access_db','hash -T<TMPF> -o /etc/mail/access.db')dnl
```

启用该服务器为所选用户、主机或地址阻塞接收邮件的功能。(access_ db 和 blacklist_ recipients 特性对防止垃圾邮件有用)。

```
FEATURE('blacklist_recipients')dnl
```

设定邮件服务器侦听的 IP 地址，通常设为服务器的真实 IP 地址，或 0. 0. 0. 0，表示侦听所有端口的所有 IP 地址。要想接收除本地以后邮件，必须配置此项。

```
EXPOSED_USER('root')dnl
dnl #
dnl # The following causes sendmail to on
ly listen on the IPv4 loopback address
dnl # 127. 0. 0. 1 and not on any other network devices.  Remove the loopback
dnl # address restriction to accept email from the internet or intranet.
dnl #
dnl # DAEMON_OPTIONS('Port = smtp, Addr = 127. 0. 0. 1,  Name = MTA')dnl
```

添加一个额外的 587 端口给 MUA 认证连接用。

```
dnl #
dnl # The following causes sendmail to additionally listen to port 587 for
dnl # mail from MUAs that authenticate.  Roaming users who can 't reach their
dnl # preferred sendmail daemon due to port 25 being blocked or redirected find
dnl # this useful.
dnl #
dnl DAEMON_OPTIONS('Port = submission, Name = MSA, M = Ea')dnl
```

启用 accept_unresolvable_domains，使得能够接收域名不可解析的主机发送来的邮件。如果有需要使用邮件服务器的客户机（如拨号计算机），启用该选项。关闭该选项有助于防止垃圾邮件。

```
dnl #
dnl # The following causes sendmail to additionally listen to port 465, but
dnl # starting immediately in TLS mode upon connecting.  Port 25 or 587 followed
dnl # by STARTTLS is preferred, but roaming clients using Outlook Express can 't
dnl # do STARTTLS on ports other than 25.  Mozilla Mail can ONLY use STARTTLS
dnl # and doesn 't support the deprecated smtps; Evolution < 1. 1. 1 uses smtps
dnl # when SSL is enabled - - STARTTLS support is available in version 1. 1. 1.
dnl #
dnl # For this to work your OpenSSL certificates must be configured.
dnl #
dnl DAEMON_OPTIONS('Port = smtps, Name = TLSMTA, M = s')dnl
dnl #
```

```
dnl # The following causes sendmail to additionally listen on the IPv6 loopback
dnl # device.  Remove the loopback address restriction listen to the network.
dnl #
dnl # NOTE: binding both IPv4 and IPv6 daemon to the same port requires
dnl # a kernel patch
dnl #
dnl DAEMON_OPTIONS('port = smtp,Addr = ::1, Name = MTA – v6, Family = inet6 ')dnl
dnl #
dnl # We strongly recommend not accepting unresolvable domains if you want to
dnl # protect yourself from spam.  However, the laptop and users on computers
dnl # that do not have 24x7 DNS do need this.
dnl #
FEATURE('accept_unresolvable_domains ')dnl
```

允许通过 MX 指向本服务器的任何人进行转发邮件，通常不启用。

```
dnl #
dnl FEATURE('relay_based_on_MX ')dnl
```

将邮件的后缀域名进行伪装。

```
dnl #
dnl # Also accept email sent to "localhost. localdomain" as local email.
dnl #
LOCAL_DOMAIN('localhost. localdomain ')dnl
dnl MASQUERADE_DOMAIN(localhost. localdomain)dnl
dnl MASQUERADE_DOMAIN(mydomainalias. com)dnl
dnl MASQUERADE_DOMAIN(mydomain. lan)dnl
```

定义邮件投递使用的邮寄程序，至少需要以上两个 MAILTER。

```
MAILER(smtp)dnl
MAILER(procmail)dnl
```

# 11.4　SendMail 实例应用

熟练使用 SendMail 需要不断地练习。本节通过一个企业实际应用的实例，对 SendMail 进行实例讲解。初学者通过该实例的熟练练习，可以完全掌握 SendMail 的使用。

## 11.4.1　实例环境

某企业需要建立一台邮件服务器，统一为员工设置企业邮箱。邮件服务器域名为 mail. qqhre. com，IP 地址为 192. 168. 1. 110。为了减少邮件服务器的负荷，提高邮件的传输效率，需要有效地拒绝垃圾邮件。为了充分利用磁盘空间，每个员工邮件可占用空间为 100 MB。由于平时收发邮件内容都较小，需要限定邮件的大小，即最大为 10 MB。

## 11.4.2 需求分析

本例中搭建的邮件服务器应该满足以下几点要求。

1）限定员工的邮箱占用空间为 100 MB，需要启用磁盘配额，限定用户可使用的磁盘空间。

2）设定邮件服务器可处理的域名为 qqhre.com。

3）配置邮件大小设定项，将默认值由 1 MB 调整为 10 MB。

4）启用邮件认证功能，防止垃圾邮件滥用服务器资源。

5）增加邮件过滤功能，有效拒绝垃圾邮件。

**提示：** 成熟的 Linux 工程师在搭建服务前，应该根据环境要求，进行需求分析。

## 11.4.3 解决方案

### 1. 配置 DNS 服务器

为了在网络中正确定位邮件服务器，首先需要为 qqhre.com 区域配置域名服务器，并设定邮件路由。

1）修改 named.conf。添加 qqhre.com 区的相关字段，操作如图 11-10 所示。

```
zone "qqhre.com" IN {
        type master;
        file "forward/qqhre.com";
};
zone "2.168.192.in-addr.arpa" IN {
        type master;
        file "loopback/192.168.2.250";
}
```

图 11-10　编辑 named.conf

2）添加 qqhre.com 正向区文件。创建 qqhre.com 域的正向区文件，确保 NS 和 MX 及相关的记录正确，操作如图 11-11 所示。

```
$TTL 1D
@       IN      SOA     ns.qqhre.com. root.ns.qqhre.com. (
                20120620 ;serial
                1D       ;refresh
                1H       ;retry
                1W       ;expire
                3H )     ;mininum
                NS      ns.qqhre.com.
                MX  10  mailm.qqhre.com.
                MX  20  mails.qqhre.com.
ns              A       192.168.2.250
mailm           A       192.168.2.110
mails           A       192.168.2.111
www             A       192.168.2.100
ftp             A       192.168.2.10
```

图 11-11　编辑正向区文件

3）添加 qqhre. com 反向区文件。创建 qqhre. com 域的反向区文件，操作如图 11-12 所示。

```
$TTL 1D
0       IN      SOA     ns.qqhre.com.    root.ns.qqhre.com. (
                        20120620 ;serial
                        1D       ;refresh
                        1H       ;retry
                        1W )     ;expire
                        3H )     ;minimum
        IN      NS      ns.qqhre.com.
250     IN      PTR     ns.qqhre.com.
110     IN      PTR     mailm.qqhre.com.
111     IN      PTR     mails.qqhre.com.
100     IN      PTR     www.qqhre.com.
101     IN      PTR     ftp.qqhre.com.
```

图 11-12　编辑反向区文件

4）重启 named 服务，使配置文件修改生效，操作如图 11-13 所示。

```
[root@localhost forward]service named restart
Stopping named:                                          [  OK  ]
Starting named:                                          [  OK  ]
[root@localhost forward]
```

图 11-13　重启 named 服务

## 2. 修改 local - host - names 文件

将 qqhre. com 域添加到 local - host - names 文件中，并删除其他的相应数据，操作如图 11-14 所示。

```
[root@localhost mail]vi local-host-names
# local-host-names - include all aliases for your machine here.
example.com
mail.example.com
qqhre.com
mailm.example.com
mails.example.com
```

图 11-14　编辑 local - host - names

## 3. 设置 sendmail. cf 文件

1）编辑 sendmail. mc。

使用 MAX_MESSAGE_SIZE 参数限定邮件大小。单位为 B，即 10000000B = 10 MB。操作如图 11-15 所示。

```
define(`confAUTH_OPTIONS', `A')dnl
define(`confMAX_MESSAGE_SIZE',1000000)dnl
dnl #
```

图 11-15　限定邮件大小为 10 MB

开启邮件认证功能，操作如图 11-16 所示。

开启垃圾邮件过滤功能，操作如图 11-17 所示。

2）生成 sendmail. cf 文件。

使用 m4 生成 sendmail. cf 文件，操作如图 11-18 所示。

```
dnl # The following allows relaying if the user authenticates, and disallows
dnl # plaintext authentication (PLAIN/LOGIN) on non-TLS links
dnl #
define(`confAUTH_OPTIONS', `A p')dnl
dnl #
dnl # PLAIN is the preferred plaintext authentication method and used by
dnl # Mozilla Mail and Evolution, though Outlook Express and other MUAs do
dnl # use LOGIN. Other mechanisms should be used if the connection is not
dnl # guaranteed secure.
dnl # Please remember that saslauthd needs to be running for AUTH.
dnl #
TRUST_AUTH_MECH(`EXTERNAL DIGEST-MD5 CRAM-MD5 LOGIN PLAIN')dnl
define(`confAUTH_MECHANISMS', `EXTERNAL GSSAPI DIGEST-MD5 CRAM-MD5 LOGIN PLAIN')
dnl
```

图 11-16　开启邮件认证

```
FEATURE(`access_db', `hash -T<TMPF> -o /etc/mail/access.db')dnl
```

图 11-17　开启垃圾邮件过滤

```
[root@localhost mail]m4 sendmail.mc > sendmail.cf
[root@localhost mail]
```

图 11-18　生成 sendmail. cf 文件

3）重新启动 sendmail 服务。

重启 sendmail 服务，操作如图 11-19 所示。

```
[root@localhost mail]service sendmail restart
Shutting down sm-client:                                    [  OK  ]
Shutting down sendmail:                                     [  OK  ]
Starting sendmail:                                          [  OK  ]
Starting sm-client:                                         [  OK  ]
[root@localhost mail]
```

图 11-19　重启 sendmail 服务

**4. 配置磁盘配额**

邮件默认存放在/var/spool/mail 目录中。为了方便管理，建议为/var/spool/mail 划分独立的分区，然后对该/var/spool/mail 文件系统启用磁盘配额功能。

1）修改 fstab 文件。

添加/var/spool/mail 文件系统自动挂载记录。将/var/spool/mail 所在的分区挂载到/var/spool/mail 目录，并修改其挂载参数。至少添加 usrquota 和 grpquota，并重新挂载文件系统，操作如图 11-20 所示。

```
/dev/mapper/vgm-mail      /var/spool/mail      ext4    defaults,usrquota,grpquo
ta 0 0
```

图 11-20　修改 fstab 文件

2）创建磁盘配额文件。

因为/var/spool/mail 目录为独立的分区，所以，可使用 quotacheck 命令在/var 目录下创建配额文件，操作如图 11-21 所示。

```
[root@localhost ~]# quotacheck /var/spool/mail/
[root@localhost ~]# ll /var/spool/mail/
total 24
-rw------- 1 root root  6144 Jun 23 13:12 aquota.user
drwx------ 2 root root 16384 Jun 23 13:10
[root@localhost ~]#
```

图 11-21　创建配额文件

3）设置磁盘配额。

编辑 aquota. user 文件，为每个用户添加相应的磁盘配额容量。由于限定每个员工的邮箱容量为 100 MB，因此需要对 hard block 进行设定。操作如图 11-22 所示。

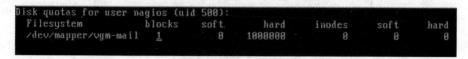

```
Disk quotas for user nagios (uid 500):
  Filesystem          blocks    soft      hard    inodes    soft    hard
  /dev/mapper/vgm-mail      1       0   1000000       0       0       0
```

图 11-22　设置磁盘配额

如果当公司员工数量较多时，则可以通过编写简单的脚本来完成工作。操作如图 11-23 所示。

```
#!/bin/bash
### used to setquota for all users in /etc/passwd
### date 2012-06-22
awk -F':' '{print $1}'</etc/passwd |while read line
do
setquota -u $line 0 10000000 0 0 /var/spool/mail
done
```

图 11-23　使用脚本为用户设置配额

### 11.4.4　邮件客户端设置

在 Linux 和 Windows 系统中，有很多非常优秀的邮件客户端，并且它们的配置方法也都非常相似。本节以 foxmail 为例，设置其邮件客户端。

**1. 添加邮箱账号**

1）使用 foxmail 首先要添加邮件账号，选择"工具"菜单下的"账号管理"命令，如图 11-24 所示。

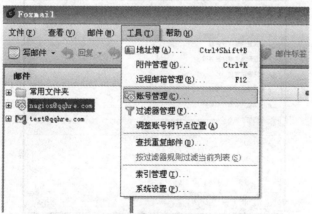

图 11-24　添加邮件账号

2）系统将弹出新建账号向导，输入注册的邮箱账号，如图 11-25 所示。

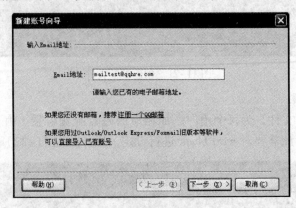

图 11-25　配置邮件账号

3）根据需要选择邮件接收服务器类型，POP3 或者 IMAP，并填写接收邮件服务域名或 IP 地址，如图 11-26 所示。

图 11-26　设置邮件服务器地址

4）配置邮件账号密码，完成邮件账号的配置。选择"测试"命令，检查邮件收发是否正确，如图 11-27 所示。

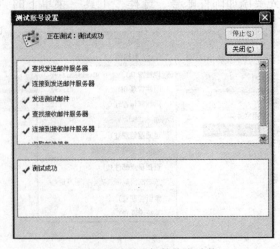

图 11-27　测试邮件收发功能

**2. 发送邮件**

1）完成邮件账号配置后，在 foxmail 主界面，选中需要用来发送邮件的邮件账号，并单击"写邮件"按钮，如图 11-28 所示。

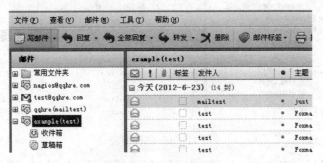

图 11-28　发送邮件

2）在"写邮件"界面中编辑邮件，输入收件人地址、主题和邮件正文。完成邮件的编辑后，单击"发送"按钮，即可将邮件发送给目标收件人，如图 11-29 所示。

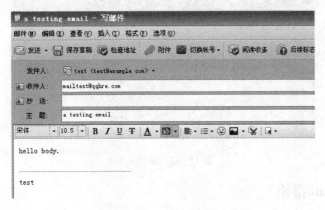

图 11-29　编辑邮件

**3. 接收邮件**

1）打开 foxmail 主界面，选中需要接收邮件的邮箱名称，右击，从弹出的快捷菜单中选择"收取邮件"命令，如图 11-30 所示。

图 11-30　接收邮件

2）邮件接收完成后，在 foxmail 右侧可以看到邮件列表，如图 11-31 所示。

图 11-31　邮件列表

3）接收完邮件后，双击邮件标题，就可以阅读邮件了，如图 11-32 所示。

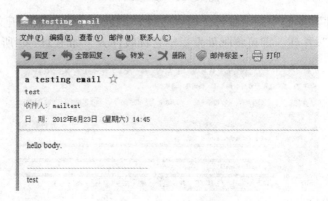

图 11-32　阅读邮件

### 11.4.5　SendMail 排错

SendMail 出现故障时纠正的方法称为排错。SendMail 排错可以从 4 方面入手，分别是 Maillog 日志、查看邮件发送的完整过程、查看邮件队列和邮件信息统计。

**1. Maillog 日志**

Sendmail 日志保存在/var/log/maillog 文件内，详细的记录了邮件的各个操作，分析日志可以快速定位邮件问题所在位置，如图 11-33 所示。

```
[root@localhost mail]tail /var/log/maillog
Jun 23 14:46:13 localhost dovecot: pop3-login: Login: user=<mailtest>,
AIN, rip=192.168.2.35, lip=192.168.2.110, mpid=13431
Jun 23 14:46:13 localhost dovecot: pop3(mailtest): Disconnected: Logge
0/0, retr=1/1774, del=0/11, size=9187
Jun 23 14:50:05. localhost sendmail[13576]: q5N6o5hW013576: from=root,
 class=0, nrcpts=1, msgid=<201206230650.q5N6o5hW013576@localhost.loca
relay=root@localhost
Jun 23 14:50:05 localhost sendmail[13577]: q5N6o5BY013577: from=<root
localdomain>, size=1859, class=0, nrcpts=1, msgid=<201206230650.q5N6o5
ocalhost.localdomain>, proto=ESMTP, daemon=MTA, relay=localhost.loca
.0.0.1]
```

图 11-33　Maillog 日志

## 2. 查看邮件发送的完整过程

使用命令 mail – v 可以查看邮件发送的完整过程。如果邮件服务器配置有问题，则 mail 会也给出相应的报错信息，如图 11-34 所示。

```
[root@localhost mail]mail -v mailtest
Subject: new mail
EOT
Null message body; hope that's ok
mailtest... Connecting to [127.0.0.1] via relay...
220 localhost.localdomain ESMTP Sendmail 8.14.4/8.14.4; Sat, 23 J
3 +0800
>>> EHLO localhost.localdomain
250-localhost.localdomain Hello localhost.localdomain [127.0.0.1]
et you
250-ENHANCEDSTATUSCODES
250-PIPELINING
250-8BITMIME
250-SIZE 1000000
250-DSN
250-ETRN
250-AUTH DIGEST-MD5 CRAM-MD5 LOGIN PLAIN
250-DELIVERBY
250 HELP
>>> MAIL From:<root@localhost.localdomain> SIZE=217 AUTH=root@loc
ain
250 2.1.0 <root@localhost.localdomain>... Sender ok
>>> RCPT To:<mailtest@localhost.localdomain>
>>> DATA
250 2.1.5 <mailtest@localhost.localdomain>... Recipient ok
354 Enter mail, end with "." on a line by itself
>>> .
250 2.0.0 q5N6ohDk013595 Message accepted for delivery
mailtest... Sent (q5N6ohDk013595 Message accepted for delivery)
Closing connection to [127.0.0.1]
>>> QUIT
221 2.0.0 localhost.localdomain closing connection
You have new mail in /var/spool/mail/root
[root@localhost mail]
```

图 11-34　查看邮件发送的完整过程

## 3. 查看邮件队列

使用命令 mailq 可以查看服务器中的邮件队列，如果一台正常运行的邮件服务器，有大量的邮件在排队，则应该怀疑邮件服务器可能是某个环节发生了故障，如图 11-35 所示。

```
[root@localhost mail]mailq
/var/spool/mqueue is empty
                Total requests: 0
[root@localhost mail]
```

图 11-35　查看邮件队列

## 4. 邮件信息统计

使用命令 mailstats 可以显示出当前系统的邮件统计信息，如图 11-36 所示。

```
[root@localhost conf.d]mailstats
Statistics from Sat Jun 23 10:34:12 2012
 M   msgsfr  bytes_from   msgsto   bytes_to  msgsrej msgsdis msgsqur  Maile
 4        0          0K        1         1K        0       0       0  esmtp
 9      121        200K      118       270K        2       0       0  local
=================================================================================
 T      121        200K      119       271K        2       0       0
 C      127                    3                   2
[root@localhost conf.d]
```

图 11-36　邮件信息统计

**本章小结**

本章主要介绍了 Linux 环境下的邮件服务器架设的技术，包括电子邮件的基础知识、邮件服务器的理论基础、SendMail 服务器的安装、SendMail 服务器的使用，其中重点介绍了 SendMail 服务器的安装、SendMail 服务器的使用两个知识点。本章还对 SendMail 服务器的配置文件进行了全面详细的介绍。最后一节则以一个企业实际应用的实例对 SendMail 服务器的操作进行了案例式讲解。

通过本章的学习，读者可以全面了解 Linux 下邮件服务器的架设技术，并熟练掌握 Linux 环境下的邮件服务器管理。

**课后习题**

**一、填空题**

1. 电子邮件即（　　），是一种利用计算机网络交换电子信件的通信方式。

2. Email 地址由两部分组成，前一部分表示（　　），即用户在邮件中注册的账号。后一部分表示的是（　　），即用户所在的域。

3. 邮件的功能组件由邮件用户代理（　　）、邮件递送代理（　　）和邮件传输代理（　　）组成。

4. 邮件服务器在工作时，发件人使用（　　）撰写邮件，完成邮件编辑后进行提交。提交后（　　）使用（　　）协议，将邮件传给发件人所在域的（　　）。

5. 邮件接收者使用（　　）连接所在域的（　　），通过（　　）或（　　）协议下载邮件。

6. POP3 采用（　　）工作模式，默认使用（　　）端口，提供可靠的邮件接收服务。

7. IMAP 是（　　）协议，是 Internet 上一项常见的通信协议，其中包含（　　）、（　　）以及（　　）等的定义。

8. sendmail 是一种安装在 Linux 操作系统上，使计算机具有（　　）、（　　）、（　　）邮件功能的服务器端程序。

9. 一台标准的 SendMail 服务器，需要安装包括（　　）、（　　）和（　　）等服务器端软件，及（　　）或其他 MUA 服务程序。

10. 在终端输入（　　）命令将重新启动服务器。

**二、选择题**

1. 邮箱号 admin@ qqhre. com 中（　　）用于定位邮件服务器的位置。

    A. admin　　　　　　B. qqhre. com　　　　C. admin@ qqhre　　　　D. . com

2. 在邮件的功能组件中（　　）提供用户读取、编辑、回复及处理电子邮件等功能。

    A. 邮件用户代理　　B. 邮件递送代理　　　C. 邮件传输代理　　　D. A ~ C 项均未

3. 传输代理使用的协议是（　　）。

    A. TCP/IP　　　　　B. SMTP　　　　　　C. WAP　　　　　　　D. POP3

4. 以下不是当前常用的电子邮件协议的是（　　）。

270

|   |   |   |   |
|---|---|---|---|
| A. SMTP | B. POP3 | C. IMAP4 | D. NETBEUI |

5. 电子邮件协议默认状态下不能通过（　　）端口建立连接。

    A. 25　　　　　　　B. 110　　　　　　　C. 80　　　　　　　D. 143

6. SMTP 工作在 TCP/IP 层次的（　　）层。

    A. 接口　　　　　　B. 传输　　　　　　C. 会话　　　　　　D. 应用

7. SMTP 采用 C/S 工作模式，默认使用 TCP（　　）端口。

    A. 25　　　　　　　B. 110　　　　　　　C. 80　　　　　　　D. 143

8. IMAP 默认使用的是 TCP（　　）端口。

    A. 25　　　　　　　B. 110　　　　　　　C. 80　　　　　　　D. 143

9. 检测计算机中是否安装了 sendmail 软件的命令是（　　）。

    A. rpm － qa sendmail　　　　　　　　　B. rpm － qa

    C. rpm － q sendmail　　　　　　　　　D. rpm － a sendmail

10. 在 Linux 终端启动 sendmail 的命令为（　　）。

    A. service start　　　　　　　　　　B. service sendmail start

    C. sendmail start　　　　　　　　　D. service sendmail stop

### 三、判断题

1. 通过网络电子邮件系统，可以与太空之上的宇宙飞船用户联络。（　　）

2. 电子邮件可以是文字、图像、声音或其他多媒体信息。（　　）

3. 常见的 MDA 通常和 MUA 合二为一。（　　）

4. 用来把 MTA 所接受的邮件传递到指定用户邮箱的是 MUA（　　）。

5. 邮局通信协议不具有传送邮件至使用者或其他邮件主机的功能。（　　）

6. IMAP 支持所有兼容 RFC2090 的 IMAP 客户端。（　　）

7. 如果想检测 sendmail 服务器是否在运行，可以在控制台输入 service status 命令。（　　）

8. SendMail 服务器配置文件都存于："文件系统"→"/etc/FTP"文件夹下。（　　）

9. ./etc/mail/access. db 配置文件用来设置是否可以 relay 或者是否接收邮件的数据库文件。（　　）

10. /etc/aliases 可以用来创建电子邮箱别名。（　　）

### 四、问答题

1. 简述 Email 的优点。

2. 简述修改 sendmail. cf 配置的步骤。

# 参 考 文 献

［1］Haken H. Synergetics, an introduction ［M］. Berlin：Springer，1977.

［2］吴大进，曹力，陈立华. 协同学原理与应用 ［M］. 武汉：华中理工大学出版社，1990.

［3］Kochan SG，Word PH. Exploring the UNIX System ［M］. 北京：人民邮电出版社，1984.

［4］张同光. Linux 基础教程 ［M］. 北京：清华大学出版社，2007.

［5］谢希仁. 计算机网络 ［M］. 5 版. 北京：电子工业出版社，2008.

［6］柳青. Linux 应用教程 ［M］. 北京：清华大学出版社，2008.

［7］胡道元. 计算机局域网 ［M］. 北京：清华大学出版社，2008.